Prof. Dr. Thomas Benz
Susanna Biernath
Matthias Jackson
Ingrid Kaiser
Michael Maurer
Guido Sandmann
Prof. Dr. Peter Schmidt
Dr. Michael Siegwart
Franz Weißhaupt
Bert Wieneke
Frank Zillmer
Bernd Zimmermann

Das Baustellenhandbuch Bauleitung

2. aktualisierte Auflage

FORUM
WISSEN,
DAS ANKOMMT.

Bibliografische Information der Deutschen Bibliothek

Die Deutsche Bibliothek verzeichnet diese Publikation in der Deutschen Nationalbibliografie; detaillierte bibliografische Daten sind im Internet über http://dnb.dnb.de abrufbar.

Mandichostraße 18
86504 Merching

Telefon: +49 (0)8233 381-123
Fax: +49 (0)8233 381-222
E-Mail: service@forum-verlag.com
Internet: www.baustellenhandbuch.de

2. aktualisierte Auflage 2023

Hinweis: Aus Gründen der besseren Lesbarkeit und Einfachheit wird in den folgenden Texten meist die männliche Form verwendet. Die verwendeten Bezeichnungen sind als geschlechtsneutral bzw. als Oberbegriffe zu interpretieren und gelten gleichermaßen für alle Geschlechter.

Titelfoto/-illustration: © truemedia, 86167 Augsburg
Satz: Reemers Publishing Services GmbH, 47799 Krefeld
Druck: Esser printSolutions GmbH, 75015 Bretten
Printed in Germany

ISBN 978-3-96314-909-2 (Print)

Vorwort

Die Leitung einer Baustelle ist eine ständige Herausforderung: Wurden die Arbeiten nach den anerkannten Regeln der Technik ausgeführt? Wurden etwaige Mängel fristgerecht beseitigt? Wurden Bauabsprachen schriftlich dokumentiert? Die Bauleitung ist dabei nicht nur für einen reibungslosen Baustellenablauf verantwortlich, sondern hat eine große Verantwortung für das Gelingen des Bauwerks und geht dabei auch das Risiko einer zivil- und strafrechtlichen Haftung ein.

Dabei müssen die aktuell gültigen technischen und rechtlichen Vorgaben beachtet sowie alle Bauabläufe koordiniert und dokumentiert werden. Zudem muss kontinuierlich die Sicherheit auf der Baustelle gewährleistet werden.

Das vorliegende Baustellenhandbuch für die Bauleitung bietet – in die Bereiche RECHT, TECHNIK und MANAGEMENT gegliedert – die ideale Unterstützung für alle wichtigen Anforderungen vom rechtlichen Hintergrundwissen über technische Regeln bis zum optimalen Baustellenmanagement. Somit werden auch unter Zeit- und Kostendruck keine wichtigen Details vergessen, und kritische Fragen können selbst auf der Baustelle sofort und sicher geklärt werden.

In dieser 2. Auflage wurden u. a. technische Entwicklungen, aktuelle Urteile sowie Vorgaben der VOB/C 2023 berücksichtigt.

Anregungen zur Ergänzung des Inhalts oder zu weiteren Erläuterungen werden von den Autoren und dem Verlag dankbar aufgenommen.

Merching, im November 2023

Autoren

Prof. Dr.-Ing. Dipl.-Kfm. Thomas Benz

Mitglied im Qualitätsverbund Planer am Bau

Herr Prof. Benz verfügt über umfangreiche praktische Erfahrung sowie wissenschaftliche Expertise in der Projektrealisierung, insbesondere im schlüsselfertigen Planen und Bauen mit Schwerpunkt Qualitätssicherung, Bauprozessoptimierung und Bauschadens- und Mängelvermeidung. Er ist als Mediator zu den Themen „Planen und Bauen" tätig sowie Mitglied in Aufsichtsgremien mittelständischer Bauunternehmen.

Autor des Beitrags:

- *Baubeginn und Baustelleneinrichtung*

Susanna Biernath

Rechtsanwältin Susanna Biernath ist im privaten Baurecht für Kommunen, Baufirmen, Bauträger und für private Bauherren tätig. Sie kann dabei bereits auf die erfolgreiche anwaltliche Betreuung von zwei kommunalen Großbauprojekten zurückblicken.

Von 2007–2010 war Susanna Biernath studienbegleitend als wissenschaftliche Mitarbeiterin bei einer der führenden auf die Vertretung von Kommunen spezialisierten Kanzleien in Bayern tätig, seit 2011 ist sie als Rechtsanwältin zugelassen und seit 2017 Partnerin in der Rechtsanwaltskanzlei Steinbacher Rechtsanwälte PartGmbB in München.

Autorin der Beiträge:

- *Einholen und Prüfen von Genehmigungen*
- *Insolvenz von Baubeteiligten*

Matthias Jackson

Matthias Jackson studierte Rechtswissenschaften an der Universität Tübingen. Sein Referendariat absolvierte er beim Landgericht Karlsruhe, wobei er Stationen bei der Staatsanwaltschaft Karlsruhe sowie der Stadt Karlsruhe durchlief. Seit 2012 ist er als Rechtsanwalt in Karlsruhe in der Kanzlei „Brillinger Rechtsanwälte" tätig – seit 2019 als Partner – und befasst sich überwiegend mit dem privaten Baurecht und dem Architektenrecht.

Autor der Beiträge:

- *Gängige Vertragsformen: BGB-Bauvertrag, VOB/B-Bauvertrag und Bauüberwachungsvertrag*
- *Prüfungs- und Bedenkenhinweispflicht*
- *Bauabnahme und -protokoll*
- *Gewährleistung und Verjährung*

Dipl.-Ing. Architektin Ingrid Kaiser

Ingrid Kaiser ist Inhaberin des ak architekturbüro kaiser in Sanitz bei Rostock in den Bereichen Planung, Bauüberwachung und Steuerung im Wohnungs-, Verwaltungs- und Industriebau. Als zertifizierte Sachverständige DIN EN ISO/IEC 17024 für Bauschäden und Immobilien-Wertermittlung erstellt sie Gutachten und Bauzustandsbewertungen für öffentliche und private Bauherren. Sie ist Mitglied der Architektenkammer Bremen und des Bundes Deutscher Baumeister (BDB).

Autorin der Beiträge:

- *Aufmaß und Mengenermittlung von Bauleistungen*
- *Prüfung und Dokumentation der Funktionsfähigkeit*
- *Verkehrssicherungspflichten – Überarbeitung für die 2. Auflage*
- *Bauzeitenplan und Terminfortschreibung*
- *Kostenfortschreibung: Abschläge, Nachträge und Abrechnung von Bauleistungen*
- *Baustellenorganisation*
- *Personaleinsatz und Koordination fachlich Beteiligter*

Michael Maurer

Rechtsanwalt Michael Maurer ist als Fachanwalt für Arbeitsrecht sowie für Bau- und Architektenrecht tätig.

Autor des Beitrags:

- *Verkehrssicherungspflichten*

Guido Sandmann

Herr Sandmann ist als Fachanwalt für das Bau- und Architektenrecht tätig. Seine Schwerpunkte sind Bau- und Immobilienrecht sowie WEG-Recht.

Autor der Beiträge:

- *Umgang mit Verbraucherbauherren*
- *Baubesprechungsprotokolle, Baustellendokumentation und Beweissicherung*
- *Schwarzarbeit*

Prof. Dr.-Ing. Peter Schmidt

Peter Schmidt ist seit 1998 Inhaber der Professur für Baukonstruktion, Ingenieurholzbau und Bauphysik an der Universität Siegen, Fachbereich Bauingenieurwesen. Er ist Herausgeber und Autor zahlreicher Publikationen auf den Gebieten der Bauphysik sowie des konstruktiven Ingenieurbaus. Zu seinen Spezialgebieten gehören außerdem die Fachgebiete Abdichtung von Bauwerken sowie Einwirkungen auf Tragwerke. Weiterhin ist Herr Schmidt Referent auf Seminaren und Tagungen zu verschiedenen Themen des Bauwesens.

Autor des Beitrags:

- *Toleranzbereiche für Winkel, Ebenen, Fluchten*

Dr. Michael Siegwart

Herr Dr. Siegwart ist als beratender Ingenieur, Sachverständiger für Schäden an Gebäuden und Bauwerksinstandsetzung tätig. Er verfügt über umfangreiche Erfahrung auf dem Gebiet „Messverfahren im Bauwesen". Er arbeitete bereits als Projektleiter für internationale Hoch- und Tiefbauprojekte.

Autor des Beitrags:

- *Technische Möglichkeiten und Einsatzgebiete der Leckortung*

Franz Weißhaupt

Franz Weißhaupt studierte Rechtswissenschaften an der Universität Augsburg und legte dort im Jahr 2012 das 1. juristische Staatsexamen ab. Nach einem zweijährigen Referendariat am Landgericht Augsburg mit Stationen bei der Staatsanwaltschaft, dem Landratsamt und dem Verwaltungsgericht legte er im Jahr 2014 das 2. juristische Staatsexamen ab. Seit 2015 ist er als Rechtsanwalt in Karlsruhe für die Kanzlei „Brillinger Rechtsanwälte" überwiegend im privaten Baurecht tätig.

Autor der Beiträge:

- *Gängige Vertragsformen: BGB-Bauvertrag, VOB/B-Bauvertrag und Bauüberwachungsvertrag*
- *Prüfungs- und Bedenkenhinweispflicht*
- *Bauabnahme und -protokoll*
- *Gewährleistung und Verjährung*

Dipl.-Ing. Bert Wieneke

Bert Wieneke ist als staatlich anerkannter Sachverständiger für die Prüfung des Brandschutzes tätig. Er ist Inhaber eines Sachverständigenbüros für Brandschutz sowie Referent und Fachbuchautor.

Autor des Beitrags:

- *Brandschutz auf der Baustelle*

Frank Zillmer

Frank Zillmer ist Rechtsanwalt und Fachanwalt für Bau- und Architektenrecht. Durch seine jahrelange Referententätigkeit ist er in der Lage, komplexe rechtliche Fragestellungen strukturiert und mit Praxisbezug auch für Nicht-Juristen anschaulich zu erklären. Als Dozent ist er u. a. für die Architekten- und Ingenieurkammer Schleswig-Holstein, den Verband norddeutscher Wohnungsunternehmen, die Auftragsberatungsstelle Schleswig-Holstein und verschiedene Wohnungsbaugenossenschaften tätig. In Inhouse-Seminaren und durch E-Learning-Kurse qualifiziert er online bundesweit Mitarbeiter und Mitarbeiterinnen von Architekturbüros, Bauunternehmen, Wohnungsbauunternehmen und öffentlichen Stellen, damit diese selbst rechtssicher handeln können.

Autor der Beiträge:

- *Bauleiterbestellung und Bauleitererklärung: Rechte, Pflichten und Handlungsbefugnisse der Bauleitung*
- *Umgang mit Bauablaufstörungen und Baubehinderungen*
- *Mengenänderungen*

Bernd Zimmermann

Rechtsanwalt Bernd Zimmermann ist Inhaber und fachlicher Leiter des Instituts für angewandten Arbeits- und Gesundheitsschutz/Qualitätssicherung – IAG Mainz.

Autor des Beitrags:

- *Arbeits- und Gesundheitsschutz*

Inhaltsverzeichnis

Recht

Gängige Vertragsformen

BGB-Bauvertrag

Der BGB-Bauvertrag ist ein Werkvertrag, bei dem vom Werkunternehmer ein bestimmter Erfolg geschuldet wird. Gegenstand ist mithin nicht die Arbeit, die Bemühung oder der Dienst, sondern der werkvertragliche Erfolg. Der BGB-Werkvertrag ist in den §§ 631 ff. BGB geregelt. Bei einem Bauvertrag ist das geschuldete Werk eine Bauleistung, die durch Bauarbeiten erbracht wird. Bauleistung ist nach § 1 VOB/A *„Arbeit derart, durch die eine bauliche Anlage hergestellt, instandgehalten, geändert oder beseitigt wird."*

Ein Bauwerk ist eine unbewegliche, durch die Verwendung von Arbeit und bodenfremdem Material in Verbindung mit dem Erdboden hergestellte Sache (BGHZ 57, 60). „Bauarbeiten" schaffen ein Bauwerk neu, verändern ein bestehendes Bauwerk, erhalten ein Bauwerk oder schützen ein Bauwerk. Bauarbeiten sind auch dann gegeben, wenn unmittelbar die Errichtung eines Bauwerks vorbereitet wird.

Durch das neue Bauvertragsrecht zum 01.01.2018 hat auch das BGB-Werkvertragsrecht erhebliche Änderungen erfahren. So wurden Regelungen zum Verbraucherbauvertrag eingeführt. Es finden sich nunmehr Regelungen zum Architektenvertrag und Ingenieurvertrag. Auch der Bauträgervertrag wurde in das BGB aufgenommen. Zu dieser Neuregelung sah sich der Gesetzgeber gezwungen, da die Regelungen des Werkvertragsrechts aufgrund der wachsenden Anforderungen nicht mehr den Anforderungen auf dem Bau gerecht werden konnten. Ferner fehlten in diesem Bereich die Vorschriften des Verbraucherschutzes. Aufgrund der Tatsache, dass insbesondere Verbraucher für ein Bauvorhaben wesentliche Teile ihrer finanziellen Mittel aufwenden, sah sich der Gesetzgeber hier zum Handeln gezwungen.

VOB/B-Vertrag

Bei einem VOB/B-Bauvertrag werden die Regelungen des BGB durch die Einbeziehung der VOB/B modifiziert. Bei der VOB handelt es sich nicht um gesetzliche Regelungen. Es handelt sich letztendlich um Allgemeine Geschäftsbedingungen.

Einbeziehung der VOB/B in den Vertrag

Die VOB/B wird nur dann Bestandteil des Bauvertrags, wenn die Parteien dies ausdrücklich vereinbaren. Die VOB ist weder Gesetz noch Rechtsverordnung, sondern Vertragsrecht. Sie gilt daher nicht automatisch. Es besteht auch kein Gewohnheitsrecht dergestalt, dass die VOB/B hier branchenüblich ist.

Die Vereinbarung der VOB bedarf keiner Form. Es muss allerdings ein klarer und unmissverständlicher Hinweis auf die VOB/B vorhanden sein. Vereinbaren die Parteien, dass die VOB der neuesten Auflage gelten soll, so ist damit der Zeitpunkt des Vertragsschlusses gemeint.

Differenziert ist die Einbeziehung der VOB gegenüber einem Privatmann zu sehen. Wird der Bauherr bei Vertragsschluss durch einen Architekten vertreten, soll nach herrschender Ansicht der bloße Hinweis auf die VOB/B genügen. Die Rechtsprechung nimmt an, dass der Architekt aufgrund seiner Ausbildung die VOB/B hinreichend kennt. Er muss den Bauherrn dann entsprechend aufklären. Der Bauherr muss sich dieses Wissen zurechnen lassen.

Ist der Bauherr hingegen nicht von einem Architekten vertreten oder ist dieser an den Vertragsverhandlungen nicht beteiligt, so kann die VOB/B nicht durch einen bloßen Hinweis auf deren Geltung einbezogen werden. Der Bauherr muss sich – so der BGH – in geeigneter Weise Kenntnis von der VOB verschaffen und Informationsmöglichkeiten nutzen können. Hier wird wohl eine Aushändigung des Textes nicht verlangt. Dem Vertragspartner muss allerdings die Möglichkeit gegeben sein, ohne Aufwand an Zeit und Kosten Kenntnis von der VOB/B zu erlangen. In der Regel trägt der Verwender – zumeist der Unternehmer – die Beweislast für die ordnungsgemäße Einbeziehung der VOB/B.

Privilegierung der VOB/B als Ganzes

Bei der VOB/B handelt es sich um Allgemeine Geschäftsbedingungen. Entgegen der allgemeinen Meinung handelt es sich nicht um ein Gesetz. Würde man die einzelnen Klauseln der VOB/B der Inhaltskontrolle nach §§ 307, 308 und 309 BGB unterziehen, wären zahlreiche Klauseln – isoliert betrachtet – AGB-widrig und damit unwirksam. Dies würde jedoch zur Unanwendbarkeit der VOB führen – was nicht gewollt ist.

Ist die VOB/B in Bauverträgen als Ganzes vereinbart, d. h. es gibt keinerlei Eingriffe in die VOB durch Vertragsklauseln, so ist die VOB der Inhaltskontrolle nach §§ 310, 308, 309 BGB entzogen – sofern sie nicht gegenüber einem Verbraucher angewandt werden soll. Dies wird damit begründet, dass die Gesamtheit der VOB/B-Regelungen ausgewogen ist und keiner der Vertragspartner insgesamt unangemessen benachteiligt wird.

Wird nunmehr jedoch – und sei es nur geringfügig – in die VOB eingegriffen, etwa durch einzelvertragliche Klauseln, so ist dieses Gleichgewicht gestört. Dies hat zur Folge, dass nicht nur die Klausel, die der Regelung der VOB entgegensteht, AGB-rechtlich geprüft wird, sondern dass der gesamte Vertrag – also auch die VOB-Regelungen – unter dem Gesichtspunkt des AGB-Rechts geprüft werden. Die Privilegierung der VOB als Ganzes ist damit entfallen. Die entsprechenden Klauseln – auch die VOB/B-Regelungen sind dann unwirksam, wenn sie den Vertragspartner des Verwenders unangemessen benachteiligen. Auch hier gilt: Ist der Benachteiligte selbst Verwender, wird die Klausel nicht unwirksam. Der Verwender hätte die Klausel ja nicht verwenden müssen. Er bedarf keines Schutzes.

Praxistipp

Der Auftragnehmer hat bei einem VOB/B-Vertrag die Schlussrechnung des Auftraggebers geprüft – der Auftraggeber ist Verwender. Er hat die Schlusszahlung geleistet und auf die Auswirkungen der vorbehaltlosen Annahme der Schlusszahlung gem. § 16 Abs. 3 Ziff. 2 VOB/B hingewiesen. Der Auftragnehmer hat den Vorbehalt zu spät erklärt.

Der Auftraggeber kann sich dennoch nicht auf die Ausschlusswirkung nach § 16 Abs. 3 Nr. 5 VOB/B berufen, wenn die VOB nicht als Ganzes vereinbart ist. Hat der Auftraggeber etwa zusätzliche Vertragsbedingungen in den Vertrag mit einbezogen, die Abweichungen zur VOB/B enthalten – dies ist bei öffentlichen Auftraggebern besonders häufig der Fall –, unterfällt auch die Regelung des § 16 VOB/B der AGB-Inhaltskontrolle. Da sie dieser Kontrolle nach ständiger Rechtsprechung nicht standhält ist sie unwirksam. Das BGB kennt hingegen keine Ausschlussregelung vergleichbar mit § 16 VOB/B. Der Auftraggeber kann sich mithin nicht darauf berufen.

Hinweis

In der Praxis wird es kaum Bauverträge geben, die nicht Abweichungen von der VOB/B enthalten. Der Verwender wird daher häufig mit einer Überprüfung der Klausel nach den Vorschriften der AGB-Inhaltskontrolle zu rechnen haben. Der Auftragnehmer als Verwender sollte dabei darauf achten, dass die Verträge so gestaltet sind, dass auch bei der AGB-Inhaltskontrolle die Kernregelungen erhalten bleiben, die seinem Sicherheits- und Risikointeresse entsprechen.

Auftraggeber und Auftragnehmer sollten sich mithin stets gut überlegen, ob Sie in einen VOB-Vertrag zusätzliche Regelungen mit aufnehmen und in die VOB eingreifen.

Bauüberwachungsvertrag

Die Objektüberwachung umfasst vor allem die Überwachung der einzelnen Arbeiten bei der Erstellung des Objekts auf Übereinstimmung mit der Baugenehmigung, den Ausführungsplänen und der Leistungsbeschreibung sowie Übereinstimmung mit den anerkannten Regeln der Technik und den einschlägigen Vorschriften. Ferner umfasst sie die Koordination der einzelnen Arbeiten. Der bauleitende Architekt muss daher die ihm zur Verfügung gestellten Planungen und Ausschreibungsunterlagen auf Fehler und Widersprüche prüfen – auch dann, wenn er sie nicht selbst erstellt hat. Das betrifft auch statische Unterlagen, die Überwachung und Abnahme der Bewehrung entsprechend den Bewehrungsplänen, die der Statiker ausgearbeitet hat. Verletzt der Architekt, der die Bauleitung übernommen hat, seine Leistungspflichten, zu denen auch die Überprüfung der Planung gehört, so kann er sich gegenüber dem Bauherrn auf ein mitwirkendes Verschulden des planenden Architekten berufen. Der planende Architekt ist in dem Lager des Bauherrn einzuordnen, sodass dieser sich den Mitverschuldenseinwand entgegenhalten lassen muss.

Als örtlicher Bauüberwacher muss der Architekt die vor Ort tätigen Unternehmer und Handwerker überwachen und diese „im Griff haben". Er muss dafür Sorge tragen, dass das Bauwerk frei von Mängeln und wie geplant durchgeführt wird. Er muss besonders aufmerksam sein bei solchen Gewerken, bei denen sich während der Bauausführung Anhaltspunkte für Mängel ergeben haben. Er muss geäußerten Bedenken nachgehen. Er muss daher regelmäßig vor Ort sein, um die Bauüberwachung in ausreichendem Maße zu erledigen. Er muss auch kontrollieren, ob seinen Anweisungen Folge geleistet wird. Wie oft er die Baustelle besuchen muss, kann nicht generell gesagt werden. Dies richtet sich nach den Umständen des Einzelfalls.

Das OLG Celle hat in diesem Zusammenhang allerdings entschieden, dass der bauleitende Architekt nicht dazu verpflichtet ist, sich für den Bauherrn ständig persönlich erreichbar zu halten. Die erforderlichen Abstimmungen können etwa auch durch E-Mail erfolgen. Es ist ebenfalls darauf hinzuweisen, dass sich die Aufsichtspflicht des Architekten auch auf Arbeiten bezieht, die der Bauherr eigenständig – in Abweichung von der Planung des Architekten – an Dritte vergeben hat.

Umfang der Überwachung

Nicht zu überwachen sind im Zweifel handwerkliche Selbstverständlichkeiten. Bei diesen darf der Architekt davon ausgehen, dass der Bauunternehmer diese beherrscht, insbesondere, wenn es sich um ein Fachunternehmen handelt. Bei diesen Tätigkeiten reicht es, wenn der Architekt entsprechende Stichproben macht. Das OLG Schleswig hat in diesem Zusammenhang entschieden, dass handwerkliche Selbstverständlichkeiten anlassbezogen zu überprüfen sind, wenn der Unternehmer, beispielsweise aus grober Nachlässigkeit, ungeeignetes Material verwendet *(OLG Schleswig, IBR 2011, 530).* Anders ist dies selbstverständlich, wenn der Unternehmer unzuverlässig ist oder Sachkunde vermissen lässt.

Handwerkliche Selbstverständlichkeiten sind etwa Putzarbeiten, das Eindecken eines Daches mit Dachpappe, Säubern von Schleifstaub, Malerarbeiten, Aufbringen von Estrich, einfache Abdichtungsarbeiten etc.

In jedem Fall muss der Architekt die wichtigen Bauabschnitte persönlich oder durch einen erprobten Erfüllungsgehilfen unmittelbar überwachen und sich sofort nach der Ausführung von der Ordnungsgemäßheit der Arbeiten überzeugen.

Je höher die Qualitätsanforderungen an das Baumaterial und die Ausführungen sind, desto engmaschiger musste der Architekt überwachen.

Bei schwierigen, sog. gefahrträchtigen Arbeiten kommt dem bauleitenden Architekten eine erhöhte Überwachungspflicht zu. Als schwierige bzw. gefährliche Arbeiten gelten u. a.:

- Betonierarbeiten einschließlich der Bewehrungsarbeiten
- Ausschachtungsarbeiten
- Abbruch- und Unterfangungsarbeiten
- Isolierungs- und Abdichtungsarbeiten
- Dränagearbeiten
- Dachdeckerarbeiten
- Estricharbeiten etc

Es handelt sich um Gewerke, bei denen es – das zeigt die Praxis – besonders häufig zu Mängeln und Problemen kommt.

Die Überwachungspflichten des Architekten beinhalten auch die Koordinationspflicht hinsichtlich der Bauarbeiten. Er muss dafür Sorge tragen, dass die notwendigen Arbeiten richtig eingetaktet sind und dass es nicht zu Behinderungen der einzelnen Handwerker kommt.

Die Überwachungspflichten des Architekten dürfen jedoch auch nicht überspannt werden. Hat der Bauherr für einen konkreten fachspezifischen Bereich einen Sonderfachmann mit der Objektüberwachung beauftragt, scheidet eine Haftung des bauüberwachenden Architekten i. d. R. aus. Anders ist dies nur, wenn Mängel für ihn offensichtlich werden. Dies ist dann der Fall, wenn die Überwachung der Arbeiten keine besonderen Kenntnisse erfordert.

Ist der bauüberwachende Architekt mit der Vollarchitektur beauftragt, hat er auch darauf hinzuwirken und zu prüfen, dass ein Sonderfachmann die fachtechnische Abnahme durchführt.

Führt der Bauherr Arbeiten in Eigenleistung aus, entbindet dies den Architekten nicht von der Überwachungspflicht. Er darf jedoch darauf vertrauen, dass der Bauherr die nötige Fachkenntnis zur Vornahme der Arbeiten hat *(OLG Hamm, OLGR, 1996, 206)*.

Weil es immer wieder zu Missverständnissen kommt, muss noch auf Folgendes hingewiesen werden:

Oftmals wird die Ansicht vertreten, der Architekt schulde ein mangelfreies Gebäude. Dies ist jedoch falsch. Der Architekt schuldet eine mangelfreie Architektenleistung. Die Architektenleistung liegt – unterstellen wir, der Architekt sei lediglich mit der Bauüberwachung beauftragt – lediglich in der Bauüberwachung und den damit verbundenen Vertragspflichten. Dies dürften i. d. R. die Grundleistungen der Leistungsphase 8 nach der HOAI sein. Entdeckt der bauüberwachende Architekt also einen Mangel, so liegt seine Pflicht darin, den Mangel gegenüber dem Werkunternehmer anzuzeigen bzw. auch den Bauherrn darauf hinzuweisen. Es liegt dann am Bauherrn, tätig zu werden. Tut der Bauherr nichts, obgleich der Architekt ihn darauf hingewiesen hat, hat der Architekt seine Leistung mangelfrei erbracht. Entsprechend scheidet eine Haftung des Architekten aus.

Der Architekt ist eben Architekt und kein Bauträger oder Bauunternehmer.

Zu den Aufgaben des Architekten, der die Bauaufsicht führt, gehört die technische Abnahme der Bauleistungen. Stellt er hierbei Mängel fest, muss er die dem Bauherrn unverzüglich mitteilen. Er hat damit die Mängelbeseitigung zu überwachen. Die Tätigkeit in diesen Bereichen endet, wenn der Architekt die betreffenden Unternehmer mit Fristsetzung zur Mangelbeseitigung aufgefordert hat.

Hat der bauüberwachende Architekt Teile der Ausführungen des Bauwerks nicht richtig überwacht, so ist es seine Pflicht, dies gegenüber dem Bauherrn zu offenbaren *(BGH IBR 2010, 575).*

Bei der Überwachung kann der Architekt in einen Interessenkonflikt geraten. Werden nämlich Mängel festgestellt, ist es möglich, dass es um solche Mängel geht, die der bauüberwachende Architekt auch selbst zu verantworten hat. Der BGH verpflichtet den Architekten, über diesen Umstand aufzuklären (Sekundärhaftung des Architekten) (*BGH BauR 1978, 235, BauR 2007, 423, 424).*

Aus diesem Grund muss der umfassende beauftragte Architekt den Bauherrn auch nach Beendigung der eigentlichen Tätigkeit bei der Behebung von Baumängeln helfen. Die Erfüllung dieser Pflicht betrifft allerdings nicht die Hauptpflicht der Herstellung des eigentlichen Architektenwerks. Es handelt sich um eine Nebenpflicht. Verletzt er diese Nebenpflicht, greift die Sekundärhaftung des Architekten mit der Folge, dass der Architekt sich nicht auf die Einrede der Verjährung bezüglich seiner Pflichtverletzung berufen kann.

Eine wichtige Grundleistung im Rahmen der Objektüberwachung ist die Rechnungsprüfung. Insoweit muss der Architekt prüfen, ob die angesetzten Preise mit den vereinbarten übereinstimmen, die angesetzten Mengen tatsächlich ausgeführt sind, zusätzliche Leistungen tatsächlich angefallen sind, Sonderkonditionen berücksichtigt sind und die abgerechnete Werkleistung ordnungsgemäß erbracht ist. Nach Prüfung hat der Architekt eine entsprechende Zahlungsempfehlung gegenüber dem Bauherrn abzugeben.

Hat der Architekt auch die Grundleistungen der Leistungsphase 9 gem. § 34 HOAI übernommen, so muss er während des Laufs der Gewährleistungsfrist die Ansprüche des Bauherrn wahren, längstens jedoch bis zum Ablauf von fünf Jahre seit Abnahme der Bauleistung. Ihm obliegt die fachliche Bewertung der innerhalb der Verjährungsfrist festgestellten Mängel. Die Überwachung der Mängelbeseitigung innerhalb der Verjährungsfrist ist im Rahmen der HOAI 2013 eine Besondere Leistung geworden. Der Architekt ist jedoch, nach richtiger Ansicht des OLG Dresden (IBR 2011, 531) nicht gehalten, ohne konkreten Anlass nach Mängeln zu suchen.

Ein gesondertes Honorar kann der bauleitende Architekt für seine Tätigkeit im Rahmen der Mangelbeseitigungsarbeiten nicht verlangen. Die Beratungstätigkeit ist eine Grundleistung im Rahmen der Objektüberwachung.

Neben der Erstellung des eigentlichen Architektenwerks treffen den Architekten zahlreiche Nebenpflichten im Rahmen der Abwicklung des Bauvorhabens. Dies sind Aufklärungs-, Beratungs- und Hinweispflichten. Bei einer Verletzung dieser Pflichten steht dem Auftraggeber möglicherweise ein Schadensersatzanspruch nach §§ 280, 281 BGB oder aus der c.i.c. zu.

Es ist allerdings nicht Aufgabe des Architekten, schwierige Rechtsfragen zu klären. Er muss in diesem Zusammenhang den Bauherrn darauf hinweisen, dass es sinnvoll ist, juristischen Rat einzuholen. Die Grundzüge des BGB sowie der VOB/B sind allerdings zu erwarten. Dies gilt insbesondere für die Gewährleistungsfrist.

Überwachungsrecht des Auftraggebers

Unter das Überwachungsrecht des Auftraggebers fällt gem. § 4 Abs. 1 Nr. 2 VOB/B das Recht des Auftraggebers, die vertragsgemäße Ausführung der Arbeiten zu überwachen. Hierzu hat er Zutritt zu den Arbeitsplätzen, Werkstätten und Lagerräumen, wo die vertragliche Leistung oder Teile von ihr hergestellt oder die hierfür bestimmten Stoffe und Bauteile gelagert werden. Auf Verlangen des Auftraggebers sind ihm die Werkzeichnungen oder andere Ausführungsunterlagen sowie die Ergebnisse von Güteprüfungen zur Einsicht vorzulegen und die erforderlichen Auskünfte zu erteilen, wenn hierdurch keine Geschäftsgeheimnisse preisgegeben werden. Als Geschäftsgeheimnis bezeichnete Auskünfte und Unterlagen hat er vertraulich zu behandeln.

Demnach lassen sich die Möglichkeiten der Überwachung während der Bauausführung für den Auftraggeber wie folgt kategorisieren:

- Auskunftsrechte
- Einsichtsrechte
- Zutrittsrechte

Die Überwachungsrechte eröffnen dem Auftraggeber die Möglichkeit, den Baufortschritt zu kontrollieren und rechtzeitig einzugreifen, wenn die Befürchtung besteht, dass ein zügiger und reibungsloser Baufortschritt nicht mehr gewährleistet ist. Vom Überwachungsrecht des Auftraggebers ist dessen Anordnungsrecht nach § 1 Abs. 3 und 4 VOB/B zu unterscheiden.

Es steht dem Auftraggeber grundsätzlich frei, von diesem Überwachungsrecht Gebrauch zu machen, eine Verpflichtung dazu besteht jedenfalls nicht. Auch wenn der Auftraggeber die Überwachungsrechte nicht wahrnimmt, bleibt es dabei, dass der Auftragnehmer grundsätzlich eigenverantwortlich für die ordnungsgemäße Erfüllung seiner Leistungen aus dem Bauvertrag bleibt. Eine unterbliebene Überwachung führt zu keinem Mitverschulden des Auftraggebers, wenn es etwa zu Schäden kommt.

Zutrittsrecht

Das Überwachungsrecht des Auftraggebers erlaubt diesem, insbesondere die Arbeitsplätze, Werkstätten und Lagerräume zu betreten, in denen die vertragliche Leistung oder Teile von ihr hergestellt oder die hierfür bestimmten Stoffe und Bauteile gelagert werden. Diese Plätze, Stätten und Räume müssen nicht unbedingt auf dem Ort der Baustelle sein, sondern können sich auch außerhalb befinden, müssen aber in der Verfügungsgewalt des Auftragnehmers stehen. Auch für diese Orte gilt das Zutrittsrecht. Mit der Wahrnehmung seines Zutrittsrechts wird der Auftraggeber in die Lage versetzt, Einblicke in Bereiche zu erhalten, die für die Ausführung der Arbeiten wichtig sein könnten.

Einsichtsrecht

Sollte der Auftraggeber dies vom Auftragnehmer verlangen, sind ihm die Werkzeichnungen oder andere Ausführungsunterlagen sowie die Ergebnisse von Güteprüfungen zur Einsicht vorzulegen und die erforderlichen Auskünfte zu erteilen. Dadurch wird der Auftraggeber in die Lage versetzt, noch während der Bauausführung zu überprüfen, ob alles plangerecht angefertigt wurde und ausgeführt wird. So kann ein etwaiger Schaden später vermieden oder zumindest minimiert werden.

Auskunftsrecht

Weiterhin sind dem Auftraggeber die erforderlichen Auskünfte zu erteilen, wenn hierdurch keine Geschäftsgeheimnisse preisgegeben werden. Der Auftragnehmer muss also keine Auskunft über solche Tatsachen und Umstände erteilen, bei denen er sich der Gefahr aussetzen würde, seine Betriebsgeheimnisse zu verraten. Ebenso besteht kein Anspruch des Auftraggebers auf solche Auskünfte. Als Geschäftsgeheimnisse werden auch solche Tatsachen und Umstände bezeichnet, die in Zusammenhang mit einem Geschäftsbetrieb stehen, nur einem eng begrenzten Personenkreis bekannt sind und nach dem Willen des Geschäftsinhabers geheim zu halten sind, wobei der Auftragnehmer an der Geheimhaltung ein wirtschaftliches Interesse haben muss.

Der Umgang mit Verbraucherbauherren

Die in § 650i bis § 650n BGB enthaltenen Vorschriften ergänzen die allgemeinen Regelungen für Bauverträge zum Schutz von Verbrauchern. Dabei geht es nur um Verträge, die den Neubau oder die Sanierung eines Bestandsgebäudes in einem vergleichbaren Umfang beinhalten. Ziel ist der Schutz eines Verbrauchers bei der Durchführung einer teuren Baumaßnahme vor vorschnellen Entscheidungen, unklaren Leistungsverpflichtungen und möglichen Vergütungsrisiken. Den Unternehmer treffen zusätzliche Aufklärungspflichten sowie Mindestanforderungen an die Übergabe von Unterlagen, die der Verbraucherbauherr benötigt. Zudem wird der Verbraucherbauherr geschützt, weil der Verbraucherbauvertrag zur Wirksamkeit der Textform bedarf und darüber hinaus ein Widerrufsrecht nach Vertragsabschluss besteht, das den Verbraucher finanziell kaum belastet.

Wer ist Verbraucher?

Voraussetzung für die Anwendbarkeit der Vorschriften für den Verbraucherbauvertrag ist, dass dem Bauunternehmer ein Verbraucher im Sinne von § 13 BGB gegenübersteht. Ein Verbraucher ist damit eine natürliche Person, die ein Rechtsgeschäft zu Zwecken abschließt, welche überwiegend weder der gewerblichen noch der selbstständigen beruflichen Tätigkeit zugerechnet werden können. Juristische Personen können nie Verbraucher sein. Da der Bauvertrag überwiegend den privaten Zwecken des Verbrauchers dienen muss, fallen alle Bauvorhaben nicht unter die ergänzenden Regeln des Verbraucherbauvertrags, bei denen es um überwiegend gewerbliche Zwecke geht.

Bei dem Verbraucher muss es sich nicht immer um eine einzelne natürliche Person handeln. Auch eine GbR kann ein Verbraucher sein. Dies wird insbesondere der Fall sein, wenn sich Privatpersonen zu einer Bauherrengemeinschaft zusammenschließen, um ein gemeinsames Bauvorhaben (Mehrfamilienhaus, Reihenhausanlage) zu realisieren. Auch eine Wohnungseigentümergemeinschaft, die eine umfassende Sanierung des

Gemeinschaftseigentums beauftragt, wird unter den Schutz der Vorschriften des Verbraucherbauvertrags fallen. Gehören allerdings zu dieser Bauherrengemeinschaft juristische Personen, wird kein Verbraucherbauvertrag, sondern ein normaler Bauvertrag geschlossen (*BGH, Urteil v. 30.03.2017, VII ZR 269/15*).

Im Zweifel sollte der Bauunternehmer immer davon ausgehen, dass er mit einem Verbraucher einen Vertrag abschließt. Nur so verhindert er, dass er möglicherweise notwendige Vertragsinhalte nicht regelt oder wichtige Hinweise nicht rechtzeitig gibt.

Welche Maßnahmen führen zu einem Verbraucherbauvertrag?

Nur Bauverträge, die den **kompletten Neubau** eines Gebäudes oder eine vergleichbare umfassende Sanierung beinhalten und die an einen **Generalunternehmer** oder bei gleichem Leistungsumfang auch einen Fertighaushersteller beauftragt werden, sind Verbraucherbauverträge. Wenn der Verbraucherbauherr die Errichtung eines neuen Gebäudes gewerkeweise durch die Vergabe an verschiedene Bauunternehmer und Handwerker beauftragt, fallen diese Verträge nicht unter die Vorschriften des Verbraucherbauvertrags *(BGH, Urteil v. 16.03.2021, VII ZR 94/22)*.

Ein Verbraucherbauvertrag liegt auch nicht vor, wenn es nicht um die Errichtung eines neuen Wohngebäudes oder den Umbau eines Nebengebäudes zu einem Wohngebäude geht, sondern lediglich um ein Bauwerk mit untergeordneten Nebenfunktionen. So sind Verträge über spätere Anbauten wie ein Carport, eine frei stehende Garage oder einen Swimmingpool keine Verbraucherbauverträge.

Auch die in den nächsten Jahren zu erwartenden Verträge über den Einbau einer neuen Dachdämmung oder den Einbau einer neuen Heizungsanlage sind keine Verbraucherbauverträge.

Schutz des Verbrauchers bei Bauverträgen, die keine Verbraucherbauverträge sind

Selbst dann, wenn ein Vertrag über eine Bauleistung nicht den Bau eines neuen Gebäudes oder erhebliche Umbaumaßnahmen an einem Bestandsgebäude zum Gegenstand hat und damit kein Verbraucherbauvertrag vorliegt, ist der Verbraucher nicht schutzlos. Zugunsten des Verbrauchers greifen immer die §§ 312 ff. BGB. Auch hier sieht das Gesetz vorvertragliche Informationspflichten und ggf. ein Widerrufsrecht nach §§ 312d, 312g BGB vor, wenn ein Vertrag außerhalb von Geschäftsräumen des Unternehmers abgeschlossen wird. Der Verbraucher soll vor einem überraschenden Vertragsabschluss geschützt werden. Er muss daher über ein Widerrufsrecht belehrt werden und kann dann innerhalb von 14 Tagen nach einem Vertragsabschluss problemlos und ohne finanzielle Risiken widerrufen.

Die Notwendigkeit der Textform (§ 650i Abs. 2 BGB)

Ein wirksamer Verbraucherbauvertrag bedarf der Textform, nicht der Schriftform. Es ist also nicht erforderlich, dass ein von beiden Seiten im Original unterschriebener schriftlicher Vertrag besteht. Der Vertrag kann auch per E-Mail wirksam geschlossen werden.

Das Angebot und die Annahme müssen daher nach § 126b BGB lesbar unter Nennung der beiden Vertragspartner auf einem dauerhaften Datenträger abgegeben werden. Dauerhafte Datenträger sind Papier, USB-Sticks, eine Speicherkarte, eine Festplatte, aber auch archivierte und dauerhaft reproduzierbare E-Mails in der Cloud.

Aus Sicherheitsgründen ist dem Bauunternehmer dringend zu empfehlen, sich die Zeit zu nehmen und alle für die Vertragsabwicklung wichtigen und v. a. alle gesetzlich geforderten Erklärungen und Hinweise mit dem Verbraucher schriftlich zu regeln. Ein von beiden Seiten unterschriebener Originalvertrag ist vor Gericht nach wie vor das beste Beweismittel. E-Mails können zwar ausgedruckt werden. Allerdings besteht immer wieder Unsicherheit darüber, ob das, was dann später ausgedruckt wird, auch tatsächlich dem entspricht, was die Parteien übereinstimmend vereinbart haben. Auch hier gilt wieder für den Bauunternehmer Sicherheit vor Schnelligkeit.

Der Bauunternehmer muss darauf achten, dass die Textform für alle Änderungen und Ergänzungen des Verbraucherbauvertrags gilt. Jede Änderung des vereinbarten Werkerfolgs und damit jeder Nachtrag muss nach § 650b Abs. 1 Satz 1 BGB zur Wirksamkeit in Textform vereinbart werden. Auch eine Anordnung über einen geänderten Werkserfolg in den Fällen, in denen eine einvernehmliche, also beidseitige zustimmende Erklärung über die Änderung nicht möglich ist, bedarf zur Wirksamkeit der Textform.

Hinweis

Mündliche Vereinbarungen mit Verbrauchern sind unwirksam. Jede mündliche Absprache ist also zwingend nachträglich unverzüglich per Mail oder eben schriftlich zu fixieren!

Verstöße gegen die Textform bei Abschluss des Verbraucherbauvertrags führen zur Nichtigkeit des Bauvertrags nach § 125 Satz 1 BGB. Die Konsequenzen eines Vertrags, der mitten in der Abwicklung als nichtig festgestellt wird, wären für beide Seiten katastrophal. Der Unternehmer könnte keine Vergütung verlangen, der Verbraucherbauherr keine Fertigstellung des Bauwerks oder keine Mängelansprüche geltend machen. Zwar lassen sich einige der entstehenden Probleme durch die Regelung zur ungerechtfertigten Bereicherung oder der Geschäftsführung ohne Auftrag klären. Der erforderliche Aufwand, die zusätzliche Zeit und die zusätzlichen Kosten sollten aber unbedingt vermieden werden.

Möglicherweise entwickelt die Rechtsprechung andere Lösungen, die im Falle eines formnichtigen Verbraucherbauvertrags zu besseren Lösungen führen. Da entsprechende Entscheidungen noch fehlen, gilt auch hier nochmals die Empfehlung an den Bauunternehmer: Sicherheit vor Schnelligkeit, unbedingt die Textform beachten, sicherheitshalber alles schriftlich mit beidseitiger Unterschrift mit dem Verbraucherbauherrn regeln.

Die fehlende Textform bei einem Nachtrag führt zur Nichtigkeit der Nachtragsvereinbarung. Es besteht dann aus Sicht des Unternehmers kein Vergütungsanspruch bzw. für den Verbraucherbauherrn kein Anspruch auf Gewährleistung.

Es schadet sicherlich auch nicht, den Verbraucherbauherrn auf die Notwendigkeit der Textform mehrfach und gesondert hinzuweisen. Das Gesetz sieht eine solche Aufklärungspflicht zwar nicht vor. Die zusätzliche Empfehlung kostet den Bauunternehmer aber lediglich eine Zeile im Vertrag oder in den sowieso erforderlichen Hinweisschreiben.

Pflichten des Bauunternehmers vor Vertragsabschluss

Der Bauunternehmer muss beachten, dass er bestimmte Regelungen und Abläufe mit dem Verbraucher weder in Allgemeinen Geschäftsbedingungen noch im Bauvertrag selber und damit auch nicht in seinem Angebot ausschließen oder umgehen kann.

- Er kann mit einem Verbraucher nicht vereinbaren, dass „kein“ Verbraucherbauvertrag nach § 650i BGB vorliegt. Dies wird objektiv ermittelt und unterliegt nicht der Vereinbarung der Parteien.
- Er muss dem Verbraucher vor Abschluss eines Vertrags eine Baubeschreibung mit gesetzlich geregeltem Inhalt überlassen. Er kann weitergehende Regelungen mit dem Verbraucher treffen, er kann die gesetzlichen Vorgaben aber nicht einschränken.
- Er muss sowohl eine klare Leistungsbeschreibung zum Inhalt des Vertrags machen als auch verbindliche Zeitangaben in sein Angebot und den Vertrag aufnehmen.
- Er muss den Verbraucher über sein Widerrufsrecht rechtzeitig und ausreichend informieren.
- Letztendlich muss er ihm auch die in § 650n BGB aufgelisteten Unterlagen erstellen und überlassen. Dies selbst dann, wenn dies vertraglich nicht ausdrücklich geregelt wird.

Die gesetzlichen Vorgaben treffen den Unternehmer bereits vor Abschluss des Vertrags. Nach § 650j BGB muss er dem Verbraucher eine konkrete Baubeschreibung als Angebot überlassen. Er kommt aus dieser Verpflichtung nur dann heraus, wenn der Verbraucher selber einen Architekten beauftragt hat, der für ihn die Baubeschreibung erarbeitet, oder der Verbraucher selber in der Lage ist, die wesentlichen Planungsvorgaben zu erarbeiten. Der Bauunternehmer sollte sich aber gerade dann, wenn der Verbraucher aus Kostengründen die Baubeschreibung selber erstellt, nicht darauf verlassen, dass diese i. S. d. Gesetzes auch ausreichend ist. Er sollte immer anhand der Vorgaben von Art. 249 EGBGB überprüfen, ob alle gesetzlich verlangten Angaben auch tatsächlich vorliegen. Sicherheitshalber sollte er den Verbraucher ansonsten auf Fehler hinweisen und diese ggf. selber berichtigen.

Verpflichtende Baubeschreibung

Artikel 249 § 2 EGBGB enthält folgende Vorgaben für den zwingenden Mindestinhalt einer Baubeschreibung für den Verbraucherbauherrn:

1. In der Baubeschreibung sind die wesentlichen Eigenschaften des angebotenen Werks in klarer Weise darzustellen.
2. Sie muss mindestens folgende Informationen enthalten:
   1. allgemeine Beschreibung des herzustellenden Gebäudes oder der vorzunehmenden Umbauten, ggf. Haustyp und Bauweise
   2. Art und Umfang der angebotenen Leistungen, ggf. der Planung und der Bauleitung, der Arbeiten am Grundstück und der Baustelleneinrichtung sowie der Ausbaustufe
   3. Gebäudedaten, Pläne mit Raum- und Flächenangaben sowie Ansichten, Grundrisse und Schnitte
   4. ggf. Angaben zum Energie-, Brandschutz- und Schallschutzstandard sowie zur Bauphysik
   5. Angaben zur Beschreibung der Baukonstruktionen aller wesentlichen Gewerke
   6. ggf. Beschreibung des Innenausbaus
   7. ggf. Beschreibung der gebäudetechnischen Anlagen
   8. Angaben zu Qualitätsmerkmalen, denen das Gebäude oder der Umbau genügen muss
   9. ggf. Beschreibung der Sanitärobjekte, der Armaturen, der Elektroanlage, der Installationen, der Informationstechnologie und der Außenanlagen

Besonders zu beachten ist die grundlegende Forderung, dass alle wesentlichen Eigenschaften der angebotenen Leistungen in klarer Weise dargestellt werden müssen. Die Baubeschreibung muss also **aus der Sicht des Verbrauchers klar und eindeutig formuliert** werden. Technische Begrifflichkeiten, die Verweisung auf Normen, Herstellerrichtlinien, die anerkannten Regeln der Technik sind für sich allein unklar und für den Verbraucher als Laien unverständlich.

Die Aufzählung unter Nr. 2 ist nur beispielhaft. Werden einzelne Leistungen vom Bauunternehmer nicht angeboten, muss er natürlich dazu keine Angaben machen. Werden aber zusätzliche Leistungen von ihm verlangt, die in der beispielhaften Aufzählung von Nr. 2 in den Nummern 1–9 nicht enthalten sind, müssen diese Angaben ebenfalls der gebotenen Klarheit entsprechen. Ziel dieser Baubeschreibung ist es, den Verbraucher in die Lage zu versetzen, eine nachvollziehbare Entscheidung über das Ob und das Wie der angebotenen Leistungen zu treffen. Es muss dem Verbraucher möglich sein, die angebotenen Leistungen mit anderen Angeboten hinsichtlich Leistung und Preis zu vergleichen.

Dies wiederum bedeutet, dass der anbietende Bauunternehmer relativ klar und eindeutig die von ihm angebotene Leistung beschreiben muss. Es ist nicht ausreichend, z. B. zu schreiben, dass das Gebäude eine Wärmedämmung nach den zurzeit gültigen Vorschriften erhält. Damit kann ein Verbraucher nichts anfangen. Der Unternehmer muss sagen, welche Wärmedämmung er zum Einsatz bringen will. Er muss wahrscheinlich schon detailliert mitteilen, welche Produkte er beim Bau verwenden will. Er kann nicht offenlassen, ob er das Gebäude aus Beton, Ziegelmauerwerk, Ytong oder in Holzbauweise errichtet. Ebenso wenig kann er wohl die verwendeten Materialien für die Rohrleitungen oder die Produktlinien bei den Sanitärobjekten offenlassen. Natürlich kann der anbietende Unternehmer auch auf technische Vorschriften verweisen. Er darf mit diesen technischen Vorschriften aber nicht allein die von ihm angebotenen Produkte und Qualitäten beschreiben.

Wenn der Bauunternehmer dann den Auftrag auf der Grundlage seiner Baubeschreibung erhält, gehen sämtliche Unklarheiten und Lücken zu seinen Lasten. § 650k Abs. 2 BGB bestimmt eindeutig, dass Zweifel an der Auslegung immer zulasten des Unternehmers gehen. Wenn also eine Bauleistung nicht eindeutig, sondern missverständlich, zweideutig oder im Zweifel gar nicht beschrieben ist, darf der Verbraucherbauherr entscheiden, welche der möglichen Ausführungsvarianten er gerne hätte. Bei Lücken ist der Komfort- und Qualitätsstandard der übrigen Leistungen Maßstab.

Konsequenterweise wird man daher davon ausgehen müssen, dass die Formulierung „gleichwertig“ künftig den Verbraucherbauherrn berechtigt, die Entscheidung zu treffen, ob er das angebotene Produkt zum Einsatz bringen will oder lieber ein von ihm als „gleichwertig“ eingeschätztes Produkt ausgeführt werden muss.

Dem anbietenden Bauunternehmer ist daher zu raten, seine Baubeschreibung sehr sorgfältig zu erarbeiten und Alternativen, die er ggf. später zum Einsatz bringen will, ebenfalls schon möglichst genau zu bezeichnen und auch mitzuteilen, ob er oder der Verbraucherbauherr dann die Entscheidung für den Einsatz von Produkt A oder Produkt B treffen soll. Außerdem wird er wohl mitteilen müssen, bis wann eine solche Auswahlentscheidung zu treffen sein wird.

Die notwendigen Regelungen zur Bauzeit

Artikel 249 EGBGB enthält neben der Vorgabe zur Leistung auch Vorgaben zur Bauzeit.

„(2) Die Baubeschreibung hat verbindliche Angaben zum Zeitpunkt der Fertigstellung des Werks zu enthalten. Steht der Beginn der Baumaßnahme noch nicht fest, ist ihre Dauer anzugeben.“

Der Bauunternehmer muss daher in seinem Angebot „verbindliche Angaben“ zum Beginn, dem Ablauf und auch der Fertigstellung machen. Soweit dies, was häufig in der Angebotsphase der Fall sein wird, noch nicht möglich ist, muss er zumindest die Gesamtdauer seiner Arbeiten angeben. Spätestens im Vertrag muss er dann aber (§ 650k BGB Abs. 3) diese verbindlichen Angaben machen. Vergessen dies die Parteien, wird auf die Angaben im Angebot zurückgegriffen. Auch hier gilt wieder der Verbraucherschutz. Wenn der Unternehmer schlicht und ergreifend nur eine Bauzeit von z. B. sechs Monaten angibt und der Vertrag im Herbst geschlossen wird, ändert die schlechte Witterung aus Sicht des Verbrauchers nichts daran, dass das Bauvorhaben in sechs Monaten zu erstellen ist. Es ist Verpflichtung des Bauunternehmers, eine für einen Laien klar und einfach verständliche Vorgabe hinsichtlich der Termine zu machen. Das Angebot, spätestens aber der Vertrag, sollte also Hinweise auf Zeitverzögerungen aufgrund von schlechten Witterungsbedingungen, Ferien, Betriebsurlauben etc. enthalten. Dem Unternehmer ist gerade bei den Fristen zu raten, auch die Abhängigkeit zu den notwendigen Genehmigungen und Planungen herzustellen. Er muss immer daran denken, dass er es mit einem Laien zu tun hat, der vom Bauen keine Ahnung hat. Diesen will der Gesetzgeber schützen. Der Verbraucher weiß also nicht, wie lange ein Baugenehmigungsverfahren dauert, welche Auswirkungen überraschende Bodenverhältnisse haben, welche Konsequenzen eine verspätete Planung, Tragwerksplanung oder Nachbarzustimmung haben können. Hinweise auf diese Probleme und mögliche Zeitverzögerungen hieraus sollten daher standardmäßig zukünftig in Angeboten enthalten sein.

Die rechtzeitige Vorlage von Unterlagen

Artikel 249 Abs. 1 EGBGB regelt weiter, dass die Baubeschreibung mit den bereits erwähnten Leistungsangaben und zeitlichen Vorschlägen dem Verbraucher „rechtzeitig" vor Vertragsabschluss zur Verfügung zu stellen ist. Der Zeitraum soll ausreichend sein, damit der Verbraucher dieses Angebot prüfen und ggf. auch mit anderen Angeboten vergleichen kann. Vermutlich wird das Angebot daher mindestens 14 Tage vor Abschluss eines Verbraucherbauvertrags vorliegen müssen. Auch hier lässt sich letztendlich erst in einigen Jahren genauer sagen, welche Frist die Rechtsprechung für ausreichend erachten wird. Der Bauunternehmer, der auf der sicheren Seite stehen will, sollte aber die 14-Tage-Frist nicht unterschreiten.

Besonderheiten beim Vertragsabschluss mit einem Verbraucher

Der Gesetzgeber will den Verbraucher schützen. Er verhindert mit der Regelung von § 650k Abs. 1 BGB daher, dass der Unternehmer im Vertrag versucht, durch Vertragsregelungen oder AGB und weitere Anlagen wie zusätzliche und besondere Bedingungen sein Angebot in Form der Baubeschreibung zu verändern oder aufzuweichen. Grundsätzlich ist dem Bauvertrag die Baubeschreibung zugrunde zu legen, so wie sie dem Verbraucher rechtzeitig vor Vertragsabschluss überlassen wurde. Will der Bauunternehmer etwas ändern, „muss" er dies ausdrücklich mit dem Verbraucherbauherrn vereinbaren. Dies bedeutet also, dass nachteilige Veränderungen aus Sicht des Verbrauchers, Reduzierungen des Leistungsumfangs oder des Leistungsinhalts, die sich aus dem Vertrag selber oder Anlagen ergeben, unbeachtlich sind. Er hat Anspruch darauf, dass die Leistung so ausgeführt ist, wie es sich aus der Baubeschreibung ergibt.

Das bedeutet in der Praxis für den Bauunternehmer, dass er bei Veränderungen zwischen Angebot und Vertrag am besten in einer eigenen Regelung tabellarisch auflisten sollte, welche Leistung sich geändert hat, und diese als im Angebot enthalten auf der einen und nunmehr anders vereinbart auf der anderen Seite deutlich gegenüberstellen.

Die Regelung zeigt auch, was der Gesetzgeber unter Klarheit der vertraglichen Regelungen versteht. Es kann nicht sein, dass die Baubeschreibung eine bestimmte Ausführung klar beschreibt, diese dann aber später in weiteren Vertragsanlagen verwässert oder abgeändert wird. Hiermit muss der Verbraucher nicht rechnen. Diese Änderungen sind unwirksam und unbeachtlich.

Das Widerrufsrecht

Im Interesse des Verbraucherschutzes regelt § 650l BGB ein Widerrufsrecht. Der Verbraucher ist berechtigt nach § 355 BGB, den Widerruf eines bereits abgeschlossenen Verbraucherbauvertrags zu erklären. Ein solches Widerrufsrecht ist z. B. bei Abschluss von Darlehensverträgen oder den sog. Haustürgeschäften oder über das Internet bekannt. Zukünftig hat auch der Verbraucher, der einen Verbraucherbauvertrag abschließt, das

Recht, innerhalb von 14 Tagen ab Vertragsabschluss zu widerrufen. Er braucht dafür keinen Grund. Es handelt sich auch nicht um eine Kündigung. Dieses Widerrufsrecht muss der Bauleitung bekannt sein, und zwar unabhängig davon, ob sie aufseiten des Bauunternehmers tätig ist oder aufseiten des Verbrauchers. Der Bauunternehmer sollte immer davor gewarnt werden, vor Ablauf der Widerrufsfrist mit den Arbeiten zu beginnen. Ebenso wird die Bauleitung den Bauherrn auf das Widerrufsrecht hinweisen müssen, damit dieser ggf. alle Rechte wahrnehmen kann, die ihm gesetzlich zustehen.

Von besonderer Bedeutung ist die Verpflichtung des Unternehmers, den Verbraucher auf dieses Widerrufsrecht hinzuweisen. Es ist zu empfehlen, von dem gesetzlichen Muster der Widerrufsbelehrung nicht, auch nicht in Kleinigkeiten, abzuweichen. In anderen Rechtsgebieten, z. B. bei Darlehensverträgen, haben Abweichungen dazu geführt, dass Gerichte die Widerrufsbelehrung nicht für ordnungsgemäß erachtet haben. Dies hatte dann zur Konsequenz, dass nicht die Widerrufsfrist von 14 Tagen, sondern eine Frist von einem Jahr und 14 Tagen lief.

Muster für die Widerrufsbelehrung bei Verbraucherbauverträgen

Beispiel

Widerrufsbelehrung

Widerrufsrecht

Sie haben das Recht, binnen 14 Tagen ohne Angabe von Gründen diesen Vertrag zu widerrufen. Die Widerrufsfrist beträgt 14 Tage ab dem Tag des Vertragsabschlusses. Sie beginnt nicht zu laufen, bevor Sie diese Belehrung in Textform erhalten haben. Um Ihr Widerrufsrecht auszuüben, müssen Sie uns (*) mittels einer eindeutigen Erklärung (z. B. Brief, Telefax oder E-Mail) über Ihren Entschluss, diesen Vertrag zu widerrufen, informieren. Zur Wahrung der Widerrufsfrist reicht es aus, dass Sie die Erklärung über die Ausübung des Widerrufsrechts vor Ablauf der Widerrufsfrist absenden.

Folgen des Widerrufs

Wenn Sie diesen Vertrag widerrufen, haben wir Ihnen alle Zahlungen, die wir von Ihnen erhalten haben, unverzüglich zurückzuzahlen. Sie müssen uns im Falle des Widerrufs alle

Leistungen zurückgeben, die Sie bis zum Widerruf von uns erhalten haben. Ist die Rückgewähr einer Leistung ihrer Natur nach ausgeschlossen, lassen sich etwa verwendete Baumaterialien nicht ohne Zerstörung entfernen, müssen Sie Wertersatz dafür bezahlen.

*Gestaltungshinweis

Fügen Sie Ihren Namen oder den Namen Ihres Unternehmens, Ihre Anschrift und Ihre Telefonnummer ein. Sofern verfügbar, sind zusätzlich anzugeben: Ihre Telefaxnummer und E-Mail-Adresse.

Die Widerrufsfrist beginnt nicht, bevor der Verbraucher nicht die ordnungsgemäße Widerrufsbelehrung erhalten hat. Fehlt es an einer ordnungsgemäßen Widerrufsbelehrung, beginnt die 14-Tage-Frist nicht zu laufen. Das Widerrufsrecht erlischt frühestens nach zwölf Monaten und 14 Tagen nach Vertragsabschluss.

Widerruft der Verbraucher und sind inzwischen Bauleistungen ausgeführt worden, wird der Wertzuwachs wohl gem. § 357d BGB an den Unternehmer zu zahlen sein. Dieser ist in Anlehnung an die vereinbarte Vergütung zu ermitteln, die Grenze wird aber wohl der Marktpreis sein. Einen Anspruch auf Wagnis und Gewinn hat der Unternehmer in diesen Fällen aber wohl nicht. Um diese Unwägbarkeiten nicht auf der eigenen Baustelle erstmalig gerichtlich erleben zu müssen, wird dringend geraten, die Widerrufsbelehrung rechtzeitig und in der richtigen Form sehr ernst zu nehmen und keinerlei Bauleistungen zu erbringen, wenn der Verbraucher die Widerrufsbelehrung nicht erhalten hat. Am besten ist daher, den Erhalt der Widerrufsbelehrung vom Auftraggeber zu quittieren und mit Datum festzuhalten, wann die Widerrufsfrist abläuft.

Musterschreiben

Beispiel

Sehr geehrte Damen und Herren,

da es vorliegend um den Abschluss eines Verbraucherbauvertrags nach § 650i BGB geht, steht Ihnen nach § 650l ein Widerrufsrecht zu. Wir geben Ihnen daher folgende gesetzlich vorgegebene Widerrufsbelehrung *(Muster Widerrufsbelehrung ausgefüllt anfügen)*.

Diese Widerrufsbelehrung geht Ihnen heute am *(Datum eintragen)* zu. Ihr Widerrufsrecht endet nach 14 Tagen, mithin am *(Datum ausrechnen und anfügen)*. Wir werden unsere Bauarbeiten erst nach Ablauf dieser Widerrufsfrist aufnehmen.

Besonderheiten bei der Abrechnung

Auch beim Verbraucherbauvertrag können Abschlagszahlungen verlangt werden. Dabei sind Besonderheiten im § 650m BGB zu beachten. Nach § 650m Abs. 1 BGB dürfen Abschlagszahlungen insgesamt nicht mehr als 90 % der vereinbarten Gesamtvergütung einschließlich der Nachträge ausmachen. Die restlichen 10 % werden erst fällig, wenn die Abnahme erklärt wurde. Der Gesetzgeber will damit die Sicherheit schaffen, dass auch der private Verbraucher zum Zeitpunkt der Abnahme noch ausreichend finanzielle Mittel zur Verfügung hat, um durch einen Einbehalt Druck im Hinblick auf eine zügige Mangelbeseitigung aufbauen zu können. Beim Aufstellen von Zahlungsplänen ist diese Regelung zu beachten. Überhöhte Abschlagszahlungen geben dem Verbraucher einen Anspruch auf Rückzahlung der 90 % übersteigenden Vergütungsanteile. Diese sind wahrscheinlich in Höhe von fünf Prozentpunkten über dem Basiszinssatz ab Zahlung zu verzinsen. Es ist dem Unternehmer auch nicht möglich, diese Regelung z. B. durch Stellung einer Bürgschaft zu umgehen.

Nach § 650m Abs. 2 und Abs. 3 BGB hat der Unternehmer dem Verbraucher eine Sicherheit in Höhe von 5 % der vereinbarten Gesamtvergütung zu überlassen, die grundsätzlich durch einen entsprechenden Einbehalt von der ersten Abschlagszahlung zu bilden ist. Alternativ ist die Überlassung einer Vertragserfüllungsbürgschaft möglich.

Der Anspruch des Verbrauchers auf Unterlagen

Der Verbraucher hat immer Anspruch auf die Unterlagen, die die Parteien im Bauvertrag vereinbaren. Er hat aber auch ohne Vereinbarung Anspruch auf die Unterlagen nach § 650n BGB. Dabei unterscheidet das Gesetz Unterlagen, die vor Beginn der Ausführung benötigt werden, und Unterlagen, die der Unternehmer nach Fertigstellung zu überlassen hat. Es gibt einen Anspruch auf die Unterlagen, die der Verbraucherbauherr benötigt, um gegenüber Behörden nachweisen zu können, dass sein Bauvorhaben die einschlägigen öffentlich-rechtlichen Vorschriften erfüllt, also die für die Genehmigungen relevanten Planunterlagen.

Nach § 650n Abs. 2 BGB kann der Verbraucher spätestens mit der Fertigstellung verlangen, dass ihm der Bauunternehmer Unterlagen zur Verfügung stellt, um ebenfalls gegenüber den Behörden nachweisen zu können, dass das Bauvorhaben die einschlägigen öffentlich-rechtlichen Vorschriften eingehalten hat.

Schließlich besteht ein Anspruch auf Unterlagen nach § 650n Abs. 3 BGB, die der Verbraucher benötigt, um gegenüber Dritten, insbesondere Darlehensgebern, nachweisen zu können, dass er ein Objekt hat erstellen lassen, das den vertraglichen Vereinbarungen entspricht.

Um überflüssigen Streit zu vermeiden, wird jedem Bauunternehmer empfohlen, bereits in der Baubeschreibung und am besten aber im Vertrag eindeutig festzulegen, welche Pläne, Berechnungen, Herstellungsnachweise, Prüfzeugnisse etc. er dem Auftraggeber zu welchem Zeitpunkt übergeben wird. Eine eindeutig beschreibende abschließende Liste verhindert den Streit zu einem späteren Zeitpunkt. Es sollte daher nicht nur beschrieben werden, welche Unterlagen übergeben werden, sondern abschließend auch festgehalten werden, dass kein Anspruch auf weitergehende Unterlagen besteht.

Zusätzliche Haftung der Bauleitung

Die Bauleitung, die selbstständig für einen Bauunternehmer tätig ist und im Rahmen eines Verbraucherbauvertrags arbeitet, muss ihren Auftraggeber darauf hinweisen, wenn die Baubeschreibung nicht ausreichend konkret ist oder Termine und Fristen nicht vertraglich vereinbart wurden. Umgekehrt wird die Bauleitung, die für einen Verbraucher die Bauüberwachung übernimmt, diesen auf eine unvollständige und lückenhafte Baubeschreibung hinsichtlich Leistungsumfang, Qualität und Bauzeit hinweisen und ihn beraten müssen, welche Vorteile er hieraus bei der Abwicklung für sich ziehen kann. So oder so: Fehlende Beratung und unzureichende Hinweise führen für die Bauleitung zu einer neuen Art von Schadensersatzansprüchen.

Bauleiterbestellung und Bauleitererklärung

Rechte, Pflichten und Handlungsbefugnisse der Bauleitung

Die Bauleitung hat eine große Verantwortung für das Gelingen des Bauwerks und geht dabei auch das Risiko einer großen eigenen (privaten) zivil- und strafrechtlichen Haftung ein.

Gesetz

§ 823 BGB: Schadensersatzpflicht

(1) Wer vorsätzlich oder fahrlässig das Leben, den Körper, die Gesundheit, die Freiheit, das Eigentum oder ein sonstiges Recht eines anderen widerrechtlich verletzt, ist dem anderen zum Ersatz des daraus entstehenden Schadens verpflichtet.

(2) Die gleiche Verpflichtung trifft denjenigen, welcher gegen ein den Schutz eines anderen bezweckendes Gesetz verstößt. Ist nach dem Inhalt des Gesetzes ein Verstoß gegen dieses auch ohne Verschulden möglich, so tritt die Ersatzpflicht nur im Falle des Verschuldens ein.

Gesetz

§ 222 StGB: Fahrlässige Tötung

Wer durch Fahrlässigkeit den Tod eines Menschen verursacht, wird mit Freiheitsstrafe bis zu fünf Jahren oder mit Geldstrafe bestraft.

Gesetz

§ 229 StGB: Fahrlässige Körperverletzung

Wer durch Fahrlässigkeit die Körperverletzung einer anderen Person verursacht, wird mit Freiheitsstrafe bis zu drei Jahren oder mit Geldstrafe bestraft.

Diese Haftung ist der Gegenpol zu den Rechten, Pflichten und Handlungsbefugnissen der Bauleitung. Zunächst muss geklärt werden, wer in welchem Umfang haftet, insbesondere wer „Bauleitung" ist und welche Pflichten diese hat. Den „Bauleiter" als festen Rechtsbegriff gibt es nicht.

Die Landesbauordnungen (LBO) der meisten Bundesländer nennen den „Bauleiter" und den „Fachbauleiter" als Baubeteiligten; die Bauordnung Bayerns kennt ihn nicht.

***Tabelle 1:** Übersicht: Regelungen zu Bauleitern als Baubeteiligte gemäß der jeweiligen Landesbauordnung (LBO).*

Baden-Württemberg	Ja	Geregelt in § 45 LBO Baden-Württemberg
Bayern	Nein	Entwurfsverfasser und Unternehmer verantwortlich
Berlin	Ja	Geregelt in § 57 BauO Berlin
Brandenburg	Ja	Geregelt in § 56 Brandenburgische BauO
Bremen	Ja	Geregelt in § 56 Bremische LBO
Hamburg	Ja	Geregelt in § 57 HBauO
Hessen	Ja	Geregelt in § 51 HessBauO
Mecklenburg-Vorpommern	Ja	Geregelt in § 56 LBauO M.-V.
Niedersachsen	Ja	Geregelt in § 55 NBauO
Nordrhein-Westfalen	Ja	Geregelt in 56 BauO NRW
Rheinland-Pfalz	Ja	Geregelt in 56a LBauO Rh.-Pf.
Saarland	Ja	Geregelt in § 56 LBO
Sachsen	Ja	Geregelt in § 56 SächsBO
Sachsen-Anhalt	Ja	Geregelt in § 55 BauO LSA
Schleswig-Holstein	Ja	Geregelt in § 56 LBO
Thüringen	Ja	Geregelt in § 56 Thüringer LBO

Dieser „Bauleiter nach LBO“ ist nicht zu verwechseln mit dem als „Objektüberwacher“ bezeichneten Architekten, der die Aufgaben der Objektüberwachung (Objektüberwachung nach Leistungsphase 8 HOAI) auf der zivilrechtlichen Grundlage des Architektenvertrags wahrnimmt.

Die Bauleitung nach LBO leitet die bauliche Maßnahme als Ganzes. Der Architekt oder Bauingenieur, dem die Objektüberwachung nach § 34 HOAI 2021 mit Anlage 10 (Leistungsphase 8) obliegt, überwacht nur die Ausführung des Objekts:

Der Architekt ist durch seinen Vertrag mit dem Bauherrn Überwacher der Bauleistungen und hat auf dieser Grundlage dafür zu sorgen, dass der Bau mangelfrei, kosten- und termintreu errichtet wird. Er nimmt dabei im Wesentlichen die Aufgaben des Bauherrn wahr, der das mangels eigener Sachkunde nicht kann. Er wird im Folgenden „Objektüberwacher“ genannt.

Daneben gibt es den „Bauleiter“ oder „Projektleiter“, dem vom Bauunternehmen die organisatorische Leitung der Baustelle übertragen worden ist. Der Projektleiter leitet und organisiert die Baustelle für das Bauunternehmen. Diese zunächst rein arbeitsrechtliche Einordnung führt aber i. d. R. dazu, dass der Betreffende auch gleichzeitig Bauleiter oder Fachbauleiter nach LBO werden soll. Solange ein Bauleiter jedoch nicht nach LBO bestellt ist, obliegen ihm als Repräsentanten des Bauunternehmens zunächst grundsätzlich nicht weiterreichende Pflichten als dem Unternehmen selbst. Er wird im Folgenden dann „Projektleiter“ genannt.

Die Bauleitung nach LBO wird vom Bauherrn bestellt. Dies muss der Bauaufsichtsbehörde vor Baubeginn bekannt gegeben werden. (§ 53 LBO S.-H.) Die Bauleitung unterschreibt die Mitteilung und wird somit zum „Bauleiter nach LBO“. Seine Verpflichtungen ergeben sich aus § 56 LBO S.-H. (und weitgehend gleichlautend in den anderen Landesbauordnungen).

Gesetz

§ 56 LBO S.-H.: Bauleiterin oder Bauleiter

(1) Die Bauleiterin oder der Bauleiter hat darüber zu wachen, dass die Baumaßnahme entsprechend den öffentlich-rechtlichen Anforderungen durchgeführt wird, und die dafür erforderlichen Weisungen zu erteilen. Sie oder er hat im Rahmen dieser Aufgabe auf den sicheren bautechnischen Betrieb der Baustelle, insbesondere auf das gefahrlose Ineinandergreifen der Arbeiten der Unternehmerinnen oder Unternehmer, zu achten. Die Verantwortlichkeit der Unternehmerinnen oder Unternehmer bleibt unberührt.

(2) Die Bauleiterin oder der Bauleiter muss über die für ihre oder seine Aufgabe erforderliche Sachkunde und Erfahrung verfügen. Verfügt sie oder er auf einzelnen Teilgebieten nicht über die erforderliche Sachkunde, so sind geeignete Fachbauleiterinnen oder Fachbauleiter heranzuziehen. Diese treten insoweit an die Stelle der Bauleiterin oder des Bauleiters. Die Bauleiterin oder der Bauleiter hat die Tätigkeit der Fachbauleiterinnen oder Fachbauleiter und ihre oder seine Tätigkeit aufeinander abzustimmen.

Diese öffentlich-rechtlichen Pflichten treffen also nicht jede Bauleitung automatisch. Sie gelten nur für Bauleiter nach LBO, die das Amt durch eigene Erklärung dem Bauamt gegenüber öffentlich-rechtlich übernommen haben.

Die Bauleitung kann vertraglich (zivilrechtlich) zur Übernahme dieses Amtes z. B. in Bauwerkverträgen, Architektenverträgen oder Arbeitsverträgen verpflichtet sein. Öffentlich-rechtlich wird das Amt aber nur durch die Bauleitererklärung übernommen, die von der Bauleitung dem Bauamt gegenüber schriftlich abgegeben wird.

Die Bauleitung nach LBO trägt dann unabhängig von vertraglichen Verbindungen als übergeordnete Person gegenüber der Bauaufsichtsbehörde die öffentlich-rechtliche Verantwortung dafür, dass die gesamte Baumaßnahme dem öffentlichen Baurecht, den technischen Baubestimmungen und den genehmigten Bauvorlagen entsprechend durchgeführt wird. Da die Bauleitung nach LBO die dafür erforderlichen Weisungen kraft öffentlichen Rechts erteilen darf und muss, ist sie insoweit für die Bauaufsichtsbehörde auf der Baustelle tätig.

Obwohl sie damit im öffentlichen Interesse tätig wird, übt sie keine öffentliche Gewalt aus. Es fehlt ihr nämlich an verwaltungsrechtlichen Zwangsbefugnissen. Die Bauleitung nach LBO darf kraft ihrer Bestellung auf öffentlichem Recht basierende Anweisungen gegenüber allen am Bau Beteiligten erteilen, kann diese jedoch im Falle einer Missachtung nicht alleine durchsetzen. Gegebenenfalls muss sie Missstände bei der Bauaufsicht anzeigen, damit diese mit ihren ordnungsrechtlichen Maßnahmen tätig wird.

Bauleiter nach LBO wird im Regelfall der in Leistungsphase 8 tätige Architekt oder ein geeigneter Mitarbeiter des den Bau ausführenden Hauptbauunternehmers oder Generalunternehmers. Mitarbeiter aus spezialisierten Nachunternehmen werden oft Fachbauleiter.

Probleme ergeben sich für die Bauleitung nach LBO aus dem Umstand, dass sie weisungsabhängiger Angestellter des Bauunternehmers ist, aber aus öffentlich-rechtlichen Pflichten heraus Weisungen zu erteilen hat – bis hin zur Baueinstellung, wenn ihr Arbeitgeber z. B. Sicherheitsvorschriften verletzt hat.

Reagiert der Arbeitgeber nicht sachgerecht auf die Weisungen der Bauleitung nach LBO, muss die Bauleitung das öffentlich-rechtliche Amt niederlegen und der Bauaufsicht hiervon Kenntnis geben. Nur so entgeht sie dem Konflikt und somit ihrer eigenen Haftung.

Hinweis

Endet die eigene Tätigkeit der Bauleitung nach LBO auf der Baustelle aus anderen Gründen, muss sie das Amt niederlegen und das Bauamt sofort schriftlich informieren: Die Haftung besteht sonst weiter!

Die notwendige fachliche Qualifikation ist in § 56 Abs. 2 LBO S.-H. geregelt. Die Bauleitung nach LBO muss über die für ihre Aufgabe bei dem jeweiligen Bauvorhaben erforderliche Sachkunde und Erfahrung verfügen. Als Mindestqualifikation ist, abhängig von der Art des Bauvorhabens, eine Meisterprüfung in einem Bauhauptgewerbe, eine Ausbildung in der Fachrichtung Architektur, Bauingenieurwesen, Hochbau usw. anzunehmen. Hinzu kommt die durch praktische Tätigkeit und Fortbildung erworbene Erfahrung.

Im Übrigen muss die Bauleitung nach LBO selbst einschätzen, ob sie die Voraussetzungen erfüllt, und ggf. einen Fachbauleiter einsetzen. Als Bauleitung nach LBO obliegt es ihr dann jedoch auch bei der Einsetzung von Fachbauleitern, die Verantwortlichkeiten zu koordinieren.

Von den Bauberufsgenossenschaften werden regelmäßig eine Ausbildung als Bauingenieur oder Architekt, Meister oder Techniker mit fünf Jahren Berufserfahrung, die Absolvierung eines Grundlehrgangs für Sicherheitstechnik und die regelmäßige Fortbildung gefordert.

Die Bauleitung muss mit ihrer Haftpflichtversicherung klären, ob diese ergänzende Voraussetzungen fordert, bevor sie das Amt annimmt.

Der Projektleiter bekommt seine Aufgabe vom Arbeitgeber übertragen. Seine Aufgabe ist darauf gerichtet, das Bauvorhaben für seinen Arbeitgeber und dessen Auftraggeber mangelfrei, kosten- und termintreu zu realisieren.

Er hat anders als die Bauleitung nach LBO keine öffentlich-rechtlichen Befugnisse und kann keine Anweisungen über die Grenzen der Vertragsverhältnisse hinaus erteilen. Er kann somit nur den Mitarbeitern und den Nachunternehmern des eigenen Unternehmens Anweisungen erteilen.

Der Projektleiter hat somit einen eingeschränkten Wirkungs- und Verantwortungskreis. Das schränkt auch seine Haftung ein.

Das Wesentliche in Kürze

- „Bauleiter" ist kein fester Rechtsbegriff.
- Bauleitung nach LBO mit öffentlich-rechtlichen Pflichten wird eine Bauleitung nicht automatisch. Sie übernimmt das Amt aktiv durch ihre Unterschrift auf der Mitteilung gegenüber dem Bauamt.

- Die Bauleitung nach LBO trägt gegenüber der Bauaufsichtsbehörde die öffentlich-rechtliche Verantwortung. Sie darf auf öffentliches Recht basierende Anweisungen gegenüber allen am Bau Beteiligten erteilen, kann diese jedoch gegen Widerstände nicht allein durchsetzen.
- Die Bauleitung muss mit ihrer Haftpflichtversicherung klären, ob diese bestimmte Voraussetzungen fordert, um für das Amt Deckungsschutz zu übernehmen.
- Endet die Tätigkeit der Bauleitung nach LBO auf der Baustelle, muss sie das Amt niederlegen und das Bauamt sofort schriftlich informieren. Die Haftung bleibt sonst bestehen.

Haftungsrisiken für die Bauleitung

Die Rechte, Pflichten, Handlungsbefugnisse und Haftungsrisiken für die Bauleitung nach LBO ergeben sich aus der Aufgabenbeschreibung: Verletzt sie die von ihr übernommenen Pflichten schuldhaft, resultieren hieraus zivil- und strafrechtliche Haftungsfolgen.

Überwachung der Bauausführung

§ Gesetz

§ 56 Abs. 1 Satz 1 LBO S.-H.: Bauleiterin oder Bauleiter

(1) Die Bauleiterin oder der Bauleiter hat darüber zu wachen, dass die Baumaßnahme entsprechend den öffentlich-rechtlichen Anforderungen durchgeführt wird, und die dafür erforderlichen Weisungen zu erteilen. Sie oder er hat im Rahmen dieser Aufgabe auf den sicheren bautechnischen Betrieb der Baustelle, insbesondere auf das gefahrlose Ineinandergreifen der Arbeiten der Unternehmerinnen oder Unternehmer, zu achten. Die Verantwortlichkeit der Unternehmerinnen oder Unternehmer bleibt unberührt.

Die Bauleitung nach LBO hat zunächst die Bauausführung zu überwachen. Dabei hat sie die Übereinstimmung des Baus mit den genehmigten Bauunterlagen sicherzustellen. Zu diesen Unterlagen gehören nach den Bauvorlagenverordnungen der Länder u. a.

- der Übersichtsplan und der Lageplan,
- die Bauzeichnungen,
- die Bau- und Betriebsbeschreibung,
- der Nachweis der Standsicherheit und die anderen bautechnischen Nachweise,
- der Brandschutznachweis,
- die Nachweise für Wärme-, Schall- und Erschütterungsschutz,
- die Berechnung des umbauten Raums sowie der Wohn- und Nutzfläche und
- eventuell weitere Unterlagen

in der jeweils genehmigten Fassung und unter Berücksichtigung etwaiger Auflagen aus der Baugenehmigung. In Fällen, in denen es eine Genehmigungsfreistellung gibt, sind die eingereichten Bauunterlagen maßgeblich. Die Bauleitung nach LBO muss also die Unterlagen in vollem Umfang kennen.

Die Landesbauordnungen ermächtigen die Bauleitung nach LBO auf öffentlich-rechtliche Weise dazu, zur Durchsetzung der Baugenehmigung und sonstiger Baubestimmungen Weisungen unabhängig von zivilvertraglichen Vertragsverhältnissen zu erteilen. Sie kann von den anderen am Bau Beteiligten verlangen, dass Baubestimmungen eingehalten werden.

Der Projektleiter als „Manager“ der Baustelle trägt diese Verantwortung nur seinem Arbeitgeber gegenüber. Der Arbeitgeber haftet dann vertraglich – über das Gewährleistungsrecht – seinem Auftraggeber gegenüber.

Die Bauleitung nach LBO haftet hingegen als solche dem Bauherrn gegenüber nicht persönlich für die mangelfreie Vertragserfüllung. Sie kann deshalb vom Bauherrn auf der Basis ihrer Bauleitereigenschaft nach LBO nicht wegen Mängeln in der Bauleistung zur Verantwortung gezogen werden.

In der Rechtsprechung ist bisher anerkannt, dass die Bauleitung nach LBO dem öffentlichen Interesse der Gefahrenabwehr dient. Zu ihren Aufgaben zählt nicht, den Bauherrn vor Vermögensschäden durch vertragswidrige Leistung zu bewahren *(in diesem Sinne auch OLG Frankfurt am Main, Urt. v. 25.03.2014, Az. 14 U 202/12).*

Deshalb ist von der Bauleitung nach LBO nur die Überwachung der anerkannten Regeln der Baukunst zu verlangen, soweit sie das Allgemeininteresse betreffen *(Lotz, BauR 2003, 957)*.

Erfährt die Bauleitung nach LBO, dass bei der Ausführung von den Plänen in gefahrbringender Weise abgewichen worden ist, muss sie allerdings zur Vermeidung einer eigenen Haftung einschreiten. Es genügt dabei nicht, dem Bauherrn gegenüber die Verantwortung abzulehnen oder darauf zu vertrauen, dass der Bauherr die richtigen Maßnahmen ergreift: Die Bauleitung nach LBO hat das zu überwachen und ggf. am Bau ausführende Unternehmen entsprechend anzuweisen. Wird den Anordnungen der Bauleitung nach LBO nicht gefolgt, muss sie die Bauaufsichtsbehörde informieren. Diese kann dann mit ihren Zwangsmitteln tätig werden. Mit der Information an die Bauaufsichtsbehörde geht die Haftung von der Bauleitung auf die Behörde über. Um die Information später nachweisen zu können, sollte sie schriftlich und mit Zugangsnachweis erfolgen.

In diesem Zusammenhang hat sie im Rahmen der öffentlich-rechtlichen Gefahrenabwehr auch darauf zu achten, dass die Baustelle ordnungsgemäß und sicher eingerichtet und betrieben wird, damit keine Personen und geschützte Pflanzen und sonstige Güter gefährdet werden.

Gesetz

§ 11 Abs. 1 und 2 LBO S.-H.: Baustelle

(1) Baustellen sind so einzurichten, dass bauliche Anlagen ordnungsgemäß errichtet, geändert oder beseitigt werden können und Gefahren oder vermeidbare Belästigungen nicht entstehen.

(2) Bei Bauarbeiten, durch die unbeteiligte Personen gefährdet werden können, ist die Gefahrenzone abzugrenzen oder durch Warnzeichen zu kennzeichnen. Soweit erforderlich, sind Baustellen mit einem Bauzaun abzugrenzen, mit Schutzvorrichtungen gegen herabfallende Gegenstände zu versehen und zu beleuchten.

Hinzu kommen Pflichten zur Aufstellung eines Bauschilds, auf dem u. a. die Bauleitung benannt wird (§ 11 Abs. 3), Schutzpflichten für Pflanzen (§ 11 Abs. 4), Überwachungspflichten hinsichtlich der Standsicherheit (§ 12) und des Brandschutzes (§ 14), des Wärme-, Schall- und Erschütterungsschutzes (§ 15), der Verkehrssicherheit (§ 16) etc.

Diese Regelungen finden sich auch in fast allen Landesbauordnungen an ähnlicher Stelle.

Eine besondere Pflicht ergibt sich aus dem oft übersehenen § 3 Abs. 3 LBO:

Gesetz

§ 3 LBO S.-H.: Allgemeine Anforderungen

(1) Bei der Planung, Errichtung, Änderung und Nutzungsänderung baulicher Anlagen und der Gestaltung von Grundstücken ist auf den Schutz der natürlichen Grundlagen des Lebens sowie auf die besonderen Belange von Familien mit Kindern, von alten Menschen sowie Menschen mit Behinderungen durch den Grundsatz barrierefreien Bauens Rücksicht zu nehmen.

(2) Anlagen sind so anzuordnen, zu errichten, zu ändern und instand zu halten, dass die öffentliche Sicherheit, insbesondere Leben, Gesundheit, nicht gefährdet werden und keine unzumutbaren Belästigungen entstehen; dabei sind die Grundanforderungen an Bauwerke gemäß Anhang I der Verordnung (EU) Nummer 305/2011 zu berücksichtigen.

(3) Die der Wahrung der Anforderungen nach Absatz 2 dienenden allgemeinen anerkannten Regeln der Technik sind zu beachten. Von diesen Regeln kann abgewichen werden, wenn mit einer anderen Lösung in gleichem Maße nachweislich die allgemeinen Anforderungen des Absatzes 2 erfüllt werden. ***Als allgemein anerkannte Regeln der Technik gelten auch die von der obersten Bauaufsichtsbehörde durch Verwaltungsvorschrift als technische Baubestimmungen eingeführten technischen Regeln.***

(4) Für die Beseitigung von Anlagen und für die Änderung ihrer Nutzung gelten die Absätze 2 und 3 entsprechend.

Als technische Baubestimmungen eingeführte technische Regeln sind DIN-Normen, von denen kraft Gesetzes nicht abgewichen werden darf. Auch diese Regel findet sich in fast allen Landesbauordnungen an dieser Stelle.

Verkehrssicherungspflicht

Die Bauleitung hat auf der Baustelle die Verkehrssicherung zu überwachen. Die Bauleitung nach LBO trägt die öffentlich-rechtliche Verantwortung dafür, dass auf der Baustelle betriebssicher und insbesondere unfallfrei gebaut wird. Die Bauleitung nach LBO und die anderen bauleitend Tätigen tragen die zivilrechtliche und strafrechtliche Verantwortung.

Während der nur als Manager tätige Projektleiter nur für „seinen" Betrieb und dessen Nachunternehmer und die dadurch verursachten Gefahren einzustehen hat, hat die Bauleitung nach LBO die Baustelle als Ganzes zu überwachen und damit auch Unternehmen, mit denen sie bzw. ihr Arbeitgeber nicht vertraglich verbunden ist.

Alle bauleitend Tätigen tragen jedoch die Verantwortung für unfallträchtige Gefahren, die ihnen auf der Baustelle aufgefallen sind oder hätten auffallen müssen.

Auf Baustellen trifft die Verkehrssicherungspflicht grundsätzlich den Unternehmer und nicht dessen abhängig beschäftigte Mitarbeiter *(OLG Zweibrücken, Beschl. v. 12.07.2011, Az. 4 W 28/11).* Soweit der Unternehmer aber Projektleiter einsetzt und ihnen Pflichten und Handlungsbefugnisse überträgt, überträgt er ihnen auch Verantwortung. Insoweit tragen der Projektleiter und die Bauleitung nach LBO gemeinsam die Verantwortung.

Schutz der unmittelbar am Bau Beteiligten:

Auf der Baustelle sollten sich nur Personen aufhalten, die mit den Gefahren vertraut sind. Daher ist die Verkehrssicherungspflicht innerhalb einer Baustelle begrenzt *(vgl. auch AG Frankenthal, Urt. v. 08.07.2016 Az. 3a C 53/15; OLG Hamm, Urt. v. 29.10.2013, Az. 9 U 135/13).* Die Überwachungspflichten erhöhen sich jedoch, wenn sich Unbeteiligte auf der Baustelle aufhalten, z. B. beim Richtfest, oder erkennbar unerfahrene Mitarbeiter wie Praktikanten oder Auszubildende tätig sind oder Fehler z. B. beim Aufbau und Betrieb eines Gerüsts erkannt worden sind.

Die Bauleitung nach LBO ist für den sicheren Betrieb der Baustelle, insbesondere die Betriebssicherheit der Gerüste, Maschinen, Geräte, Absperrungen usw., sowie für die Einhaltung der Arbeitsschutzbestimmungen verantwortlich.

Während Bauunternehmer und ihre Projektleiter vorrangig die selbst geschaffenen Gefahrenquellen absichern müssen, muss die Bauleitung nach LBO die gesamte Baustelle und das gefahrlose Ineinandergreifen aller Arbeiten und alle Unternehmen überwachen.

Die Bauleitung nach LBO hat aber auch die am Bau Beteiligten zu schützen. Gefahrgeneigte Arbeiten sind so zu koordinieren, dass niemand zu Schaden kommt. Hierzu muss sich die Bauleitung nach LBO über alle vorgesehenen Baumaßnahmen informieren, damit sie tätig werden kann, wenn und soweit es erforderlich ist.

Die Bauleitung nach LBO hat Arbeitsschutzbestimmungen und Regelungen der Berufsgenossenschaften zu überwachen, die vor Unfällen auf der Baustelle schützen sollen.

Ferner hat die Bauleitung nach LBO Baustoffe auf ihre Geeignetheit im bauaufsichtlichen Sinn hin zu prüfen – nicht im Hinblick auf eine zivilrechtliche Mangelfreiheit.

Schutz unbeteiligter Dritter:

Die Bauleitung nach LBO hat unbeteiligte Dritte mit zumutbaren Mitteln vor Gefahren zu schützen, die von der Baustelle nach außen treten können.

Die Landesbauordnungen schreiben vor, dass Baustellen hierzu mit einem geeigneten Bauzaun abzugrenzen sind *(vgl. auch § 11 Abs. 2 LBO S.-H. und OLG München, Urt. v. 31.03.1998, Az. 25 U 2434/97).* Vorgeschrieben sind auch Schutzvorrichtungen gegen herabfallende Gegenstände und ausreichende Beleuchtungen.

Es ist sicherzustellen, dass Baumaßnahmen auf die Baustelle beschränkt bleiben und Nachbarn oder Passanten nicht gefährdet werden. Bis zur Beseitigung der geschaffenen Gefahren bleibt der Verursacher verantwortlich *(OLG München, Urt. v. 09.02.1989, Az. 19 U 4229/88).* Das gilt auch für die Verantwortlichkeit der Bauleitung nach LBO.

Auch künftige Nutzer des Bauwerks sind vor Gefahren zu schützen: Das OLG Karlsruhe hat einen 1973 bestellten Bauleiter nach LBO für einen Unfallschaden noch nach 19 Jahren im Jahre 1992 haften lassen *(OLG Karlsruhe, BauR 1997, 675 ff.)*. Das Treppengeländer hatte zwischen Geländer und Stufen einen zu großen Abstand, sodass ein Kind durch diesen Spalt in die Tiefe stürzte. Das Treppengeländer hätte nach öffentlich-rechtlichen Bauvorschriften so nicht gebaut werden dürfen. Der Bauleiter nach LBO, der dagegen nicht einschritt, haftete daher persönlich für diesen Unfall.

Zwischen dem Generalunternehmer und seinem Nachunternehmer kann vertraglich geregelt werden, dass der Nachunternehmer die Verkehrssicherung übernimmt. Voraussetzung für einen Haftungsübergang ist eine klare Vereinbarung, die die Sicherung der Gefahrenquelle zuverlässig sicherstellt *(OLG Zweibrücken, Beschl. v. 12.07.2011, Az. 4 W 28/11)*.

Pflicht zur Koordination und Organisation des Baustellenbetriebs

Die Bauleitung nach LBO hat den sicheren Betrieb der Baustelle und das gefahrlose Ineinandergreifen aller Arbeiten sicherzustellen. Die Bauleitung nach LBO hat die Bauarbeiten zu koordinieren und die Baustelle zu organisieren *(BGH, BauR 1977, 428 ff.)*. Sie muss eindeutige Anweisungen erteilen und Zuständigkeiten eindeutig regeln. Diese Verpflichtung deckt sich mit den entsprechenden Koordinations- und Organisationsvorschriften der Baustellenverordnung. Nach § 4 BaustellenVO ist der Bauherr verantwortlich, wenn er keinen Dritten beauftragt.

§ Gesetz

§ 3 Baustellenverordnung: Koordinierung

(1) Für Baustellen, auf denen Beschäftigte mehrerer Arbeitgeber tätig werden, hat der nach § 4 Verantwortliche einen oder mehrere geeignete Koordinatoren zu bestellen. Der Bauherr oder der von ihm nach § 4 beauftragte Dritte kann die Aufgaben des Koordinators selbst wahrnehmen.

(1a) Der Bauherr oder der von ihm beauftragte Dritte wird durch die Beauftragung geeigneter Koordinatoren nicht von seiner Verantwortung entbunden.

(2) Während der Planung der Ausführung des Bauvorhabens hat der Koordinator

1. *die in § 2 Abs. 1 vorgesehenen Maßnahmen zu koordinieren,*
2. *den Sicherheits- und Gesundheitsschutzplan auszuarbeiten oder ausarbeiten zu lassen und*
3. *eine Unterlage mit den erforderlichen, bei möglichen späteren Arbeiten an der baulichen Anlage zu berücksichtigenden Angaben zur Sicherheit und Gesundheitsschutz zusammenzustellen.*

(3) Während der Ausführung des Bauvorhabens hat der Koordinator

1. *die Anwendung der allgemeinen Grundsätze nach § 4 des Arbeitsschutzgesetzes zu koordinieren,*
2. *darauf zu achten, daß die Arbeitgeber und die Unternehmer ohne Beschäftigte ihre Pflichten nach dieser Verordnung erfüllen,*
3. *den Sicherheits- und Gesundheitsschutzplan bei Änderungen in der Ausführung des Bauvorhabens, die sich auf die weitere Koordination auswirken, anzupassen oder anpassen zu lassen,*
4. *die Zusammenarbeit der Arbeitgeber zu organisieren und*
5. *die Überwachung der ordnungsgemäßen Anwendung der Arbeitsverfahren durch die Arbeitgeber zu koordinieren.*

Während der Unternehmer nur die Verantwortung für seine Arbeiten und deren Sicherheit trägt, hat die Bauleitung nach LBO eine Überwachungsverpflichtung für den Bau als Ganzes und für alle am Bau tätigen Unternehmer. Sie hat hierbei insbesondere deren Einzelverpflichtungen zu koordinieren. Die Bauleitung nach LBO soll bei der Überwachung der Bauausführung die Entstehung von Gefährdungssituationen verhindern und etwa entstandene Gefährdungssituationen beseitigen, bevor es zu einem Schaden kommt. Daneben tritt der nach der BaustellenVO Verantwortliche.

Bestellung eines Fachbauleiters oder eines Vertreters

Die Bauleitung nach LBO kann nicht in jedem Gewerk die erforderliche Sachkunde und Erfahrung aufweisen. Deshalb kann und muss sie in solchen Fällen geeignete Personen gem. § 56 Abs. 2 LBO S.-H. als Fachbauleiter heranziehen, die für sie in speziellen Bereichen die Verantwortung übernehmen.

Die Bauleitung nach LBO muss dann koordinieren, dass die Fachbauleiter zur richtigen Zeit tätig werden.

Zu beachten ist, dass ohne eine entsprechende vertragliche Verpflichtung niemand gezwungen werden kann, das Amt als Fachbauleiter nach LBO zu übernehmen. In Nachunternehmerverträgen ist daher zu regeln, dass die Nachunternehmer Fachbauleiter nach LBO zu stellen haben.

Zudem kann sich die Bauleitung nach LBO auch durch geeignete Personen vertreten lassen. Diese Personen müssen dazu geeignet sein, die ihnen übertragenen Aufgaben zu erfüllen. Der Fachbauleiter haftet in seinem Verantwortungsbereich anstelle der Bauleitung nach LBO, ebenso der Vertreter.

Die Pflicht der Bauleitung nach LBO zur Anwesenheit auf der Baustelle

Die Bauleitung nach LBO oder ihre Vertreter müssen nach den Landesbauordnungen auf der Baustelle anwesend sein, „soweit es die Überwachungspflicht erfordert".

Die Anwesenheit ist daher nicht ständig und lückenlos erforderlich, sondern vorrangig dann, wenn gefahrgeneigte Arbeiten anstehen. Gleichwohl ist die Anwesenheit der Bauleitung nach LBO damit erheblich häufiger erforderlich als die des Projektleiters oder die des objektüberwachenden Architekten.

Die Bauleitung nach LBO muss typische Gefahrenquellen regelmäßig überprüfen und das Einhalten und Umsetzen von Anordnungen überwachen. Gesteigerte Überwachungspflichten und engere Überwachungstakte sind gefordert, wenn unzuverlässige Unternehmer auf der Baustelle tätig sind *(OLG Düsseldorf, BauR 1998, 810).*

Ist die Bauleitung nach LBO beim Rohbauunternehmer beschäftigt und endet die Tätigkeit seines Unternehmens auf der Baustelle, muss die Bauleitung nach LBO ihr Amt niederlegen, wenn sie nicht bis zum Ende der letzten Baumaßnahmen weiterhaften will: Anders als der Projektleiter ist die Bauleitung nach LBO sonst bis zur Baufertigstellungsmitteilung in der Haftung.

Kommt es zu einem Unfall, kann die Bauleitung nach LBO sich nicht damit entschuldigen, dass sie bereits auf der nächsten

Baustelle eingesetzt gewesen ist: Sie muss ihr Amt niederlegen, um ihre Haftung zu beenden!

Haftung Dritter
Die Verantwortung des Unternehmers bleibt von der Regelung der Bauleitung nach LBO unberührt. (§ 56 Abs. 1 LBO S.-H.)

Nach der Rechtsprechung ist der bauausführende Unternehmer in seinem Bereich vorrangig für die Verkehrssicherung zuständig und verantwortlich *(BGH, BauR 1976, 441, 443; OLG Hamm, BauR 1980, 378)*. Der Unternehmer muss die von ihm geschaffenen Gefahren absichern und Schäden verhindern. Diese Haftung trifft damit vorrangig den verantwortlichen Projektleiter.

Daneben haftet die Bauleitung nach LBO dann, wenn sie im Rahmen ihrer Überwachungspflicht Fehler erkannt und nicht dafür gesorgt hat, dass sie beseitigt werden, oder es versäumt hat, gebotene Überwachungen durchzuführen. Der Fachbauleiter haftet in seinem Verantwortungsbereich anstelle der Bauleitung nach LBO, ebenso der Vertreter.

Daneben haftet auch der in Leistungsphase 8 HOAI tätige Architekt als solcher dafür, dass im Rahmen seiner Objektüberwachung keine Schäden, Mängel und Gefahren entstehen.

Bei Unfällen kann es somit zu einer gesamtschuldnerischen Haftung mehrerer Beteiligter kommen *(OLG Hamm, Urt. v. 10.02.1992, Az. 6 U 132/91)*; auch strafrechtlich können mehrere Personen nebeneinander zur Verantwortung gezogen werden.

Bedeutung von DIN-Normen und Unfallverhütungsvorschriften

Eine besondere Pflicht ergibt sich aus dem bereits erwähnten § 3 Abs. 3 LBO S.-H.

Von den nach dieser Regelung zu technischen Baubestimmungen eingeführten DIN-Normen darf kraft Gesetzes nicht abgewichen werden. Damit erhalten sie eine öffentlich-rechtliche Qualität, auf deren Einhaltung die Bauleitung nach LBO ebenso zu achten hat wie der objektüberwachend tätige Architekt.

Betroffen sind vor allem Regelungen zu Lastannahmen und Grundlagen der Tragwerksplanung, zum Brandschutz, Wärmeschutz, Schallschutz, Holz- und Bautenschutz, zu Bauwerksabdichtungen, Umwehrungen, Baustelleneinrichtungen und -absicherungen usw.

Nach der Baustellenverordnung muss ein Sicherheits- und Gesundheitsschutzplan für die Baustelle erstellt werden, wenn auf der Baustelle Beschäftigte mehrerer Arbeitgeber tätig sind.

In dem Sicherheits- und Gesundheitsschutzplan muss enthalten sein:

- die Darstellung der Arbeitsabläufe
- die Darstellung der räumlichen und zeitlichen Zuordnung der Arbeitsabläufe
- die Darstellung der möglichen Gefährdungen von Arbeitnehmern auf der Baustelle
- die geplanten Maßnahmen zur Vermeidung bzw. Minimierung der Gefährdungen
- die Darstellung aller Arbeitsschutzbestimmungen

Zur BaustellenVO sind vom zuständigen Bundesministerium Regelungen zum Arbeitsschutz auf Baustellen (RAB) erlassen worden. Sie werden laufend überarbeitet und geben den Stand der Technik bezüglich Sicherheit und Gesundheitsschutz auf Baustellen wieder. Bei Einhaltung der Regeln wird vermutet, dass die von der BaustellenVO gestellten Anforderungen erfüllt sind. Dann entfallen regelmäßig die zivil- und strafrechtliche Haftung.

Wenn bei einer Werkleistung DIN-Normen nicht eingehalten werden, kommt die Mangelhaftung aus dem Bauwerkvertrag bzw. dem Architektenvertrag hinzu. Nach Auffassung des OLG Düsseldorf *(BauR 2012, 1259)* kommt es durch die Nichteinhaltung zu einer Gefahrenerhöhung. Das führt zu einer widerlegbaren Vermutung im Sinne eines Anscheinsbeweises, dass der Mangel bei Beachtung der DIN-Normen vermieden worden wäre und auf die Verletzung der DIN-Normen zurückzuführen ist.

Eine Abweichung von Herstellerrichtlinien hingegen stellt noch nicht automatisch einen Mangel dar, wenn trotzdem die allgemein anerkannten Regeln der Technik eingehalten werden *(OLG Köln, BauR 2013, 257)*.

Die zivilrechtliche Haftung der Bauleitung

Eigene Haftung der Bauleitung

In den wenigsten Fällen sind in einem Vertrag zwischen Bauherrn und der Bauleitung nach LBO, dem Projektleiter oder Objektüberwacher die Pflichten genau geregelt. Es können daher (nur) die im Gesetz geregelten Pflichten als geschuldet gelten.

Eine zivilrechtliche Haftung setzt eine schuldhafte Verletzung dieser Pflichten voraus. Diese Pflichtverletzung muss Ursache für den eingetretenen Schaden sein.

Gesetz

§ 823 BGB: Schadensersatzpflicht

(1) Wer vorsätzlich oder fahrlässig das Leben, den Körper, die Gesundheit, die Freiheit, das Eigentum oder ein sonstiges Recht eines anderen widerrechtlich verletzt, ist dem anderen zum Ersatz des daraus entstehenden Schadens verpflichtet.

(2) Die gleiche Verpflichtung trifft denjenigen, welcher gegen ein den Schutz eines anderen bezweckendes Gesetz verstößt. Ist nach dem Inhalt des Gesetzes ein Verstoß gegen dieses auch ohne Verschulden möglich, so tritt die Ersatzpflicht nur im Falle des Verschuldens ein.

Die Bauleitung nach LBO haftet zivilrechtlich wie bereits dargelegt nicht wegen Mängeln. Sie haftet aber wie alle bauleitend Tätigen persönlich für Schäden, die durch die Verletzung ihrer Pflichten im jeweiligen Verantwortungsbereich entstanden sind. In Betracht kommen z. B. Heilbehandlungskosten und Schmerzensgeld für Personen, die durch fehlende Schutzeinrichtungen verletzt worden sind, oder Ersatz für Schäden am Gebäude durch Feuer.

Wird der Bauherr oder ein Dritter in seinem Vermögen geschädigt oder seine Gesundheit verletzt, weil Sicherheitsbestimmungen verletzt worden sind, kann jeder bauleitend Tätige in seinem jeweiligen Verantwortungsbereich seine Bauaufsichtspflicht verletzt haben. Voraussetzung ist, dass er diesen Mangel im Rahmen seiner jeweiligen Überwachungs- und Schutzpflichten nicht erkannt und verhindert hat. Er haftet dann für den Schaden persönlich.

Die Verletzung von Arbeitsschutzbestimmungen, der allgemeinen Unfallverhütungsvorschriften oder die Verletzung der Verkehrssicherungspflicht werden i. d. R. dazu führen, dass Schutzgesetze i. S. d. § 823 Abs. 2 BGB verletzt werden, sodass daraus eine zivilrechtliche persönliche (!) Haftung für bauleitend Tätige droht.

Haftungsrechtlich ist hierfür ein vorwerfbares Tun oder Unterlassen erforderlich. Normalerweise kommt hier das Unterlassen gebotener Sicherungsmaßnahmen gegen Unfallgefahren als Haftungsgrund in Betracht.

Ferner ist ein Verschulden notwendig. Da eher selten Vorsatz in Betracht kommt, ist die Fahrlässigkeit der Regelfall des schuldhaften Verhaltens.

Nach § 276 BGB haftet fahrlässig, *„wer die im Verkehr erforderliche Sorgfalt außer Acht läßt“*, was nach den bereits genannten Grundsätzen zu prüfen ist.

Hierbei kann über § 831 BGB oder § 278 BGB auch eine Haftung für das Verschulden von Mitarbeitern in Betracht kommen.

Gesetz

§ 831 BGB: Haftung für den Verrichtungsgehilfen

(1) Wer einen anderen zu einer Verrichtung bestellt, ist zum Ersatz des Schadens verpflichtet, den der andere in Ausführung der Verrichtung einem Dritten widerrechtlich zufügt. Die Ersatzpflicht tritt nicht ein, wenn der Geschäftsherr bei der Auswahl der bestellten Person und, sofern er Vorrichtungen oder Gerätschaften zu beschaffen oder die Ausführung der Verrichtung zu leiten hat, bei der Beschaffung oder der Leitung die im Verkehr erforderliche Sorgfalt beobachtet oder wenn der Schaden auch bei Anwendung dieser Sorgfalt entstanden sein würde.

(2) Die gleiche Verantwortlichkeit trifft denjenigen, welcher für den Geschäftsherrn die Besorgung eines der im Absatz 1 Satz 2 bezeichneten Geschäfte durch Vertrag übernimmt.

Gesetz

§ 278 Satz 1 BGB: Verantwortlichkeit des Schuldners für Dritte

Der Schuldner hat ein Verschulden seines gesetzlichen Vertreters und der Personen, deren er sich zur Erfüllung seiner Verbindlichkeit bedient, in gleichem Umfang zu vertreten wie eigenes Verschulden.

Mitarbeiter und Erfüllungsgehilfen sind daher sorgfältig auszuwählen und zu überwachen.

Die Haftung des Arbeitgebers

Die strafrechtliche Verantwortung trägt jeder für sich allein. Niemand geht für Sie ins Gefängnis! Hier kann weder der Arbeitgeber noch eine Versicherung helfen.

Inwieweit der bauleitend Tätige als natürliche Person von seiner zivilrechtlichen Haftung im Innenverhältnis von seinem Arbeitgeber freizustellen ist, richtet sich nach dem Arbeitsvertrag und nach den arbeitsrechtlichen Grundsätzen der gefahrgeneigten Arbeit.

Im Rahmen eines Rechtsstreits hat das Bundesarbeitsgericht (BAG) die Arbeitnehmerhaftung auch auf nicht gefahrgeneigte Arbeiten ausgedehnt *(BAG GS 1/89, ZIP'94, 1712 ff.).* Eine Beschränkung der Arbeitnehmerhaftung nur für sog. gefahrgeneigte Arbeiten wurde somit aufgehoben.

Das BAG ging in seiner Rechtsprechung bisher davon aus, dass ein Arbeitnehmer für Schäden, die er bei Verrichtung gefahrgeneigter Arbeit fahrlässig verursacht, dem Arbeitgeber nach folgenden Grundsätzen haftet:

- Bei grober Fahrlässigkeit hat der Arbeitnehmer grundsätzlich den gesamten Schaden zu ersetzen. Ausnahmen sind möglich *(LAG Nürnberg, Urt. v. 18.04.1990, Az. 3 Sa 38/90).*
- Bei leichtester Fahrlässigkeit (geringe Schuld) haftet er regelmäßig nicht.

- Bei normaler Fahrlässigkeit ist der Schaden nach den Kriterien Schadenverursachung, Schadenfolgen, Billigkeits- und Zumutbarkeitsgesichtspunkten quotenmäßig zwischen Arbeitgeber und Arbeitnehmer zu teilen.

„Gefahrgeneigt" ist eine Arbeit dann, wenn auch bei einem sorgfältigen Arbeitnehmer mit einem leichten Versehen gerechnet werden muss und dadurch ein verhältnismäßig großer Schaden entstehen kann.

Das BAG hat diese Haftungsbeschränkung auch den Arbeitnehmern zugestanden, die keine gefahrgeneigte Arbeit ausüben. Begründet wird dies damit, dass der Arbeitgeber den Arbeitsablauf durch organisatorische und technische Maßnahmen gestaltet. Er kann Schadenrisiken schaffen, beibehalten, vermeiden oder verändern und durch den Abschluss einer Versicherung Risiken absichern. Seine Verantwortung für seine innerbetriebliche Organisation und die Gestaltung der Arbeitsbedingungen besteht für alle Arten von Arbeiten: für gefahrgeneigte ebenso wie für nicht gefahrgeneigte Arbeiten.

Die Rechtsprechung hat daher für alle betrieblich veranlassten Arbeiten die Arbeitnehmerhaftung nach den bereits aufgeführten Kriterien beschränkt.

Versicherung

Während eine Bestrafung immer persönlich erfolgt und nicht versicherbar ist, kann für die zivilrechtliche Haftung, also die Leistung von Schadensersatz, eine Haftpflichtversicherung abgeschlossen werden.

Zur Absicherung steht grundsätzlich die Betriebshaftpflichtversicherung für Bauunternehmen bzw. die Berufshaftpflichtversicherung für Architekten zur Verfügung.

Insoweit sollte geklärt werden, ob ausreichender Versicherungsschutz besteht und welche Voraussetzungen für den Versicherungsschutz Grundlage sind. Möglicherweise werden von der Versicherung besondere Qualifikationen oder Fortbildungen der Bauleitung nach LBO verlangt.

Die strafrechtliche Haftung der Bauleitung

Als Straftatbestände, gegen die ein bauleitend Tätiger in seinem jeweiligen Verantwortungsbereich verstoßen kann und die dann zu einer strafrechtlichen Verantwortlichkeit führen, kommen insbesondere die fahrlässige Tötung, die fahrlässige Körperverletzung, die fahrlässige Brandstiftung, die Sachbeschädigung und die Baugefährdung in Betracht. Straftatbestände sind meist im Strafgesetzbuch (StGB) geregelt; es gibt weitere Regelungen in Nebengesetzen.

Die Strafbarkeit kann sich durch Handeln, aber auch durch Unterlassen einer gebotenen Handlung ergeben. Die für die Strafbarkeit des Unterlassens erforderliche Verpflichtung zum Tätigwerden ergibt sich z. B. aus Unfallverhütungsvorschriften oder der Landesbauordnung *(OLG Brandenburg, BauR 2003, 119, 122).*

Diese Haftung trifft alle bauleitend Tätigen – objektüberwachende Architekten, Bauleiter nach LBO und Projektleiter jeweils im Rahmen ihrer jeweiligen Verantwortung.

Die fahrlässige Tötung

Gesetz

§ 222 StGB: Fahrlässige Tötung

Wer durch Fahrlässigkeit den Tod eines Menschen verursacht, wird mit Freiheitsstrafe bis zu fünf Jahren oder mit Geldstrafe bestraft.

Dieser Tatbestand kann gelten, wenn das Bauwerk Mängel aufweist, die der bauleitend Tätige bei gewissenhafter Bauüberwachung hätte verhindern können und für seinen Verantwortungsbereich hätte verhindern müssen. Das ist etwa der Fall, wenn die nötige Standfestigkeit einer Wand nicht gegeben ist, Absturzsicherungen fehlen oder versagen und dadurch Menschen getötet werden.

Zu einer fahrlässigen Tötung kann es auch kommen, wenn durch die fehlerhafte Einrichtung der Baustelle Menschen tödlich verunglücken. Das ist beispielsweise anzunehmen, wenn ein Treppenloch oder ein Balkon bei Bauarbeiten nicht gesichert sind oder ein Baugerüst umstürzt.

Schließlich kann es zu einer fahrlässigen Tötung kommen, wenn Sicherheitsbestimmungen schuldhaft nicht beachtet werden und dadurch ein Mensch zu Tode gekommen ist. Das mag z. B. der Fall sein, wenn Stromkabel offenliegen, Sicherheitsgurte oder Gerüste nicht vorhanden sind, Gerüste unsicher sind usw.

Die fahrlässige Körperverletzung

§ Gesetz

§ 229 StGB: Fahrlässige Körperverletzung

Wer durch Fahrlässigkeit die Körperverletzung einer anderen Person verursacht, wird mit Freiheitsstrafe bis zu drei Jahren oder mit Geldstrafe bestraft.

Sofern es bei den vorgenannten Handlungen oder Unterlassungen nicht zur Tötung eines Menschen, sondern zu einer Verletzung kommt, erfolgt eine Bestrafung nach § 229 StGB.

Die Sachbeschädigung

§ Gesetz

§ 303 StGB: Sachbeschädigung

(1) Wer rechtswidrig eine fremde Sache beschädigt oder zerstört, wird mit Freiheitsstrafe bis zu zwei Jahren oder mit Geldstrafe bestraft.

(2) Ebenso wird bestraft, wer unbefugt das Erscheinungsbild einer fremden Sache nicht nur unerheblich und nicht nur vorübergehend verändert.

(3) Der Versuch ist strafbar.

Dieser Tatbestand kann durch dieselben Handlungen begangen werden, die schon bei der fahrlässigen Tötung genannt worden sind. Gegenstand der Tat ist hier jedoch eine fremde Sache. Die Tat ist aber nur begangen, wenn durch vorsätzliche Pflichtverletzung des bauleitend Tätigen Fahrzeuge, Baumaschinen, Werkzeuge, Baumaterial o. Ä. beschädigt werden.

Die fahrlässige Brandstiftung

Gesetz

§ 306 StGB: Brandstiftung

(1) Wer fremde

1. *Gebäude oder Hütten,*
2. *Betriebsstätten oder technische Einrichtungen, namentlich Maschinen,*
3. *Warenlager oder -vorräte,*
4. *Kraftfahrzeuge, Schienen-, Luft- oder Wasserfahrzeuge,*
5. *Wälder, Heiden oder Moore oder*
6. *land-, ernährungs- oder forstwirtschaftliche Anlagen oder Erzeugnisse*

in Brand setzt oder durch eine Brandlegung ganz oder teilweise zerstört, wird mit Freiheitsstrafe von einem Jahr bis zu zehn Jahren bestraft.

(2) In minder schweren Fällen ist die Strafe Freiheitsstrafe von sechs Monaten bis zu fünf Jahren.

§ 306a StGB: Schwere Brandstiftung

(1) Mit Freiheitsstrafe nicht unter einem Jahr wird bestraft, wer

1. *ein Gebäude, ein Schiff, eine Hütte oder eine andere Räumlichkeit, die der Wohnung von Menschen dient,*
2. *eine Kirche oder ein anderes der Religionsausübung dienendes Gebäude oder*
3. *eine Räumlichkeit, die zeitweise dem Aufenthalt von Menschen dient, zu einer Zeit, in der Menschen sich dort aufzuhalten pflegen, in Brand setzt oder durch eine Brandlegung ganz oder teilweise zerstört.*

(2) Ebenso wird bestraft, wer eine in § 306 Abs. 1 Nr. 1 bis 6 bezeichnete Sache in Brand setzt oder durch eine Brandlegung ganz oder teilweise zerstört und dadurch einen anderen Menschen in die Gefahr einer Gesundheitsschädigung bringt.

(3) In minder schweren Fällen der Absätze 1 und 2 ist die Strafe Freiheitsstrafe von sechs Monaten bis zu fünf Jahren.

§ 306d StGB: Fahrlässige Brandstiftung

(1) Wer in den Fällen des § 306 Abs.1 oder des § 306 a Abs. 1 fahrlässig handelt oder in den Fällen des § 306 a Abs. 2 die Gefahr fahrlässig verursacht, wird mit Freiheitsstrafe bis zu fünf Jahren oder mit Geldstrafe bestraft.

(2) Wer in den Fällen des § 306 a Abs. 2 fahrlässig handelt und die Gefahr fahrlässig verursacht, wird mit Freiheitsstrafe bis zu drei Jahren oder mit Geldstrafe bestraft.

Wenn z. B. durch Mängel an der Werkleistung, fehlerhafte Baustelleneinrichtung oder die Verletzung von Sicherheitsbestimmungen Gebäude in Brand geraten, kann damit eine fahrlässige Brandstiftung begangen werden. Bei schweren Folgen kann dies zu entsprechend schweren Strafen führen.

Kommt es z. B. bei Dachdeckerarbeiten zu einem Brand, weil Unfallverhütungsvorschriften nicht eingehalten werden, haftet neben dem Dachdecker auch der Architekt (*OLG Karlsruhe, Urt. v. 04.04.2017, Az. 19 U 17/15; Preußner, BauR 2018, 400*). Auch die Verletzung von Regelungen (oder Planungen!) zum Brandschutz und ein dadurch entstehender oder ausgeweiteter Brand können zur Strafbarkeit führen.

Die Baugefährdung ist schon dann strafbar, wenn noch kein Schaden entstanden ist: Hier reicht die Gefährdung der geschützten Rechtsgüter z. B. durch die Verletzung von Vorschriften zur Statik oder zum Brandschutz.

Gesetz

§ 319 StGB: Baugefährdung

(1) Wer bei der Planung, Leitung oder Ausführung eines Baues oder des Abbruchs eines Bauwerks gegen die allgemein anerkannten Regeln der Technik verstößt und dadurch Leib oder Leben eines anderen Menschen gefährdet, wird mit Freiheitsstrafe bis zu fünf Jahren oder mit Geldstrafe bestraft.

(2) Ebenso wird bestraft, wer in Ausübung eines Berufs oder Gewerbes bei der Planung, Leitung oder Ausführung eines Vorhabens, technische Einrichtungen in ein Bauwerk einzubauen oder eingebaute Einrichtungen dieser Art zu ändern, gegen die allgemein anerkannten Regeln der Technik verstößt und dadurch Leib oder Leben eines anderen Menschen gefährdet.

(3) Wer die Gefahr fahrlässig verursacht, wird mit Freiheitsstrafe bis zu drei Jahren oder mit Geldstrafe bestraft.

(4) Wer in den Fällen der Absätze 1 und 2 fahrlässig handelt und die Gefahr fahrlässig verursacht, wird mit Freiheitsstrafe bis zu zwei Jahren oder mit Geldstrafe bestraft.

Zusammenhang zwischen strafrechtlicher und zivilrechtlicher Haftung

Die vorgenannten Strafnormen sind Schutzgesetze i. S. d. § 823 Abs. 2 BGB. Der bauleitend Tätige, der sich insoweit strafbar macht, ist auch zivilrechtlich zum Schadensersatz verpflichtet.

Schuldhaftes Handeln

Eine Bestrafung nach den genannten Vorschriften kommt nur in Betracht, wenn der bauleitend Tätige schuldhaft gehandelt hat. Unter schuldhaftem Handeln versteht man im Strafrecht vorsätzliches oder fahrlässiges Verhalten. Eine Person handelt vorsätzlich, wenn sie den gesetzlichen Tatbestand verwirklichen will. Fahrlässig handelt eine Person, wenn die Tat zwar ohne Absicht geschieht, bei gebotener Sorgfalt aber hätte vermieden werden können. Üblicherweise wird einem bauleitend Tätigen allenfalls eine fahrlässige Handlung unterlaufen. Fahrlässigkeit ist nur strafbar, wenn das im Gesetz ausdrücklich so bestimmt ist.

Eine Strafbarkeit wird sich ergeben, wenn die Tat bei gebotener Sorgfalt eines verantwortungsbewussten bauleitend Tätigen nicht eingetreten wäre. Wann dies der Fall sein wird, kann generell nicht beantwortet werden, sondern ist abhängig vom jeweiligen Verantwortungsbereich.

Die Haftung der Bauleitung für Ordnungswidrigkeiten

Neben den Strafgesetzen gibt es eine Vielzahl von möglichen Ordnungswidrigkeiten, die in verschiedenen Gesetzen geregelt sind. Welche Sanktionen auf eine Verletzung folgen, ist in den entsprechenden Regelungen festgehalten:

Ordnungswidrigkeiten können z. B. bei Verstößen gegen die Landesbauordnung begangen werden: Unternehmen sind regelmäßig in verschiedenen Bundesländern tätig. Beachten Sie bitte, dass jedes Bundesland eine eigene Landesbauordnung hat und dass die Pflichten der Bauleitung nach LBO darin von Bundesland zu Bundesland durchaus sehr unterschiedlich geregelt sein können.

Die Bauordnungen enthalten Tatbestände, deren Nichtbeachtung zwar keinen Straftatbestand darstellt, aber mit einer Geldbuße geahndet werden kann. So handelt gem. § 84 LBO S.-H. z. B. ordnungswidrig, wer vorsätzlich oder fahrlässig als Bauleitung nach LBO die damit verbundenen Pflichten verletzt.

Die Ordnungswidrigkeit kann nach § 84 Abs. 3 LBO S.-H. mit einer Geldbuße bis zu 500.000 Euro geahndet werden. Dieser zunächst recht weit erscheinende Rahmen berücksichtigt den Umstand, dass durch die genannten Ordnungswidrigkeiten oft recht erhebliche negative Folgen eintreten können.

Beispielsweise kann ein Verstoß gegen die Regelungen des Wasserhaushaltsgesetzes (WHG) z. B. als Ordnungswidrigkeit nach § 103 Abs. 2 WHG mit einer Geldbuße bis zu 50.000 Euro geahndet werden. Das kann jeden bauleitend Tätigen treffen.

Ähnliche Regeln gibt es im Arbeitssicherheits-, Natur- und Denkmalschutz sowie anderen Verwaltungsvorschriften.

Auch hier – ähnlich wie bei einem Verstoß gegen Straftatbestände – kann eine Ahndung nur erfolgen, wenn der bauleitend Tätige zumindest fahrlässig gehandelt hat. Ihm muss also auch in diesem Falle nachgewiesen werden, dass er die nach den Umständen erforderliche Sorgfalt in seinem jeweiligen Verantwortungsbereich nicht beachtet hat.

Prüfungs- und Bedenkenhinweispflicht

Bedenken

Die Prüfungs- und Anzeigepflicht des Auftragnehmers ist beim VOB-Vertrag in § 4 Abs. 3 VOB/B geregelt. Im BGB-Bauvertrag ergibt sich diese nicht unmittelbar, sondern lediglich aus § 242 BGB. Sie folgt ferner unmittelbar aus der Herstellungs- und Verschaffungspflicht gem. § 631 BGB sowie § 633 BGB. Es handelt sich um eine vertragliche Hauptpflicht. Die Beweislast für die Erfüllung trägt der Auftragnehmer. Aus diesem Grunde sollten Bedenken immer schriftlich angemeldet werden. Wer schreibt, der bleibt!

VOB/B-Vertrag

Der Auftragnehmer muss Bedenken anmelden gegen die vorgesehene Art der Ausführung, gegen die Güte und Brauchbarkeit der gelieferten Stoffe (vom Auftraggeber geliefert) oder Bauteile oder gegen die Leistungen anderer Unternehmer (Vorgewerke). Die Bedenken müssen unverzüglich und schriftlich mitgeteilt werden. Auch mündliche Hinweise sind beim VOB-Vertrag nicht schlicht unbeachtlich. Sie können zu einem Mitverschulden des Auftraggebers führen, wenn sie nicht befolgt werden.

Meldet der Auftragnehmer keine Bedenken an, obgleich dies notwendig gewesen wäre, haftet er für die daraus resultierenden Folgen, etwa für Mängel. Hat der Auftragnehmer die Bedenken lediglich mündlich mitgeteilt – entgegen der Schriftform – und hat der Auftraggeber diese zur Kenntnis genommen, muss der Auftraggeber auch dafür sorgen, dass die Bedenken geprüft werden und ggf. Abhilfe geschaffen wird. Tut er dies nicht, haftet der Auftragnehmer nicht für die Folgen. Problematisch bei mündlichen Hinweisen ist jedoch – wie immer – die Beweisbarkeit. Im Zweifel wird sich der Auftraggeber im Streitfall nicht mehr daran erinnern, einen Hinweis erhalten zu haben. Der Auftragnehmer wird dann Schwierigkeiten haben, den entsprechenden Nachweis dafür zu führen, dass er den Hinweis erteilt hat. Es gilt – wie so oft: Wer schreibt, der bleibt.

Baut der Auftragnehmer auf einem anderen Gewerk eines Vorunternehmers auf, das mangelhaft ist, haftet der Auftragnehmer neben dem Vorunternehmer auf Mangelbeseitigung. Jeder ist allerdings nur hinsichtlich seines Gewerks zur Nacherfüllung verpflichtet. Lediglich in Ausnahmefällen können sowohl Auftragnehmer als auch Vorunternehmer für den vollen Schaden in Haftung genommen werden. Der Auftragnehmer hat gegen den Vorunternehmer ggf. einen Rückgriffsanspruch, wenn er im Rahmen der Mangelbeseitigung gezwungen ist, auch Teile der Vorleistung nachzubessern.

Beispiel

Ist der Auftragnehmer mit der Verlegung von Fliesen beauftragt und stellt er hierbei Mängel am bereits vorhandenen Estrich fest, so muss er diese Mängel gegenüber dem Auftraggeber möglichst genau und schriftlich anzeigen.

Macht der Architekt fehlerhafte Vorgaben hinsichtlich der Sanierung und beauftragt der Bauherr den Auftragnehmer (Fliesenleger) damit, muss der Auftragnehmer auch gegen die neue Art der Ausführung Bedenken anmelden. Er kann sich nicht auf seine „alte“ Bedenkenanmeldung zurückziehen.

Es ist also stets anzuraten, lieber einmal mehr Bedenken anzumelden als einmal zu wenig. Ferner ist anzuraten, die Bedenken möglichst detailliert zu äußern.

Schreibt der Auftraggeber dem Auftragnehmer vor, die Bauleistungen mit nicht erprobtem Material auszuführen, so muss der Auftragnehmer hier keine Bedenken anmelden. Schreibt der Auftraggeber von sich aus Material vor, von dem er weiß, dass es nicht ausreichend erprobt ist, muss er mit Mängeln von vorneherein rechnen. Er kann sich gegenüber dem Auftragnehmer hierauf nicht berufen (*OLG Hamm, Ur. v. 04.04.2003, Az. 34 O 132/01*). Der Auftraggeber weiß in diesem Fall ja, dass es Probleme geben kann oder das zumindest ein erhöhtes Risiko besteht. Er muss hierauf nicht noch extra hingewiesen werden.

BGB-Vertrag

Im BGB ist die Bedenkenanmeldung – auch nach der Reform des Bauvertragsrechts zum 01.01.2018 – nicht explizit geregelt. Die Hinweisplicht ergibt sich lediglich aus § 242 BGB. Ferner ergibt sie sich aus der Herstellungs- und Verschaffungspflicht gem. § 631 und § 633 BGB, nach der der Auftragnehmer dem Auftraggeber das Werk frei von Sach- und Rechtsmängeln zu verschaffen hat. Auch im BGB besteht mithin die Pflicht zur Bedenkenanmeldung.

Bedenken müssen jedoch – mangels entsprechender gesetzlicher Anordnung – nicht schriftlich mitgeteilt werden. Dennoch ist dem Auftragnehmer die schriftliche Anmeldung anzuraten – wiederum unter dem Gesichtspunkt der Nachweisbarkeit.

Schlägt der Auftraggeber die angemeldeten Bedenken in den Wind, so ist der Auftragnehmer für einen hieraus resultierenden Mangel nicht verantwortlich.

Behinderung der Ausführung

Während der Ausführung der Arbeiten kann es – insbesondere bei komplexen Bauvorhaben – vorkommen, dass der Auftragnehmer in der Ausführung seiner Leistungen behindert ist. Dies kann beispielsweise daraus resultieren, dass Leistungen von Vorunternehmen, auf denen die Leistung des Auftragnehmers aufbaut, noch nicht fertiggestellt sind. Hierdurch können dem Auftragnehmer Mehrkosten entstehen. Ferner kann eine solche Behinderung dazu führen, dass der Auftragnehmer eine vertraglich vereinbarte Fertigstellungsfrist nicht einhalten kann. Vor diesen Nachteilen ist der Auftragnehmer – bei Vorliegen der entsprechenden Voraussetzungen – sowohl beim VOB/B-Vertrag als auch beim BGB-Vertrag geschützt.

VOB/B-Vertrag

Fühlt sich der Auftragnehmer in der ordnungsgemäßen Ausführung der Leistung behindert, muss er gem. § 6 Abs. 1 VOB/B gegenüber dem Auftraggeber unverzüglich Behinderung anzeigen (siehe auch ▶ Kap. „Behinderungsanzeige"). Darunter sind sämtliche Verhältnisse zu fassen, die in sachlicher, räumlicher oder zeitlicher Hinsicht die Leistungserbringung verzögern. Nicht erforderlich ist, dass der Auftraggeber gänzlich an der Leistungserbringung gehindert wird (Arbeitseinstellung). Es genügt vielmehr, dass die Leistungserbringung verlangsamt wird. Dies kann darauf zurückzuführen sein, dass der Vorunternehmer seine Leistungen nicht erbracht hat oder fehlende Genehmigungen noch beigeschafft werden müssen.

Es muss sich um solche Behinderungen handeln, die der Auftragnehmer nicht in den Arbeitsablauf von Beginn an einkalkulieren konnte. Die behindernden Ereignisse dürfen ihm mithin nicht schon bei Vertragsschluss bekannt gewesen sein.

Beispiel

Der Auftragnehmer ist in der Ausführung seiner Leistung behindert, wenn notwendige Vorleistungen anderer Unternehmer oder des Bauherrn noch nicht fertiggestellt sind. So kann etwa der Bodenleger keine Fliesen oder kein Parkett verlegen, wenn der Estrich noch nicht fertiggestellt ist. Er muss die entsprechenden hindernden Umstände dann dem Bauherrn anzeigen.

Der Auftragnehmer kann ferner in der Ausführung seiner Leistungen behindert sein, wenn notwendige Planunterlagen, die vom Auftraggeber beizubringen sind, nicht vorliegen. Der Rohbauer kann beispielsweise ohne Schal- und Bewehrungspläne nicht mit der Arbeit beginnen. Der Auftraggeber haftet hier auch für seinen Statiker als Erfüllungsgehilfen gegenüber dem Auftragnehmer.

Auch das Beibringen der Baugenehmigung ist – im Regelfall – eine Leistung des Auftraggebers, wenn nichts Gegenteiliges vereinbart ist. Das Fehlen führt zur Fristverlängerung für den Auftragnehmer – auch dann, wenn der Auftraggeber die Verzögerung nicht zu vertreten hat.

Wenn der Auftragnehmer die Behinderung selbst zu vertreten hat, macht er sich gegenüber dem Auftraggeber bei Überschreitung der Vertragsfristen ggf. schadensersatzpflichtig. Hat hingegen der Auftraggeber die Behinderung zu vertreten, führt die Behinderung – bei Vorliegen der entsprechenden Voraussetzungen – zu einer Verlängerung der Vertragsfristen sowie – vorausgesetzt es liegt Verschulden des Auftraggebers vor – zu Schadensersatzansprüchen des Auftragnehmers. Ebenfalls hat der Auftragnehmer auch das Recht zur Kündigung des Bauvertrags.

Hat keine Partei die Behinderung zu vertreten, haben diese behindernden Ereignisse dennoch – bei Vorliegen der übrigen Voraussetzungen – eine Verlängerung der Vertragsfristen zur Folge.

Resultiert die Behinderung des Auftragnehmers daraus, dass ein Vorunternehmer nicht rechtzeitig mit seiner Leistung fertig geworden ist, die Leistung des Auftragnehmers jedoch auf diese aufbaut, muss sich der Auftraggeber das Verschulden des Unternehmers nicht zurechnen lassen, sodass der Auftraggeber auch nicht auf Schadensersatz gem. § 6 Abs. 6 VOB/B haftet. Es fehlt ein Verschulden seitens des Auftraggebers. Schutzlos ist der Auftragnehmer dennoch nicht. Auch beim VOB-Vertrag kann er sich auf § 642 BGB berufen, weil der Auftraggeber an die ihm obliegende Mitwirkungshandlung, nämlich ein bearbeitungsfähiges Baufeld zu überlassen, unterlassen hat. § 6 Abs. 6 Satz 2 VOB/B verweist ausdrücklich auf § 642 BGB. Dort heißt es: *„Im Übrigen bleibt der Anspruch des Auftragnehmers auf angemessene Entschädigung nach § 642 BGB unberührt, sofern die Anzeige nach Abs. 1 Satz 1 erfolgt oder Offenkundigkeit nach Abs. 2 Satz 2 gegeben ist."*

BGB-Vertrag

Die Problematik der Behinderung bei der Bauausführung ist im BGB nicht explizit geregelt. Die vorgenannten Ausführungen gelten entsprechend auch für den BGB-Vertrag. Das BGB enthält hierzu keine entsprechenden Regelungen – auch nicht nach der Reform des Bauvertragsrechts zum 01.01.2018. Es handelt sich hierbei um allgemeingültige Rechtsgrundsätze, die auch auf den BGB-Vertrag übertragbar sind.

Behinderungsanzeige

Meint der Auftragnehmer, in der Ausführung seiner Arbeiten behindert zu sein, so muss er diese Behinderung dem Auftraggeber unverzüglich und schriftlich anzeigen. Wenn er diese Anzeige unterlässt, hat er nur dann Anspruch auf Berücksichtigung der hindernden Umstände, wenn diese Umstände dem Auftragnehmer offenkundig sind und diese dem Auftraggeber auch bekannt waren.

Nur wenn der Auftragnehmer die Behinderungsanzeige formgerecht und unverzüglich abgibt oder Offenkundigkeit gegeben ist, kann der Auftragnehmer die Verlängerung der Vertragsfristen für sich in Anspruch nehmen oder – bei Verschulden des Auftraggebers – den Behinderungsschaden geltend machen. Es ist dabei nicht erforderlich, dass die hindernden Umstände tatsächlich vorliegen. Der Auftragnehmer muss nur bei sorgfältiger Prüfung die berechtigte Besorgnis haben, dass diese vorliegen.

Der Zweck der vorgeschriebenen Schriftform liegt in Beweis- und Dokumentationszwecken. Eine mündliche Anzeige ist nicht wirkungslos. Jedoch ist der Nachweis für den Auftragnehmer deutlich schwieriger. Es gilt wieder einmal: Wer schreibt, der bleibt. Kann der Auftragnehmer nämlich nicht nachweisen, dass er Behinderung angezeigt hat, so haftet er.

Praxistipp

Behinderung immer schriftlich anzeigen!

Dokumentiert der Auftragnehmer die hindernden Umstände vollständig und klar im Bautagebuch, so reicht dies für eine schriftliche Behinderungsanzeige aus, wenn er dieses Bautagebuch umgehend dem Auftraggeber oder einem Bevollmächtigten zur Kenntnis gibt.

Auch beim Inhalt einer Behinderungsanzeige ist einiges zu beachten. Sie muss die Tatsachen enthalten, bei denen der Auftragnehmer befürchtet, sie würden ihn an der Ausführung hindern. Gleichzeitig müssen die Gründe enthalten sein, weshalb der Auftraggeber Besorgnis hat, es könnte eine Behinderung vorliegen. Lediglich der Hinweis auf fehlende Unterlagen oder fehlende Vorleistungen reicht nicht aus.

Empfänger der Behinderungsanzeigen ist entweder der Auftraggeber direkt oder ein Bevollmächtigter – wobei darauf zu achten ist, dass der Empfänger tatsächlich bevollmächtigt ist. Ausreichend ist, die Behinderungsanzeige an einen Architekten oder Ingenieur zu richten, der mit der Bauaufsicht betraut ist. Beachte die Unterscheidung zur Abnahme durch Dritte.

Eine Behinderungsanzeige ist entbehrlich, wenn die hindernden Umstände offenkundig und daher auch dem Auftraggeber bekannt sind. Im Rahmen eines Prozesses hat der Auftragnehmer jedoch bei Fehlen einer ausdrücklichen Behinderungsanzeige nachzuweisen, dass dem Auftragnehmer gerade diese Behinderung offenkundig bekannt war. Dieser Nachweis ist im Einzelfall schwer zu führen. Auch deshalb ist dem Auftragnehmer anzuraten, sofort eine schriftliche Anzeige an den Auftraggeber zu verfassen, wenn die Besorgnis besteht, in der Ausführung der Arbeiten behindert zu sein. Wer schreibt, der bleibt.

Praxistipp

Zur Sicherstellung, dass die Behinderungsanzeige an den richtigen Adressaten gerichtet wurde, sollte der Auftragnehmer die Behinderungsanzeige an den Bauherrn richten. Die Behinderungsanzeige sollte die folgenden Angaben enthalten und folgende Voraussetzungen erfüllen:

- Sie ist unverzüglich nach Auftreten der Behinderung zu verfassen.
- Sie ist in der Schriftform zu verfassen.
- Sie ist ausführlich unter Angabe der Gründe, weshalb eine Behinderung vorliegen soll, zu verfassen.
- Sie muss an den richtigen Adressaten gerichtet sein.

Auch hier gilt: Lieber eine Behinderungsanzeige zu viel als eine zu wenig. Es gilt weiter: Besser zu ausführlich, als zu kurz gefasst. Hingegen muss der Auftragnehmer nicht den voraussichtlich bei ihm entstehenden Behinderungsschaden angeben. Diesen kann er zumeist bei Abfassung der Behinderungsanzeigen noch überhaupt nicht absehen.

BGB-Vertrag

Die vorgenannten Ausführungen gelten entsprechend auch für den BGB-Vertrag. Das BGB enthält hierzu keine entsprechenden Regelungen – auch nicht nach der Reform des Bauvertragsrechts zum 01.01.2018. Es handelt sich hierbei um allgemeingültige Rechtsgrundsätze, die auch auf den BGB-Vertrag übertragbar sind.

Beim BGB-Vertrag entfallen allerdings die VOB/B-spezifischen Besonderheiten. So muss die Behinderung nicht unverzüglich schriftlich angezeigt werden – wie es § 6 Abs. 1 VOB/B vorsieht. Auch die Einschränkungen des Schadensersatzanspruchs gem. § 6 Abs. 6 VOB/B (entgangener Gewinn bei Vorsatz oder grober Fahrlässigkeit) sind nicht anzuwenden. Die Behinderung muss dem Auftraggeber bekannt gemacht werden oder bekannt gewesen sein, da er die Möglichkeit haben muss, Abhilfe zu schaffen. Auch beim BGB-Vertrag ist eine Behinderungsanzeige entbehrlich, wenn die Behinderung offensichtlich und dem Auftraggeber bekannt ist.

Behinderungsschaden

Tritt eine Behinderung auf, muss der Auftragnehmer zunächst sämtliche Anstrengungen unternehmen, um die Weiterführung der Arbeiten sicherzustellen. Fällt die Behinderung weg, hat er unverzüglich die Arbeiten fortzusetzen und den Auftraggeber zu unterrichten. Gemäß § 6 Abs. 6 VOB/B hat jeweils die Vertragspartei einen Schadensersatzanspruch gegen diejenige andere Vertragspartei, die die Behinderung zu vertreten hat. Der Anspruch umfasst den nachweislich entstandenen Schaden sowie den entgangenen Gewinn, sofern die Verursachung der Behinderung auf Vorsatz oder grober Fahrlässigkeit beruht. Der Auftraggeber haftet gegenüber dem Auftragnehmer nur für eine schuldhafte Verursachung der Behinderung.

Relevant ist dies v. a. dann, wenn sich der Auftraggeber verpflichtet, bestimmte Leistungen selbst vorzunehmen und er mit der Vornahme der Arbeiten in Verzug ist. Dies ist etwa dann der Fall, wenn bestimmte Baugeräte vom Auftraggeber zur Verfügung zu stellen sind und dies nicht passiert.

Gleiches gilt bei Unterlassung von Mitwirkungshandlungen, etwa der Einholung von Baugenehmigungen oder der Bereitstellung von Strom- und Wasseranschlüssen.

Behinderungsschäden sind die Mehrkosten, die aufgrund der Behinderung entstehen. Diese berechnen sich aus den Kosten, die voraussichtlich bei planmäßigem Verlauf der Arbeiten entstanden wären im Vergleich zu den Kosten, die tatsächlich entstanden sind. Zu ersetzen sind hierbei auch höhere Lohnkosten sowie zusätzliche Materialkosten. Der Auftragnehmer kann auch die Kosten für das nicht eingesetzte Personal sowie nicht eingesetzte Geräte verlangen, wenn er die Arbeitskräfte für die Baustelle einplant und diese aufgrund der Behinderung beschäftigungslos sind. Auf diese Kosten ist auch ein prozentualer Aufschlag für „Allgemeine Geschäftskosten" vorzunehmen. Gleiches gilt für höhere Versicherungsprämien, die auf die behinderungsbedingten Bauverzögerungen zurückzuführen sind. Gleiches gilt für Kosten, die der Auftragnehmer beispielsweise für Sachverständige zur Schadensermittlung aufwendet.

Hat hingegen der Auftragnehmer die Behinderung zu vertreten, stehen dem Auftraggeber Schadensersatzansprüche zu. Diese umfassen in erster Linie den Verzugsschaden. Können aufgrund der Behinderung weitere Arbeiten erst später ausgeführt werden und wird dadurch die Fertigstellung des Bauwerks hinausgezögert, kann der Schaden aus Mietausfällen oder Hotelkosten bestehen. Hat der Bauherr einen Generalunternehmer eingeschaltet und wird der Bau aufgrund des Verzugs eines Nachunternehmers nicht fristgerecht fertig, kann der Auftraggeber den Generalunternehmer auf Zahlung einer Vertragsstrafe in Anspruch nehmen. Der Generalunternehmer kann in Höhe der Vertragsstrafe allerdings Schadensersatz vom Nachunternehmer verlangen. Ferner sind dem Auftraggeber Sachverständigenkosten zu erstatten, die er aufwendet, um feststellen zu lassen, worauf der Terminverzug beruht und wie hoch der Schaden ist. Voraussetzung für die Geltendmachung entgangenen Gewinns des Auftraggebers ist – ebenso für den Auftragnehmer – Vorsatz bzw. grobe Fahrlässigkeit.

In der Praxis

Die Rechtsprechung des Bundesgerichtshofs ist für den Auftragnehmer, der Schadensersatzansprüche aufgrund Behinderung geltend machen möchte, sehr streng und nur sehr schwer umzusetzen. Der Bundesgerichtshof verlangt i. d. R. eine konkrete, bauablaufbezogene Darstellung der jeweiligen Behinderungen. Auch der Auftragnehmer muss mithin im Behinderungsfall eine aussagekräftige Dokumentation vorlegen. Er muss den vollen Beweis für die Kausalität zwischen Pflichtverletzung und dem Behinderungsschaden führen. Lediglich hinsichtlich der Folgen der Behinderungen auf den Bauablauf oder der Höhe des Schadens besteht die Möglichkeit des Gerichts, zu schätzen. Es muss mithin – bei Vorliegen der Behinderungen – jede einzelne Behinderung gesichtet und nach Dauer und Umfang der Auswirkungen auf den Bauablauf betrachtet werden. Es reicht hingegen nicht aus, nur die Auswirkungen jeder Behinderung zu berechnen und diese an das vertragliche Bauende hinten anzuhängen (Äquivalenz-Theorie) (*vgl. BGH, Urt. v. 24.02.2005, Az. VII ZR 141/03*).

Bauabnahme und -protokoll

Die Abnahme ist die körperliche Hinnahme des Werks als im Wesentlichen mangelfrei. Es handelt sich hierbei um eine einseitige empfangsbedürftige Willenserklärung des Auftraggebers, um eine vertragliche Hauptpflicht des Auftraggebers sowie um eine zentrale Hauptpflicht des Auftraggebers neben der Zahlung des Werklohns. Die Abnahme ist auch Voraussetzung für die Fälligkeit des Werklohns sowie weiterhin für den Beginn der Mängelgewährleistungsfrist. Ferner ist sie für den Übergang der Leistungs- und Vergütungsgefahr relevant. Der Auftraggeber muss – wenn die Abnahmevoraussetzungen vorliegen – das Werk abnehmen. Verweigert er die Abnahme zu Unrecht und liegen die weiteren Voraussetzungen vor, kann die Abnahme auch ohne eine Erklärung des Auftraggebers eintreten. Die Abnahme ist im BGB in § 640 sowie in der VOB/B in § 12 geregelt.

Abnahmebegriff

Die „Abnahme" ist ein Begriff, der sehr vielseitig verwendet wird. So gibt es beispielsweise die technische Abnahme durch den TÜV, die Rohbauabnahme durch das Bauordnungsamt, die behördliche Schlussabnahme usw. An dieser Stelle soll zunächst einmal auf die rechtsgeschäftliche Abnahme zwischen dem jeweiligen Auftraggeber und dem Auftragnehmer eingegangen werden. Geregelt ist diese in § 640 BGB sowie § 12 VOB/B. Auf die Änderungen, die § 640 BGB im Rahmen des neuen Bauvertragsrechts zum 01.01.2018 erfahren hat, wird im Folgenden noch eingegangen werden.

Die rechtsgeschäftliche Abnahme stellt die Billigung des Werks durch den Auftragnehmer als der Hauptsache nach vertragsgemäße Leistungserfüllung dar. Beim Bauvertrag nach VOB/B und BGB muss der Auftragnehmer dem Auftraggeber die Bauleistungen als im Wesentlichen fertiggestellt überlassen, und der Auftraggeber muss sie als vertragsgemäße Leistung anerkennen. Dies bedeutet: Die Leistung muss nicht zwingend vollständig fertiggestellt sein, aber im Wesentlichen. Die Leistung muss im Wesentlichen mangelfrei sein, d. h., der bestimmungsgemäße Gebrauch muss im Wesentlichen gegeben und möglich sein.

Auch bei einem gekündigten Bauvertrag – dies ergibt sich aus § 8 Abs. 7 VOB/B – hat der Auftragnehmer das Recht, die Abnahme der bis zur Kündigung erbrachten Leistungen zu verlangen. Die Rechtsprechung vertritt hierzu, dass sich aus § 641 Abs. 1 BGB (durch das neue Bauvertragsrecht unangetastet geblieben) ergibt, dass auch für die Fälle des gekündigten Bauvertrags die Fälligkeit des Werklohns eine vorherige Abnahme der erbrachten Leistungen voraussetzt (*BGH BauR 2006, 1294*). Das bedeutet, dass diejenigen Leistungen, die bis zum Kündigungszeitpunkt erbracht wurden, abnahmereif, d. h. im Wesentlichen mangelfrei sein müssen. Eine vollständige Leistung kann – logischerweise – nicht Abnahmevoraussetzung sein. Dies ist derzeit noch ständige Rechtsprechung des BGH. Es ist aber darauf hinzuweisen, dass der BGH von der Notwendigkeit einer Abnahme beim gekündigten Bauvertrag als Fälligkeitsvoraussetzung abrückt.

Einen Sonderfall stellt die außerordentliche Kündigung wegen mangelhafter Leistungen dar: Der Auftraggeber ist in diesem Fall nicht zur Abnahme der mangelhaften Leistung verpflichtet. Die Fälligkeit des Werklohns ist dennoch gegeben – jedenfalls in der Höhe des Werts der Leistung – da dem Auftragnehmer ja kein Recht mehr zusteht, die Abnahmereife durch Mangelbeseitigung herbeizuführen (*BGH BauR 2006, 1294, 1296*).

Praxistipp

Da die Abnahme von grundsätzlicher Bedeutung ist, empfiehlt es sich, die Abnahme gewissenhaft vorzubereiten und durchzuführen. Sie sollte – auch wenn die förmliche Abnahme nicht notwendig ist – schriftlich dokumentiert werden. Besonders unter Nachweisgesichtspunkten ist dies zu empfehlen, da es insbesondere bei späterem Streit problematisch werden kann.

Es ist darauf zu achten, dass zur Durchführung der Abnahme im Grundsatz nur der Auftraggeber berechtigt ist. Der planende und der bauleitende Architekt, Sachverständige oder andere für den Auftraggeber am Bau beteiligte Personen sind nicht ohne besondere Vollmacht zu Abnahmen berechtigt. Erklärt ein nicht bevollmächtigter Vertreter des Bauherrn die Abnahme, treten die Abnahmewirkungen nicht ein. Es muss also geklärt werden, ob die Person, die die Abnahme erklären soll, auch dazu bevollmächtigt ist. Im Zweifel sollte sich der Auftragnehmer eine schriftliche Vollmacht vorlegen lassen, wenn es sich nicht um den Auftraggeber handelt. Er darf sich nicht einfach auf die Bevollmächtigung verlassen.

Auch sollten die Unterlagen, die der Auftragnehmer dem Auftraggeber bei der Abnahme vorzulegen hat, vollständig sein. In der Praxis sind fehlende Unterlagen ein häufiger Grund für eine Abnahmeverweigerung (Beispiel: Dokumentationsunterlagen).

Ausdrückliche – formlose – Abnahme

VOB/B Vertrag

Hierfür enthält § 12 Abs. 1 VOB/B eine Regelung. Demnach ist der Auftraggeber verpflichtet, nach Fertigstellung des Werks auf Verlangen des Auftragnehmers binnen zwölf Werktagen eine formlose Abnahme zu erklären. Da bei der formlosen Abnahme kein Abnahmeprotokoll gefertigt wird – sie ist ja schließlich formlos –, bestehen allerdings Nachweisprobleme hinsichtlich während der Abnahme des Werks gemachter Mangelvorbehalte. Es ist also immer zu empfehlen, ein schriftliches Abnahmeprotokoll zu fertigen. Es gilt: Wer schreibt, der bleibt.

BGB Vertrag

Zu beachten ist in diesem Zusammenhang auch § 644 Abs. 1 BGB. Kommt der Auftraggeber seiner Pflicht zur Abnahme – Hauptpflicht des Auftraggebers – nicht nach, gerät er in Gläubigerverzug. Dies hat zur Folge, dass die Gefahr des zufälligen Untergangs oder der zufälligen Verschlechterung des Werks auf den Gläubiger übergeht. Die Vorschrift des § 644 BGB ist durch das neue Bauvertragsrecht, welches zum 01.01.2018 in Kraft getreten ist, unangetastet geblieben.

Behördliche Abnahme

Die behördliche Abnahme ist nicht mit der rechtsgeschäftlichen Abnahme zu verwechseln. Die behördliche Abnahme ist von der rechtsgeschäftlichen Abnahme unabhängig. Bei der behördlichen Abnahme geht es einzig und allein darum, ob das Bauvorhaben mit den öffentlich-rechtlichen Bauvorschriften in Einklang steht. Sie führt gerade nicht dazu, dass zwischen Auftraggeber und Auftragnehmer irgendwelche Abnahmewirkungen eintreten. Sie wird auch nicht vom Auftraggeber, sondern von der zuständigen Behörde vorgenommen. Oftmals herrscht in der Praxis die Ansicht, die behördliche Abnahme führe dazu, dass im Verhältnis Auftraggeber zu Auftragnehmer das Werk ebenfalls mangelfrei abgenommen werden müsse bzw. als mangelfrei zu betrachten sei. Es können ja keine Mängel gegeben sein, da die Behörde ja abgenommen hat.

Dies ist jedoch nicht der Fall. Die anerkannten Regeln der Technik werden von der Baubehörde nicht geprüft. Es geht bei der behördlichen Abnahme lediglich darum, die Vereinbarkeit mit öffentlich-rechtlichen Vorschriften zu überprüfen. Die Einhaltung öffentlich-rechtlicher Vorschriften schließt jedoch das Vorliegen anderer – gravierender – Mängel nicht aus.

Wird allerdings eine vorgeschriebene behördliche Abnahme nicht durchgeführt, kann dies einen wesentlichen Mangel des Werks darstellen, der zu Recht zur Abnahmeverweigerung des Auftraggebers führen kann.

Die Notwendigkeit einer behördlichen Abnahme richtet sich nach den jeweiligen Vorschriften der Landesbauordnungen – also nach öffentlich-rechtlichen Vorschriften.

Praxistipp

Um Missverständnissen oder Problemen vorzubeugen, sollte der Auftragnehmer bereits im Vorfeld der Vertragsunterzeichnung prüfen, welche behördlichen Abnahmen vorgeschrieben sind bzw. durchgeführt werden müssen. Sonst besteht die Gefahr, dass behördliche Abnahmen zur Fälligkeitsvoraussetzung in den jeweiligen Bauverträgen gemacht werden, die von den Behörden im Nachhinein gar nicht durchgeführt werden. Streit ist vorprogrammiert, insbesondere wenn sich während der Bauphase das Verhältnis zwischen Auftraggeber und Auftragnehmer verschlechtert.

Fiktive Abnahme nach VOB/B

Die fiktive Abnahme ist in der VOB in § 12 Abs. 5 VOB/B geregelt. Gemäß § 12 Abs. 5 Nr. 1 VOB/B ist die Abnahme erfolgt, wenn keine Abnahme verlangt wird und zwölf Werktage nach schriftlicher Mitteilung über die Fertigstellung abgelaufen sind. Es muss also eine abnahmereife, fertiggestellte Leistung gegeben sein, die Fertigstellung muss schriftlich angezeigt sein und es darf kein ausdrückliches Verlangen nach einer Abnahme i. S. v. § 12 Abs. 1 VOB gegeben haben. Die Zusendung der Schlussrechnung kann als konkludente Fertigstellungsmitteilung angesehen werden (*OLG Düsseldorf, BauR 1997, 842; BauR 2011, 118*).

Praxistipp

Der Auftragnehmer sollte neben der Schlussrechnung eine gesonderte schriftliche Fertigstellungsmitteilung versenden. Es empfiehlt sich, die Schriftform um im Streitfall besser Beweis führen zu können. Wer schreibt, der bleibt.

Eine fiktive Abnahme liegt auch dann vor, wenn der Auftraggeber eine abnahmereife Leistung in Gebrauch genommen hat. Wird keine Abnahme verlangt und ist nichts anderes vereinbart, gilt die Leistung nach Ablauf von sechs Werktagen als abgenommen. Von einer fiktiven Abnahme kann nicht ausgegangen werden, wenn der Auftraggeber die Abnahme berechtigterweise – ausdrücklich – verweigert. Hier hat der Auftraggeber seinen entgegenstehenden Willen eindeutig zum Ausdruck gebracht.

Gemäß § 12 Abs. 5 Nr. 2 Satz 2 VOB/B gilt die Weiterführung der Arbeiten für sich noch nicht als Abnahme. Beginnt der Generalunternehmer also nach Fertigstellung des Rohbaus mit dem Innenausbau, liegt darin noch keine Abnahmefiktion gem. § 12 Abs. 5 Nr. 2 VOB/B vor. Auch bei der fiktiven Abnahme müssen Mängel vorbehalten werden. Dies muss spätestens zwölf Werktage nach schriftlicher Fertigstellungsmitteilung oder sechs Werktage nach Inbenutzungnahme erfolgen (§ 12 Abs. 5 Nr. 1 und Nr. 2 VOB/B). Zwar ist der Vorbehalt nicht formgebunden. Es empfiehlt sich jedoch die Schriftform (Nachweisprobleme). Wiederrum gilt: Wer schreibt, der bleibt.

Die fiktive Abnahme kann durch Regelungen im Vertrag (etwa durch Vereinbarung der förmlichen oder schriftlichen Abnahme) abbedungen werden. Auf eine vereinbarte, förmliche Abnahme kann jedoch stillschweigend verzichtet werden.

Siehe auch: ▶ Kap. „Förmliche Abnahme"

Gemäß § 12 Abs. 5 VOB/B ist eine fiktive Abnahme bei einem gekündigten VOB/B Vertrag ausgeschlossen (*vgl. BGH BauR 2003, 689*).

Fiktive Abnahme beim BGB-Werkvertrag?

Vor dem 01.01.2018 war die fiktive Abnahme im BGB nicht geregelt. Oftmals versuchten Auftragnehmer, durch entsprechende Klauseln in AGB diese Art der fiktiven Abnahme auch in den BGB Bauvertrag zu übertragen.

So fanden sich oftmals in Fertighausverträgen, bei denen die VOB/B nicht wirksam vereinbart war, folgende Klauseln: „Bezieht der Bauherr das Gebäude vor der Abnahme, so gilt das Werk mit Ablauf von zwölf Werktagen als abgenommen."

Derartige Klauseln sind jedoch AGB-widrig und daher unwirksam. Sie verstoßen gegen die Klauselverbote §§ 309 Nr. 8b ff. BGB, weil es beim BGB Vertrag bislang gerade keine Abnahmefiktion durch Inbenutzungnahme gab. Sie haben das Ziel, das gesetzliche Leitbild des BGB zu Lasten des Auftraggebers einseitig abzuändern. Hierdurch wird der Auftraggeber jedoch unangemessen benachteiligt (*vgl. OLG Hamm, Urt. v. 24.11.1993, Az. 12 U 29/93*).

Nunmehr ist die fiktive Abnahme allerdings auch im BGB Vertrag in § 640 BGB geregelt. Mit dem 01.01.2018 wurde hier der neue Abs. 2 eingeführt. Demnach gilt das Werk als abgenommen, wenn der Unternehmer dem Besteller eine angemessene Frist zur Abnahme setzte und der Besteller die Abnahme nicht innerhalb dieser – angemessenen – Frist unter Angabe mindestens eines Mangels verweigert.

Ist der Besteller ein Verbraucher, so ist weitere Voraussetzung, dass der Unternehmer den Besteller zusammen mit der Aufforderung auf die Folgen einer nicht erklärten oder ohne Angabe von Mängeln verweigerten Abnahme hingewiesen hat. Dieser Hinweis muss in Textform erfolgen, kann also nicht mündlich geschehen. Für die Mitteilung ist der Unternehmer im Zweifel beweispflichtig.

Förmliche Abnahme

Die förmliche Abnahme ist oftmals in Bauverträgen ausdrücklich vereinbart. Fehlt eine solche Vereinbarung, ist jedoch die VOB/B Grundlage des Bauvertrags, ergibt sich die Verpflichtung zur förmlichen Abnahme aus § 12 Abs. 4 VOB/B, wenn eine Vertragspartei dies verlangt. Im BGB ist eine förmliche Abnahme nicht vorgesehen, aber unter Nachweisgesichtspunkten anzuraten.

Über die förmliche Abnahme wird ein Protokoll gefertigt, in dem die festgestellten Mängel aufgeführt werden. Eine Vertragsstrafe muss ebenso vorbehalten werden, wenn sie nicht verfallen soll. Ein Anerkenntnis der vorbehaltenen Mängel oder der Vertragsstrafe ist durch die Aufnahme in das Abnahmeprotokoll nicht gegeben – selbst dann nicht, wenn der Auftragnehmer das Abnahmeprotokoll vorbehaltlos unterschreibt.

Praxistipp

Der Auftragnehmer sollte dennoch Mängel, die er nicht anerkennt, entsprechend im Protokoll vermerken (§ 12 Abs. 4 Nr. 1 Satz 4 VOB/B).

Oftmals findet eine förmliche Abnahme nicht statt, weil sie vergessen wird oder der Auftraggeber auf das Verlangen des Auftragnehmers nicht reagiert. Das Schweigen des Auftraggebers kann als Verzicht auf die förmliche Abnahme gewertet werden, wenn das Verhalten des Auftraggebers so gedeutet werden kann, dass dieser auf die förmliche Abnahme keinen Wert legt. Dies gilt auch dann, wenn im Vertrag für Vertragsänderungen die Schriftform vorgesehen ist. Es müssen jedoch konkrete Anhaltspunkte dafür vorliegen.

Beispiele für einen solchen Verzicht: Der Auftragnehmer reicht die Schlussrechnung ein, der Auftraggeber prüft sie, Sicherheiten werden ausgetauscht, es wird bezahlt. Mängel werden nicht gerügt.

Hinweis

In vielen Subunternehmerverträgen ist geregelt, dass der Nachunternehmer die Abnahme erst verlangen kann, wenn das Gesamtvorhaben fertiggestellt ist oder der Nachunternehmer eine Mangelfreiheitsbescheinigung beibringt – die Abnahme im Nachunternehmerverhältnis wird also von der Abnahme im Verhältnis Auftraggeber zu Hauptunternehmer abhängig gemacht. Beide Klauseln sind AGB-rechtlich unwirksam, da diese den Nachunternehmer unangemessen benachteiligen.

Auch eine Klausel, die als Abnahmevoraussetzung eine behördliche Gesamtabnahme verlangt, ist unwirksam. Auf derartige Klauseln sollte bereits bei der Vertragsverhandlung geachtet werden.

Rechtsprechung

Wird eine förmliche Abnahme trotz Vereinbarung nicht durchgeführt und übersendet der Auftragnehmer die Schlussrechnung, ist von einer konkludenten Abnahme der Parteien abzusehen, wenn der Auftragnehmer erst mehrere Monate nach Erhalt der Schlussrechnung die Rechnung prüft, ohne auf die förmliche Abnahme einzugehen. Hierin ist die konkludente Erklärung zu sehen, von der förmlichen Abnahme Abstand zu nehmen. Ob sich die Parteien dessen bewusst sind, spielt keine Rolle (*OLG Karlsruhe, Urt. v. 23.09.2003, Az. 17 U 234/02*).

Konkludente Abnahme

Häufig wird die konkludente Abnahme auch als stillschweigende Abnahme bezeichnet. Gibt der Auftraggeber durch sein Verhalten – konkludent – zu erkennen, dass er die fertige Leistung als im Wesentlichen vertragsgemäß und mangelfrei anerkennt, so liegt auch ohne explizite Erklärung eine rechtsgeschäftliche Abnahme vor. Dies kann beispielsweise durch Inbetriebnahme des Bauwerks bzw. der Anlage oder durch Erteilung der Schlussrechnung durch den Auftragnehmer und deren anstandslose Bezahlung durch den Auftraggeber erfolgen. Eine konkludente Abnahme scheidet jedoch i. d. R. aus, wenn ausdrücklich eine förmliche Abnahme vereinbart oder der Auftraggeber beim VOB-

Vertrag diese ausdrücklich verlangt (Ausnahme: siehe ► Kap. „Förmliche Abnahme“). Auch bei einer ausdrücklichen Abnahmeverweigerung auf ein Abnahmeverlangen hin scheidet eine konkludente Abnahme aus (*OLG Stuttgart, BauR 2011, 1824*). Der Auftraggeber hat hier seinen entgegenstehenden Willen klar zum Ausdruck gebracht.

Rechtsprechung

Auf die förmliche Abnahme kann auch konkludent verzichtet werden. Wenn der Auftragnehmer auf sein Verlangen nach einer förmlichen Abnahme längere Zeit nicht besteht, eine abnahmereife Leistung vorliegt und der Auftraggeber die Werkleistung ohne Mängel zu rügen nutzt, stellt dies einen konkludenten Verzicht auf die förmliche Abnahme verbunden mit einer konkludenten Abnahme dar (*OLG Düsseldorf, BauR 2007, 1254*).

Im Rahmen von Leistungsketten (Bauherr – Bauunternehmer – Subunternehmer) stellt die rechtsgeschäftliche Abnahme zwischen Bauherrn und Bauunternehmer nicht automatisch die Abnahme zwischen Bauunternehmer und Subunternehmer dar – auch nicht stillschweigend. Dies gilt auch dann, wenn der Bauherr die Gesamtleistung eines Generalunternehmers abnimmt. Alleine der Einzug in ein mit Mängeln behaftetes Einfamilienhaus stellt noch keine stillschweigende Abnahme dar, wenn der Bauherr ausdrücklich die Ablehnung der Abnahme erklärt. Zu so einem Fall kann es kommen, wenn der Bauherr etwa seine Mietwohnung gekündigt hat und quasi einziehen musste. Aus diesem Zwang kann kein Abnahmewille des Auftraggebers hergeleitet werden.

Die Rechtsprechung billigt dem Bauherrn hier auch eine gewisse Prüfungsfrist zu. Die Länge dieser Frist hängt von den Umständen des Einzelfalls ab, insbesondere von der Komplexität der Werkleistung. Eine stillschweigende Abnahme durch Inbenutzungnahme liegt auch dann nicht vor, wenn der Auftraggeber vor Einzug die Abnahme der Bauleistung verweigert hat und die Abnahmeverweigerung nach Einzug nicht mehr wiederholt – sofern der Unternehmer zwischenzeitlich keine Mangelbeseitigungsarbeiten durchgeführt hat.

Hat der Auftragnehmer trotz Fristsetzung vorhandene Mängel nicht beseitigt und ist der Auftraggeber berechtigt, die Mängel selbst auf Kosten des Auftragnehmers zu beseitigen, wird der Werklohnanspruch des Auftragnehmers trotz fehlender

Abnahme fällig, da das Nachbesserungsrecht des Auftragnehmers entfallen ist. Der Werklohn ist allerdings entsprechend gemindert.

Siehe hierzu auch: ► Kap. „Ersatzvornahme"

Teilabnahme

Das BGB-Werkvertragsrecht kennt die Teilabnahme nicht. Daran hat sich auch durch das neue Bauvertragsrecht zum 01.01.2018 nichts geändert.

Hingegen ist in § 12 Abs. 2 VOB/B ein Anspruch auf eine Teilabnahme für in sich abgeschlossene Teile der Leistung enthalten. In sich abgeschlossene Teile sind dann gegeben, wenn sie es als funktional selbstständig und unabhängig anzusehen sind und sich in ihrer Gebrauchsfähigkeit beurteilen lassen. Da hierfür die Anforderungen sehr hoch sind, ist nur in Ausnahmefällen eine „in sich abgeschlossene Teilleistung" anzunehmen. In der Regel sind Leistungsteile innerhalb eines Gewerks kein in sich abgeschlossener Teil der Leistung.

In sich nicht abgeschlossene Teile der Leistung können abgenommen werden, wenn sie durch die weitere Ausführung der Nachprüfung entzogen werden und so eine spätere Abnahme nicht möglich ist (§ 4 Abs. 10 VOB/B).

Liegen in sich abgeschlossene Teile der Leistung vor, kann eine „echte Abnahme" mit allen rechtlichen Folgen verlangt und durchgeführt werden. In den Fällen des § 4 Abs. 10 VOB/B handelt es sich hingegen nicht um eine „echte Abnahme". Es erfolgt lediglich eine technische Abnahme, die zu Beweissicherungszwecken erfolgt und sich auf die tatsächlichen Gegebenheiten bezieht, die für die spätere Prüfung der Leistung von Bedeutung sind.

Die rechtlichen Wirkungen der Abnahme treten im Falle des § 4 Abs. 10 VOB/B erst ein, wenn entweder nach § 12 Abs. 1 VOB/B das Gesamtwerk oder nach § 12 Abs. 2 VOB/B ein in sich abgeschlossener Teil der Leistung, in welchem die vorzeitig technisch abgenommenen Leistungen liegen, abgenommen wird.

Siehe auch: ► Kap. „Technische Abnahme"

Beispiel

Eine Heizungsanlage ist ein in sich abgeschlossener Teil eines Bauwerks, nicht jedoch ein Stockwerk eines mehrgeschossigen Gebäudes. Die Heizungsanlage ist – im Gegensatz zu einem Stockwerk – funktional selbstständig und unabhängig. Sie lässt sich auch – wenn das Hauptgewerk noch nicht abgeschlossen ist – in ihrer Funktionsfähigkeit prüfen. Gleiches gilt beispielsweise für Klimaanlagen, Aufzüge etc.

Technische Abnahme

Die technische Abnahme ist ebenfalls von der rechtsgeschäftlichen Abnahme zu unterscheiden. Es handelt sich lediglich um eine Prüfung unter technischen Gesichtspunkten zur Vorbereitung der rechtsgeschäftlichen Abnahme. Es handelt sich also lediglich um eine Vorbereitungshandlung. Die Abnahmewirkungen treten durch sie nicht ein. Es ist also immer noch eine eigenständige rechtsgeschäftliche Abnahme erforderlich. Eine technische Abnahme erfolgt meist im Rahmen der Objektüberwachung des Architekten unter Mitwirkung anderer an der Planung und der Überwachung fachlich Beteiligter.

Wichtig für die Praxis: Die Abnahmewirkungen treten erst mit der rechtsgeschäftlichen Abnahme ein. Dies gilt auch für die Fälligkeit der Vergütung sowie für den Lauf der Verjährung der Mängelansprüche. Eine anders lautende – falsche – Ansicht ist leider in der Baupraxis weit verbreitet.

Oftmals finden sich auf Protokollen Vermerke wie „Begehung zur technischen Abnahme“ o. Ä.. Sollte es sich tatsächlich um eine rechtsgeschäftliche Abnahme handeln, so ist darauf zu achten, dass dies auch entsprechend auf dem Protokoll vermerkt ist. Ansonsten ist Streit vorprogrammiert.

Abnahmebefugnis

Grundsätzlich muss der Auftraggeber die Abnahme selbst durchführen. Nur er ist abnahmebefugt, da die Abnahme eine Hauptpflicht des Auftraggebers darstellt. Er kann sich jedoch durch andere Personen vertreten lassen. Der Auftragnehmer muss unbedingt sicherstellen, dass die Person, die die Abnahme auf Auftraggeberseite durchführen will, auch dazu bevollmächtigt ist. Eine Abnahme durch eine nicht bevollmächtigte Person ist unwirksam. Die Abnahmewirkungen treten nicht ein. Dies hat für den Auftragnehmer weitreichende Folgen, da der Werklohn nicht fällig wird und auch die Gefahrtragung und die Beweislast für die Mangelfreiheit beim Auftragnehmer verbleiben.

Relevant in der Praxis sind die Abnahmen durch den Architekten, die Bauleitung, Behörden und öffentliche Auftraggeber.

Abnahme durch Architekten oder Sachverständige

Wie einen Architekten kann der Bauherr auch einen Sachverständigen mit der Abnahme beauftragen. Es ist jedoch darauf zu achten, und dies sollte ggf. schriftlich nachgewiesen werden, dass der Sachverständige auch zur Abnahme bevollmächtigt ist. Idealerweise nimmt der Auftragnehmer eine Kopie der Vollmacht zu seinen Akten – wiederum unter Nachweisgesichtspunkten –, um für einen eventuellen späteren Streit „gerüstet“ zu sein, da die Beweispflicht hier beim Auftragnehmer liegt.

Rechtsprechung

Oftmals werden Bauverträge durch den bestellten Architekten namens und in Vollmacht des Bauherrn abgeschlossen. Sieht dann ein solcher Bauvertrag eine förmliche Abnahme durch den Architekten vor, hat dieser auch Vollmacht, die rechtsgeschäftliche Abnahme zu erklären (*OLG Düsseldorf, Urt. v. 12.11.1996, Az. 21 O 68/96*).

Ist der Architekt mit der Bauüberwachung (Leistungsphase 8) beauftragt, stellt dies nicht zugleich eine Vollmacht zur rechtsgeschäftlichen Abnahme für den Auftraggeber dar. Hierzu bedarf es einer ausdrücklichen gesonderten Vollmacht.

Der Auftragnehmer muss hierauf achten und sich ggf. Nachweise vorlegen lassen.

Entsendet der Bauherr zu einer förmlichen Abnahme seinen Architekten, bringt er damit zum Ausdruck, dass der Architekt bevollmächtigt ist, die Abnahme zu erklären. Die entsprechende Vollmacht kann auch durch schlüssiges Verhalten erteilt werden. Um späteren Streit zu vermeiden sollte sich der Auftragnehmer jedoch auch hier vergewissern, dass eine entsprechende Vollmacht gegeben ist.

Hinweis

Der Bauherr kann sich nicht auf die fehlende Vollmacht und die fehlenden Abnahmewirkungen berufen, wenn der Architekt während der Bauphase die Aufsicht führte und er für den Auftraggeber die gesamte Vertragsabwicklung übernommen hat. Hat sich die Tätigkeit des Architekten nicht nur auf die technische Beurteilung bezogen und stehen auch sonstige Gründe nicht entgegen, ist ggf. von einer Rechtsscheinvollmacht des Architekten auszugehen. Wegen der bestehenden Unsicherheiten sollte sich der Auftragnehmer hierauf jedoch nicht verlassen.

Diese Ausführungen gelten für die Abnahme durch die Bauleitung entsprechend.

Die Abnahme für einen öffentlichen Auftraggeber kann grundsätzlich von einem insoweit zuständigen Beamten des Bauamts durchgeführt werden. Eine Erklärung des Bürgermeisters, seines Stellvertreters oder des Gemeindedirektors ist nicht erforderlich.

In der HOAI ist die technische Abnahme Bestandteil der Grundleistungen, die der Architekt im Rahmen der Leistungsphase 8 zu erbringen hat. In Anlage 10 zu § 34 Abs. 4 HOAI heißt es: *„Organisation der Abnahme der Bauleistungen unter Mitwirkung anderer an der Planung und Objektüberwachung fachlich Beteiligter, Feststellung von Mängeln, Abnahmeempfehlung für den Auftraggeber."*

Weiter heißt es: *„Antrag auf öffentlich-rechtliche Abnahmen und Teilnahme daran."*

Der Architekt hat mithin nach der HOAI die Abnahme – die rechtsgeschäftliche Abnahme – vorzubereiten und dem Bauherrn hierfür eine Empfehlung auszusprechen. Der Architekt soll mit seinem technischen Sachverstand beurteilen, ob die Abnahme erklärt werden soll oder nicht.

Abnahmeverweigerung

VOB/B-Vertrag

Die Abnahmeverweigerung ist in § 12 Abs. 3 VOB/B geregelt. Hiernach ist der Auftraggeber nur wegen wesentlicher Mängel zur Abnahmeverweigerung berechtigt. Dagegen besteht das Abnahmeverweigerungsrecht nicht bei unwesentlichen Mängeln. Eine Regelung, wann ein Mangel wesentlich ist, enthält die VOB/B nicht. Dies hängt letztlich von der Art und dem Umfang des Mangels ab. Ferner sind auch die Auswirkungen auf das Bauvorhaben zu berücksichtigen.

Rechtsprechung

Nach aktueller Rechtsprechung kann beispielsweise das Fehlen von Revisionsplänen einen wesentlichen Mangel darstellen. Bei der Übergabe von Revisionsplänen handelt es sich um eine wesentliche Vertragsleistung die wichtig für die Gebrauchsfähigkeit des Objekts in der Zukunft ist. Ohne das Vorliegen der Revisionsunterlagen ist die Werkleistung nicht voll erbracht *(OLG Hamm, Urt. v. 17.06.2008, Az. 19 O 152/04).*

Kommt man hingegen bei der Abwägung der gegenseitigen Interessen dazu, dass der Mangel dem Auftraggeber zumutbar und eine zügige Abwicklung des Vertragsverhältnisses nicht gefährdet ist, darf eine Abnahme nicht verweigert werden. Der Auftraggeber darf die Abnahme also nicht verweigern, wenn ihm zugemutet werden kann, die Werkleistung als im Wesentlichen vertragsgemäß zu akzeptieren.

Anhaltspunkte für die Beurteilung können sein:

- Art und Ausmaß des Mangels
- Art und Ausmaß der Gebrauchsbeeinträchtigung
- Höhe der Mangelbeseitigungskosten

Jedoch kann auch eine Vielzahl für sich gesehen unwesentlicher Mängel den Auftraggeber berechtigen, die Abnahme zu verweigern. Auch hier kommt es jedoch auf die Beurteilung des Einzelfalls an. Irgendwann macht es die Masse.

Unwesentliche Mängel nach der Rechtsprechung sind beispielsweise:

- ein uneben verlegter Teppichboden
- einzelne lose Dachziegel, sofern die Dichtigkeit des Daches nicht betroffen und ein Herunterfallen ausgeschlossen ist
- ein nicht gängiger Rollladen an einem schlüsselfertigen Haus

Der Auftraggeber muss die Abnahmeverweigerung auch ausdrücklich erklären. Es handelt sich um eine empfangsbedürftige Willenserklärung. Eine bestimmte Form muss nicht eingehalten werden. Sie kann auch mündlich erklärt werden. Es ist dem Auftraggeber allerdings zu raten, die Abnahmeverweigerung schriftlich zu erklären. Ansonsten riskiert der Auftraggeber, eine Abnahmeverweigerung später nicht mehr nachweisen zu können.

Es gilt: Wer schreibt, der bleibt!

Folge einer berechtigt erklärten Abnahmeverweigerung ist, dass die Abnahmewirkungen nicht eintreten. Auch eine fiktive oder konkludente Abnahme scheidet aus.

Rechtsprechung

Auch ein Mangel mit geringfügigen Mangelbeseitigungskosten kann wesentlich sein, wenn von ihm erhebliche Gefahren ausgehen, insbesondere bei Gefahr für Leib und Leben. Das OLG Hamm hat folgenden Fall entschieden: Zwischen einem gepflasterten Weg und einer höher gelegenen Fläche mit einem Höhenunterschied von 79 cm fehlte eine Absturzsicherung. Es müssen jedoch auch diejenigen Anlagen hergestellt werden, die für eine gefahrlose Benutzung erforderlich sind. Hier hat das Gericht einen wesentlichen Mangel angenommen, da eine Absturzsicherung fehlt – Absturzgefahr! *(OLG Hamm, Urt. v. 26.11.2003, Az. 12 O 112/02)*

BGB-Vertrag

Auch beim BGB-Vertrag ist der Auftraggeber nur beim Vorliegen wesentlicher Mängel zur Abnahmeverweigerung berechtigt. Es gelten die vorstehenden Ausführungen entsprechend.

Abnahmewirkungen

Die rechtsgeschäftliche Abnahme hat die im Folgenden einzeln aufgezählten Wirkungen für Auftraggeber und Auftragnehmer:

- Ende des Erfüllungsstadiums und Beginn des Gewährleistungsstadiums
- Übergang der Vergütungs- und Leistungsgefahr auf den Auftraggeber
- Übergang der Beweislast für das Vorliegen von Mängeln auf den Auftraggeber
- Beginn der Verjährungsfrist für Mängelgewährleistungsansprüche
- Beginn des Abrechnungsstadiums
- Verlust der nicht vorbehaltenen Vertragsstrafenansprüche
- Verlust von Gewährleistungsansprüchen für erkennbare Mängel, die bei der Abnahme nicht vorbehalten wurden

Ende des Erfüllungsstadiums

Vor der Abnahme ist der Auftragnehmer vorleistungspflichtig. Er muss grundsätzlich die Leistung erbringen, bevor er eine entsprechende Gegenleistung – abgesehen von Abschlagszahlungen – erhält. Bei der Abnahme endet die Vorleistungspflicht. Ist die Abnahme erklärt, kann der Auftraggeber eine Zahlung grundsätzlich nicht davon abhängig machen, dass der Auftragnehmer zuvor weitere Leistungen erbringt. Hinzu kommt, dass der Auftraggeber nach Abnahme nicht den gesamten Werklohn zurückbehalten kann, sondern lediglich die Kosten in Höhe der voraussichtlichen Mängelbeseitigungskosten zuzüglich Druckzuschlag einbehalten werden können. Im Übrigen wird die Schlussrechnung fällig.

Übergang der Vergütungs- und Leistungsgefahr

Vor der Abnahme liegt die Vergütungs- und Leistungsgefahr beim Auftragnehmer. Das heißt er trägt das Risiko der Zerstörung oder Verschlechterungen der Werkleistung. Er trägt die Gefahr, bei Zerstörung oder Verschlechterung des Werks keine Vergütung zu erhalten. Wird vor der Abnahme also das Werk beschädigt oder zerstört, muss der Auftragnehmer das Werk instand setzen oder ggf. auch neu erstellen – ohne zusätzliche Vergütung. Es liegt dann an ihm, beim Schädiger Regress zu nehmen.

Mit der Abnahme geht die Vergütungs- und Leistungsgefahr auf den Auftraggeber über. Er muss den Auftragnehmer bezahlen, und zwar auch dann, wenn nach der Abnahme das Werk zerstört oder verschlechtert wird.

Sonderregeln der VOB/B

In § 7 VOB/B findet sich hierzu eine Sonderregelung. Ausnahmsweise geht die Vergütungsgefahr schon vor Abnahme auf den Auftraggeber über, wenn die vom Auftragnehmer ausgeführten Leistungen aufgrund höherer Gewalt, Krieg, Aufruhr oder anderer objektiv unabwendbarer Ereignisse zerstört werden – also Ereignisse, auf die weder der Auftraggeber noch der Auftragnehmer Einfluss haben. In diesem Fall soll das Risiko nicht beim Auftragnehmer liegen.

Übergang der Beweislast

Vor der Abnahme muss grundsätzlich der Auftragnehmer beweisen, dass das Werk vollständig erbracht und mangelfrei ist. Nach der Abnahme kehrt sich diese Beweislast um. Dann muss der Auftraggeber nachweisen, dass die von ihm gerügten Mängel tatsächlich vorhanden sind. Im Rahmen eines Bauprozesses hat dies zur Folge, dass vor der Abnahme der Auftragnehmer die Beweislast trägt, mit der Folge, dass er den Vorschuss für den Sachverständigen einbezahlen muss. Nach der Abnahme liegt die Beweislast beim Auftraggeber.

Beginn der Mängelgewährleistungsfrist

Mit der Abnahme beginnt die Gewährleistungsfrist zu laufen. Unter beweistechnischen Gesichtspunkten ist dem Auftragnehmer dringend anzuraten, eine förmliche Abnahme durchzuführen, da dann auf dem Abnahmeprotokoll Beginn und das exakte Ende der Mängelgewährleistungsfrist vermerkt werden können. Beispielsweise bei einer konkludenten Abnahme kann der Abnahmezeitpunkt oftmals nicht exakt bestimmt werden.

Verweigert der Auftraggeber die Abnahme zu Unrecht und hat der Auftragnehmer dem Auftraggeber eine Frist zur Abnahme gesetzt, treten die Abnahmewirkungen mit Ablauf dieser Frist ein – vorausgesetzt es liegt eine abnahmereife Werkleistung vor. Die Gewährleistungsfrist beginnt ab diesem Zeitpunkt zu laufen.

Praxistipp

Beruft sich der Auftragnehmer im Bauprozess auf eine zu Unrecht verweigerte Abnahme, so ist er hierfür beweispflichtig. Das bedeutet, dass er in diesem Fall – um das Vorliegen einer abnahmereifen Leistung zu beweisen – dennoch den Sachverständigenvorschuss einbezahlen muss.

Beginn des Abrechnungsstadiums

Mit der Abnahme tritt die Schlussrechnungsreife ein. Der Auftragnehmer ist berechtigt, seine Schlussrechnung zu stellen. Die Abnahme ist Fälligkeitsvoraussetzung für die Schlussrechnung. Weitere Voraussetzung für die Fälligkeit ist die Prüfbarkeit der Schlussrechnung. Diese muss dem Auftraggeber zugegangen und die Prüffrist nach § 16 Abs. 3 VOB/B abgelaufen sein (gilt für den VOB/B-Vertrag).

Verlust von Vertragsstrafenansprüchen

Ist im Bauvertrag eine Vertragsstrafe wirksam vereinbart, verliert der Auftraggeber den Anspruch auf Bezahlung der Vertragsstrafe – sofern die übrigen Voraussetzungen vorliegen –, wenn er sich die Geltendmachung der Vertragsstrafe nicht bei der Abnahme vorbehalten hat.

Verlust von Gewährleistungsansprüchen

Die Abnahme hat ferner zur Folge, dass sich der Auftraggeber nicht auf Mängel berufen kann, die bei der Abnahme bekannt waren und er sich diese nicht vorbehalten hat. Die Beweislast für die Kenntnis beim Auftraggeber trägt der Auftragnehmer. Dieser Beweis ist in der Praxis problematisch zu führen.

Bei der Erklärung des Vorbehalts handelt es sich um eine empfangsbedürftige Willenserklärung. Diese muss dem Auftragnehmer auch zugegangen sein. Hierfür ist der Auftraggeber beweispflichtig. Unter Nachweisgesichtspunkten sollte der Auftraggeber den Mangelvorbehalt schriftlich erklären. Es gilt – wie so oft: Wer schreibt, der bleibt!

Beachte: Der Auftraggeber verliert zwar in diesem Falle das Recht auf Nacherfüllung und Minderung. Das Recht auf Schadensersatz ist jedoch nicht ausgeschlossen. Dies gilt dann, wenn der Auftragnehmer die Mängel zumindest fahrlässig und damit schuldhaft herbeigeführt hat.

Für den Auftragnehmer ist der Schadensersatzanspruch zumeist ungünstiger als die eigentliche Mangelbeseitigung. Hat der Auftragnehmer den Mangel allerdings nicht selbst verschuldet, entfällt auch dieser Schadensersatzanspruch.

Beispiel

Der Auftragnehmer baut eine Tür ein, die zunächst keine Schäden erkennen lässt. Noch während der Bauausführung, aber nach dem Einbau zeigt sich, dass die Beschichtung der Türen fehlerhaft ist. Der Auftraggeber hat hiervon bei der Abnahme Kenntnis, behält sich den Mangel bei der Abnahme jedoch nicht vor. Hier steht dem Auftraggeber bei unterlassenem Vorbehalt kein Schadensersatzanspruch zu, da der Auftragnehmer die Mängel beim Einbau nicht erkennen konnte. Er handelte zumindest nicht fahrlässig und damit nicht schuldhaft.

Anfechtung der Abnahme

Wegen arglistiger Täuschung oder Irrtum kann die Abnahme grundsätzlich nach herrschender Meinung nicht angefochten werden, jedenfalls soweit es um Mängel und die damit einhergehenden Abnahmewirkungen geht. Zwar handelt es sich bei der Abnahmeerklärung auch um eine Willenserklärung; hier gehen die werkvertraglichen Regelungen sowie die Regelungen der VOB/B, insbesondere in Bezug auf Erfüllungs- und Gewährleistungsregeln aber vor. Anders ist dies bei Sachverhalten zu sehen, die außerhalb der Erfüllung oder der Mängelhaftung liegen. Auch eine Anfechtung wegen Irrtums über die Abnahmereife kann nicht durchgehen, wenn der Auftraggeber die Abnahme erklärt, obgleich eine abnahmereife Leistung nicht vorliegt.

Rechtsprechung

Lediglich in Einzelfällen ist eine Anfechtung der rechtsgeschäftlichen Abnahme möglich. So hat der Bundesgerichtshof in seinem Urteil vom 04.11.1982, Az. VII ZR 11/82 entschieden, dass eine Abnahme, die unter einer widerrechtlichen Drohung erklärt wurde, grundsätzlich angefochten werden kann. Im zitierten Fall hat der BGH die Anfechtung allerdings im Endeffekt doch nicht durchgreifen lassen. Folgender Fall lag zugrunde: Der Bauherr hat ein Abnahmeprotokoll unterzeichnet, in dem das Gebäude als „bezugsfertig“ bezeichnet wurde und Mängel nicht enthalten waren.

Zuvor hatte der Auftragnehmer dem Auftraggeber den Einzug verweigert, weil die Abnahme nicht erklärt wurde. Der Bundesgerichtshof hat die Anfechtung für unwirksam erklärt, da die vom Geschäftsführer der Beklagten mit der Drohung bezweckte Abnahme des Hauses durch den Kläger keinen Verstoß gegen die Rechtsordnung darstelle. Weder sei das dabei verwendete Nötigungsmittel – die Verweigerung des Einzugs in das Haus – rechtswidrig, noch sei das Nötigungsmittel im Verhältnis zum erstrebten Zweck unangemessen gewesen.

Gewährleistung und Verjährung

Gewährleistung

Ist das Werk des Auftragnehmers nicht mangelfrei, so stehen dem Auftraggeber die sog. Mängelgewährleistungsrechte zur Seite. Der Auftragnehmer hat die Pflicht, dem Auftraggeber das Werk frei von Sach- und Rechtsmängeln zu verschaffen. Liegen Mängel vor, hat der Auftragnehmer grundsätzlich auch das Recht, diese zu beseitigen. Ihm steht das Recht der zweiten Andienung zu. Der Auftraggeber muss dem Auftragnehmer daher zunächst die Möglichkeit geben, Mängel der Werkleistung zu beseitigen. Er muss ihm hierfür eine angemessene Frist setzen. Erst nach Ablauf dieser Frist kann der Auftraggeber die Mängel selbst beseitigen oder aber die weiteren Gewährleistungsrechte geltend machen. Gleiches gilt, wenn der Auftragnehmer cie Mangelbeseitigung verweigert. Im Falle der Verweigerung muss die Frist nicht abgewartet werden.

VOB/B-Vertrag

Das Gewährleistungsstadium tritt erst nach der Abnahme ein (siehe ► Kap. „Abnahmewirkungen“). Die Abnahme ist mithin zwingende Voraussetzung. Die Gewährleistungsrechte sind in § 13 VOB/B geregelt. Dies ist eine abschließende Regelung der Mängelgewährleistungsrechte beim VOB-Vertrag. Der Auftraggeber hat die folgenden Gewährleistungsrechte:

- Mangelbeseitigung (Nacherfüllung)
- Ersatzvornahme
- Vorschusszahlung für Ersatzvornahmekosten
- Minderungen
- Schadensersatz

Der Auftragnehmer hat dem Auftraggeber das Werk grundsätzlich frei von Mängeln zu verschaffen. Die Mangelfreiheit muss zum Zeitpunkt der Abnahme vorliegen.

Mangelbeseitigung (Nacherfüllung)

Weisen die Leistungen des Auftragnehmers Mängel auf, gibt § 13 Abs. 5 Nr. 1 Satz 1 VOB/B dem Auftraggeber das Recht, vom Auftragnehmer die Beseitigung der Mängel, also die Nacherfüllung, zu verlangen. Der Auftragnehmer muss sämtliche Mängel auf seine Kosten beseitigen, die während der Mängelgewährleistungsfrist auftreten und auf eine vertragswidrige Leistung zurückzuführen sind. Der Auftraggeber muss die Mangelbeseitigung vor Ablauf der Frist schriftlich verlangen. Nicht nur der Auftraggeber hat das Recht, die Mangelbeseitigung zu verlangen. Der Auftragnehmer hat auch das Recht, die Mangelbeseitigung durchzuführen. Er hat das Recht zur zweiten Andienung.

Aus diesem Grund muss der Auftraggeber dem Auftragnehmer eine Frist zur Mangelbeseitigung (Nacherfüllung) setzen. Erst nach erfolglosem Ablauf dieser Frist kann er die Ersatzvornahme durchführen. Erst nach Fristablauf steht dem Auftraggeber das Recht zu, die Mängel auf Kosten des Auftragnehmers zu beseitigen. Er kann keine Ersatzvornahmekosten erstattet verlangen, wenn er diese Fristsetzung unterlässt. Dies ist dann anders, wenn der Auftragnehmer zu verstehen gegeben hat, dass er die Ersatzvornahme nicht durchführen werde. Eine Fristsetzung wäre in diesem Fall Förmelei.

Es bleibt grundsätzlich dem Auftragnehmer überlassen, wie er die Nacherfüllung durchführt. Sie muss jedoch erfolgreich sein. Eine bestimmte Art der Nacherfüllung kann der Auftraggeber grundsätzlich nicht verlangen.

Praxistipp

Für den Auftragnehmer ist es zumeist ungünstig, wenn der Auftraggeber die Ersatzvornahme durchführt. Die Ersatzvornahme ist zumeist deutlich teurer. Der Auftragnehmer sollte daher unbedingt darauf achten, mit der Nacherfüllung nicht in Verzug zu geraten.

Besonders kritisch ist dies bei Leistungsketten. Ist der Auftragnehmer nämlich als Nachunternehmer für den Hauptunternehmer tätig und gerät er diesem gegenüber mit der Nacherfüllung in Verzug, so kann der Hauptunternehmer gegenüber dem

Nachunternehmer Ansprüche geltend machen, die er aufgrund der verspäteten Nacherfüllung des Nachunternehmers nicht mehr gegenüber dem Bauherrn, also dem Auftraggeber des Unternehmers, durchsetzen kann.

Nach Fristablauf kann der Auftraggeber die Mangelbeseitigung auf Kosten des Auftragnehmers durch eine Drittfirma durchführen lassen. Dies nennt man „Ersatzvornahme".

Siehe hierzu auch: ► Kap. „Ersatzvornahme"

Praxistipp

Grundsätzlich bestimmt der Auftragnehmer, wie er die Nacherfüllung durchführt. Der Auftraggeber kann die Nacherfüllung nicht zurückweisen, weil der Auftragnehmer nicht nach einem vom Auftraggeber entwickelten Sanierungskonzept vorgegangen ist. Dies ist nur dann anders, wenn die Art der Nacherfüllung, die der Auftragnehmer gewählt hat, sichtlich nicht geeignet ist, die Mängel zu beseitigen. In diesem Fall kann der Auftraggeber die Mangelbeseitigung ausnahmsweise zurückweisen. Hat der Auftraggeber die Mangelbeseitigung zu Unrecht zurückgewiesen und geht er dann in die Ersatzvornahme, so kann er nicht die Erstattung der Ersatzvornahmekosten verlangen. Der Auftragnehmer muss in diesem Fall nicht bezahlen *(BGH, Urt. v. 27.11.2003, Az. VII ZR A 93/01)*.

Minderung

Die Minderung kommt im VOB-Vertrag in folgenden Fällen in Betracht:

- Die Mangelbeseitigung ist dem Auftraggeber nicht zumutbar.
- Die Mangelbeseitigung ist nicht möglich.
- Die Mangelbeseitigung würde einen unverhältnismäßig hohen Aufwand für den Auftragnehmer bedeuten.

Allein wegen zu hoher Kosten sollte sich der Auftragnehmer nicht auf Unzumutbarkeit berufen. An die Unzumutbarkeit hat der BGH nämlich hohe Anforderungen gestellt. Der Auftraggeber hat ein hohes Interesse daran, vom Auftragnehmer eine mangelfreie Bauleistung zu erhalten. Es ist auch ohne Bedeutung, wie das Verhältnis zwischen Mangelbeseitigungsaufwand und Vertragspreisen ausgestaltet ist. Das Risiko, die Bauleistungen vertragsgerecht zu erfüllen, liegt allein beim Auftragnehmer. Es ist daher keine Rücksicht auf den Mangelbeseitigungsaufwand zu nehmen. Hat der Auftraggeber jedoch objektiv ein geringes Interesse an der Mangelbeseitigung und sind die Kosten für die Mangelbeseitigung äußerst hoch, kann man von Unverhältnismäßigkeit der Mangelbeseitigung ausgehen. In diesem Fall kann der Auftragnehmer die Mangelbeseitigung verweigern.

Beispiel

Eine Auftragnehmerin war beauftragt, drei Stahlhallen in einem Gewerbegebiet zu errichten. Dem Vertrag lag die VOB zugrunde. Die Auftraggeberin verweigerte die Abnahme wegen wesentlicher Mängel. Daraufhin leitete die Auftragnehmerin ein selbstständiges Beweisverfahren ein. Dieses selbstständige Beweisverfahren ging zuungunsten der Auftragnehmerin aus. Daraufhin brachte die Auftragnehmerin in den Hallendächern eins und zwei neue Schrauben ein. Sie verlangt nunmehr von der Auftraggeberin Restwerklohn in Höhe von 93.000 Euro, wobei sie sich wegen weiterer festgestellter Mängel einen Minderungsbetrag abziehen ließ. Die Auftragnehmerin behauptete, sie habe die Mängel ordnungsgemäß nachgebessert und die Auftraggeberin sei wegen der noch vorliegenden geringfügigen Mängel nicht zur Abnahmeverweigerung berechtigt. Die Auftraggeberin hingegen behauptete, dass keine ordnungsgemäße Mangelbeseitigung erfolgt sei und dass es nach wie vor Mängel im Giebelbereich gebe. Aus diesem Grund seien die Leistungen der Auftragnehmerin nicht abnahmereif. Der Werklohn sei mithin nicht fällig.

Nach Ansicht des Gerichts hat die Auftraggeberin jedoch die Abnahme zu Unrecht verweigert. Gemäß § 12 Nr. 3 VOB/B (Anmerkung VOB/B 2009 § 12 Abs. 3) ist eine Abnahmeverweigerung nur bei wesentlichen Mängeln berechtigt. Die Mängel im Giebelbereich musste die Auftragnehmerin jedoch nicht beseitigen. Hier nahm das Gericht gem. § 13 Abs. 6 VOB/B an, dass der Aufwand unverhältnismäßig hoch sei. Dieser lag bei etwa 15.000 Euro. Der zu erzielende Erfolg steht hierzu in keinem vernünftigen Verhältnis *(OLG Celle, Urt. v. 19.05.2005, Az. 6 U 23/04)*.

Schadensersatz

Bei schuldhaft verursachten Mängeln haftet der Auftragnehmer nach § 13 Abs. 7 Nr. 1 VOB/B für sämtliche Schäden bei Verletzung oder Tötung von Personen. Die Schwere des Verschuldens ist unerheblich. Nach § 13 Abs. 7 Nr. 2 VOB/B hat er zudem für alle sonstigen Schäden einzustehen, die er vorsätzlich oder grob fahrlässig herbeigeführt hat.

Liegt ein wesentlicher Mangel vor, der die Gebrauchsfähigkeit erheblich beeinträchtigt und der auf ein Verschulden des Auftragnehmers zurückzuführen ist, muss der Auftragnehmer dem Auftraggeber den Schaden an der baulichen Anlage ersetzen, zu deren Herstellung, Instandhaltung oder Änderung die Leistung dient. Weitere Schäden sind nur zu ersetzen,

- wenn der Mangel auf einem Verstoß gegen die anerkannten Regeln der Technik beruht,
- wenn der Mangel in dem Fehler einer vertraglich vereinbarten Beschaffenheit besteht oder
- soweit der Auftragnehmer den Schaden durch Versicherung seiner gesetzlichen Haftpflicht gedeckt hat oder eine solche zu tarifmäßigen, nicht auf außergewöhnliche Verhältnisse abgestellten Prämien und Prämienzuschlägen eines im Inland zum Geschäftsbetrieb zugelassenen Versicherers hätte decken können.

In begründeten Sonderfällen kann die Haftung vertraglich eingeschränkt oder erweitert werden.

Hinweis

§ 13 Abs. 4 Nr. 1 und 2 unterscheiden zwischen Arbeiten an einem Bauwerk, bei denen die Verjährungsfrist vier Jahre beträgt, und den Arbeiten an anderen Gewerken, deren Erfolg in der Herstellung, Wartung oder Veränderung einer Sache besteht, und für die vom Feuer berührten Teile von Steuerungsanlagen, bei denen die Verjährungsfrist jeweils zwei Jahre ab Abnahme beträgt. Wiederum abweichend hiervon beträgt die Verjährungsfrist für Mängel an feuerberührenden und abgashemmenden Teilen industrieller Feuerungsanlagen 1 Jahr.

In § 13 Abs. 4 Nr. 2 VOB/B wird klargestellt, dass die Verjährung der Mängelgewährleistungsansprüche abweichend von § 13 Abs. 4 Nr. 1 VOB/B zwei Jahre beträgt, wenn es sich um Teile maschineller und elektronischer Anlagen handelt, bei denen die Wartung Einfluss auf die Sicherheit und Funktionsfähigkeit hat, und nichts Gegenteiliges vereinbart ist. Dies ist dann der Fall, wenn sich der Auftraggeber entschieden hat, dem Auftragnehmer die Wartung nicht für die Dauer der Mängelgewährleistungsfrist zu übertragen. Dies gilt auch dann, wenn für andere Leistungen eine andere Verjährungsfrist vereinbart wurde.

Mangelbeseitigung vor Abnahme

Mangelbeseitigung stellt die Erstellung eines vertragsgemäßen Zustands dar. Sie stellt die Erfüllung des ursprünglich mit dem Werkvertrag übernommenen Herstellungsanspruchs dar. Im Rahmen der Gewährleistung stellt sie sich als sekundäre Herstellungspflicht dar. Die Abnahme stellt das Ende des Erfüllungsstadiums und den Beginn des Gewährleistungsstadiums dar. Dies hat folgende Konsequenzen:

Bis zur Abnahme besteht ein Erfüllungsanspruch. Der Besteller muss nach allgemeinem Leistungsverweigerungsrecht vorgehen. Er muss dem Unternehmer eine Frist setzen, und wenn diese abgelaufen ist, kann er selbst tätig werden bzw. Schadensersatz verlangen. Er muss die Bauleistungen nicht abnehmen, sondern kann nach allgemeinem Leistungsverweigerungsrecht vorgehen.

Der Unternehmer muss nach Fristablauf damit rechnen, dass der Auftraggeber von den ihm zustehenden Möglichkeiten – dem Bestehen auf Erfüllung oder Beendigung der Erfüllungsphase – Gebrauch macht.

BGB-Vertrag

Im BGB sind – auch nach dem neuen Bauvertragsrecht – die Gewährleistungsrechte in § 634 BGB geregelt. Auch hier hat der Auftraggeber das Recht auf

- Nacherfüllung,
- Ersatz der Kosten, die dadurch entstehen, dass er den Mangel selbst beseitigt,
- Rücktritt vom Vertrag oder Minderung der Vergütung oder
- Schadensersatz.

Nacherfüllung

Weisen die Leistungen des Auftragnehmers Mängel auf, gibt § 635 BGB dem Auftraggeber das Recht, vom Auftragnehmer die Beseitigung der Mängel, also die Nacherfüllung, zu verlangen. Der Auftragnehmer muss sämtliche Mängel auf seine Kosten beseitigen, die während der Mängelgewährleistungsfrist auftreten und die auf eine vertragswidrige Leistung zurückzuführen sind. Hierbei steht dem Unternehmer das Wahlrecht zu, ob er den Mangel beseitigt oder das Werk neu herstellt. Der Auftraggeber muss die Mangelbeseitigung vor Ablauf der Mangelgewährleistungsfrist verlangen, wobei – anders als beim VOB/B-Vertrag – eine schriftliche Mangelrüge nicht erforderlich ist. Dem Auftraggeber ist jedoch – unter Nachweisgesichtspunkten – anzuraten, auch beim BGB-Vertrag eine schriftliche Mangelrüge mit Aufforderung zur Mangelbeseitigung abzusetzen. Nicht nur der Auftraggeber hat das Recht, die Mangelbeseitigung zu verlangen. Der Auftragnehmer hat auch das Recht, die Mangelbeseitigung durchzuführen. Er hat das Recht zur zweiten Andienung.

Aus diesem Grund muss der Auftraggeber dem Auftragnehmer eine Frist zur Mangelbeseitigung (Nacherfüllung) setzen. Erst nach erfolglosem Ablauf dieser Frist kann er die Ersatzvornahme durchführen. Erst nach Fristablauf steht dem Auftraggeber das Recht zu, die Mängel auf Kosten des Auftragnehmers zu beseitigen. Er kann keine Ersatzvornahmekosten erstattet verlangen, wenn er diese Fristsetzung unterlässt. Dies ist dann anders, wenn der Auftragnehmer zu verstehen gegeben hat, dass er die Ersatzvornahme nicht durchführen werde. Eine Fristsetzung wäre in diesem Fall Förmelei.

Es bleibt grundsätzlich dem Auftragnehmer überlassen, wie er die Nacherfüllung durchführt. Sie muss jedoch erfolgreich sein. Eine bestimmte Art der Nacherfüllung kann der Auftraggeber grundsätzlich nicht verlangen. Das Wahlrecht über die Art der Nacherfüllung liegt beim Auftragnehmer!

Ersatzvornahme

Der Auftraggeber ist zur Ersatzvornahme berechtigt, wenn der Auftragnehmer trotz gesetzter angemessener Frist dem Mangelbeseitigungsverlangen des Auftraggebers nicht nachkommt. Die Aufforderung muss eine Aufforderung konkret zur Mangelbeseitigung beinhalten. Eine Aufforderung, die Bereitschaft zur Mangelbeseitigung zu erklären, genügt nicht. Ebenso genügt es nicht, aufzufordern, Vorschläge zur Mangelbeseitigung zu unterbreiten.

Sind die Mängel umfangreich und ist die benötigte Zeit zur Mangelbeseitigung schwer abschätzbar, kann es im Einzelfall genügen, eine Frist zu setzen, in der mit der Nachbesserung zu beginnen ist. Die Frist ist angemessen, wenn sie dem Auftragnehmer unter Berücksichtigung von Art, Umfang und Schwierigkeit der Mangelbeseitigung eine zügige Durchführung der Mangelbeseitigung erlaubt. Dem Auftragnehmer sind hierbei erhöhte Anstrengungen zur Mangelbeseitigung zuzumuten *(OLG Düsseldorf, BauR 2007, Haus 254)*.

Sollte zur Mangelbeseitigung eine Mitwirkungshandlung des Auftraggebers erforderlich sein, muss der Auftraggeber diese dem Auftragnehmer während des Laufs der Frist anbieten.

Nach Ablauf der angemessenen Frist erlischt das Nacherfüllungsrecht des Auftragnehmers. Der Auftraggeber kann dann die Mängel durch eine andere Firma beseitigen lassen und vom Auftragnehmer Kostenerstattung verlangen oder aber – vor der Mangelbeseitigung – Kostenvorschuss. Dieser umfasst auch die Umsatzsteuer, wenn der Auftraggeber nicht zum Vorsteuerabzug berechtigt ist – anders als beim Schadensersatzanspruch.

Hat der Auftraggeber einen Kostenvorschuss erhalten, muss er die Mangelbeseitigung in angemessener Frist durchführen und gegenüber dem Auftragnehmer abrechnen. Der Auftragnehmer hat bei niedrigeren tatsächlichen Mangelbeseitigungskosten einen Rückzahlungsanspruch. Der Auftraggeber hat bei höheren Mangelbeseitigungskosten einen Nachzahlungsanspruch. Als angemessen wird eine Frist von einem halben Jahr, ausnahmsweise auch ein ganzes Jahr, angesehen *(OLG Oldenburg, BauR 2008, 1.641)* – je nach Umfang und Schwierigkeit der Mängel.

Selbst bei einem Rückzahlungsanspruch des Auftragnehmers kann sich der Auftraggeber noch „retten". Gegen den Rückzahlungsanspruch kann er mit einem Schadensersatzanspruch wegen der Mängel aufrechnen, soweit die Voraussetzungen des Schadensersatzanspruchs gegeben sind. Der Rückzahlungsanspruch des Auftragnehmers unterliegt der Regelverjährung von drei Jahren.

Der BGH hat in einem Urteil vom 25.09.2008 *(BGH BauR 2008, 2041)* entschieden, dass ein Urteil, welches einem Auftraggeber einen Vorschuss auf Mangelbeseitigungskosten zugesprochen hat, regelmäßig die Feststellung enthält, dass der Auftragnehmer zur Tragung der gesamten Mängelbeseitigungskosten verpflichtet ist. Es bedarf keiner besonderen Feststellungsklage.

Der Kostenerstattungsanspruch umfasst die tatsächlichen Mangelbeseitigungskosten – auch dann, wenn die Mangelbeseitigung hätte preiswerter ausgeführt werden können.

Die Fristsetzung zur Mangelbeseitigung ist gem. § 637 Abs. 2 BGB (durch das neue Bauvertragsrecht vom 01.01.2018 unangetastet geblieben), der auch für VOB-Verträge gilt, entbehrlich, wenn

- eine ernsthafte und endgültige Verweigerung des Auftragnehmers (§ 323 Abs. 3 Nr. 1 BGB) vorliegt.
- der Auftragnehmer die Leistung zu einem im Vertrag bestimmten Termin oder innerhalb einer vertraglichen Frist nicht bewirkt hat und der Auftraggeber im Vertrag den Fortbestand seines Leistungsinteresses an die Rechtzeitigkeit der Leistungserbringung gebunden hat (§ 323 Abs. 2 Nr. 2 BGB).
- besondere Umstände vorliegen, die unter Abwägung der beiderseitigen Interessen den sofortigen Rücktritt (Selbstvornahme) rechtfertigen (§ 323 Abs. 2 Nr. 3 BGB).
- die Nacherfüllung fehlgeschlagen oder für den Auftraggeber unzumutbar ist (§ 637 Abs. 2 Satz 2 BGB).

Ob eine ernsthafte und endgültige Erfüllungsverweigerung vorliegt, kann im Einzelfall zweifelhaft sein. Die Erfüllungsverweigerung muss jedenfalls vor der Selbstvornahme erklärt werden. Wird in einem anwaltlichen Schriftsatz ein Mangel bestritten, ist eine nochmalige Fristsetzung entbehrlich *(BGH BauR 2003, 386)*. Gleiches gilt, wenn der Auftragnehmer wegen der Mängel die Einrede der Verjährung erhebt. Eine Erfüllungsverweigerung kann auch darin gesehen werden, dass der Auftragnehmer in Kenntnis der Mängelrüge unbedingt auf Werklohn klagt. Nicht ausreichend ist hingegen, wenn der Auftragnehmer im Prozess die Mängel bestreitet.

Kann der Auftragnehmer die Frist – die angemessene Frist – nicht einhalten, kann nach dem Rechtsgedanken des § 323 Abs. 4 BGB auch bereits vor Fristablauf die Selbstvornahme eingeleitet werden *(BGH BauR 2002, 1847)*.

Auf Ausnahmefälle, in denen eine Fristsetzung entbehrlich ist, sollte sich der Auftraggeber allerdings nicht verlassen. Der Auftraggeber sollte lieber die Förmlichkeiten einhalten, also schriftlich Mängel rügen und eine Frist zur Mangelbeseitigung setzen. Er läuft sonst Gefahr, sollte eine Fristsetzung nicht entbehrlich sein, sein Recht auf Kostenerstattung zu verlieren.

Beginnt der Unternehmer fristgerecht mit der Nacherfüllung, stellt die Arbeiten aber nicht fertig oder verzögert die Mangelbeseitigung, muss der Auftraggeber dem Unternehmer nach Auffassung des OLG Celle keine erneute angemessene Frist setzen *(BauR 1983, 260, 261)*.

Hinweis

Verlangt ein Auftragnehmer nach Abnahme eine Bürgschaft nach § 650f BGB (2018), erhält diese allerdings nicht, kann er – ohne in Verzug zu geraten – die Mangelbeseitigung verweigern. Der Auftraggeber hat dann keinen Anspruch auf Erstattung der Ersatzvornahmekosten.

Vor Abnahme ist eine Ersatzvornahme dann möglich, wenn dem Auftragnehmer der Auftrag zuvor entzogen wurde (§ 4 Abs. 7 Satz 3 i. V. m. § 8 Abs. 3 VOB/B).

Rücktritt vom Vertrag

Bei einer nicht vertragsgemäßen Leistung kann der Bauherr vom Vertrag zurücktreten. Voraussetzung ist „nur“ eine angemessene Frist zur Leistung oder Nacherfüllung sowie der erfolglose Ablauf dieser Frist oder die Weigerung des Auftragnehmers, den Mangel zu beseitigen.

Der Rücktritt ist ausgeschlossen, wenn bei erbrachter Leistung die Pflichtverletzung unerheblich ist. Beim Werkvertrag wird hier ein Verstoß gegen bloße Verhaltenspflichten nicht genügen. Es muss vielmehr ein Mangel vorliegen, der auch nicht unerheblich sein darf. Es ist, wie auch beim Schadensersatz, eine Interessensabwägung erforderlich, bei der die Bedeutung des Mangels und der Mangelbeseitigungsaufwand zu berücksichtigen sind. Es kommt stets auf den Einzelfall an.

Ferner kann der Auftraggeber nicht zurücktreten, wenn er für den Umstand, der ihn zum Rücktritt berechtigen würde, weit überwiegend verantwortlich ist.

Durch den Rücktritt entsteht ein Rückgewähr- und Abwicklungsverhältnis. Werklohnansprüche entfallen ebenso wie der Erfüllungsanspruch. Geleistete Zahlungen sind zurückzugewähren. Erbrachte Bauleistungen sind, wenn technisch möglich, abzubauen und zu entfernen. Ist eine Rückgewähr der erbrachten Bauleistung nicht möglich, so ist Wertersatz zu leisten, der sich an der Vergütung orientiert. Bei mangelhafter Leistung ist ein entsprechender Mangelbeseitigungsaufwand zu berücksichtigen.

Minderung

Anstatt zurückzutreten, kann der Auftraggeber auch den Werklohn mindern. Die Minderung führt zur Herabsetzung der Vergütung des Unternehmers. Voraussetzung hierfür ist auch, dass der Auftraggeber dem Auftragnehmer erfolglos eine Frist zur Nacherfüllung gesetzt hat. Die Voraussetzungen der Minderung sind mit den Voraussetzungen des Rücktritts identisch.

Schadensersatz

Der Auftraggeber kann wegen eines mangelhaften Werks auch beim BGB-Vertrag Schadensersatz wegen mangelhafter Werkleistung verlangen – sofern die gesetzlichen Voraussetzungen hierfür gegeben sind. Der Auftraggeber muss dem Auftragnehmer hier zunächst eine angemessene Frist zur vertragsgemäßen Leistung setzen. Erst nach Ablauf dieser Frist – oder nach ernsthafter endgültiger Weigerung des Auftragnehmers – hat der Auftraggeber das Recht, Schadensersatz zu verlangen.

Auch wenn der Auftragnehmer seiner Pflicht zur Mangelbeseitigung nachkommt, bleibt ein aus der mangelhaften Leistung resultierender Schaden dennoch ersatzpflichtig.

Behält der Auftraggeber das mangelhafte Werk – der Auftragnehmer hat den Mangel nicht fristgerecht beseitigt –, so kann er den „kleinen Schadensersatz" geltend machen. Dieser liegt im technischen und merkantilen Minderwert. Fiktive Mangelbeseitigungskosten können nach der neuesten Rechtsprechung des Bundesgerichthofs nicht mehr geltend gemacht werden. Es handelt sich um die Schäden, die in der Werkleistung selbst liegen und die bei ordnungsgemäßer Nacherfüllung dem Auftraggeber nicht entstanden wären. Es handelt sich hierbei auch um Folgeschäden (z. B. Sachverständigenkosten, Nutzungsausfall o. Ä.).

Es besteht jedoch für den Auftraggeber auch das Recht, den „großen Schadensersatz", also Schadensersatz statt der Leistung, geltend zu machen. Bei diesem Schadensersatz wird das Gesamtwerk zurückgewiesen und Ersatz des durch die Pflichtverletzung entstandenen Schadensersatzes verlangt. Dies beinhaltet auch die Rückgewähr bereits bezahlter Vergütung. Der „große Schadensersatz" kann jedoch nur verlangt werden, wenn der Mangel erheblich ist. Nach der Rechtsprechung des Bundesgerichtshofs ist der große Schadensersatz zu versagen, wenn der Mangel so geringfügig ist, dass die Durchsetzung des großen Schadensersatzanspruchs gegen Treu und Glauben verstoßen würde.

Unverhältnismäßigkeit der Mangelbeseitigung

Wenn die Beseitigung eines Mangels zwar nicht unmöglich ist, aber einen unverhältnismäßig hohen Aufwand verursacht und daher vom Auftragnehmer verweigert wird, kann der Auftraggeber durch Erklärung gegenüber dem Auftragnehmer die Vergütung mindern, so § 13 Abs. 6 VOB/B. Es steht dem Auftragnehmer frei, ob er den Mangel trotz des unverhältnismäßigen Aufwands beseitigen möchte oder aber doch lieber mindern will. Entscheidet sich der Auftragnehmer für eine Mangelbeseitigung, muss sie der Auftraggeber zulassen und darf sie nicht verweigern. Die Minderung kommt nur in Betracht, wenn der Auftragnehmer die Mangelbeseitigung verweigert.

Unverhältnismäßigkeit kommt dann in Betracht, wenn der mit der Mangelbeseitigung erzielbare Erfolg einer ganzen oder teilweisen Mangelbeseitigung bei Abwägung aller Umstände des Einzelfalls in keinem vernünftigen Verhältnis zur Höhe des dafür erforderlichen Geldaufwands steht. Nach der aktuellen Rechtsprechung ist von Unverhältnismäßigkeit einer Mangelbeseitigung nur dann auszugehen, wenn einem objektiv geringen Interesse des Auftraggebers an einer völlig ordnungsgemäßen vertraglichen Leistung ein ganz erheblicher und deshalb vergleichsweise unangemessener Aufwand gegenübersteht. Allerdings kann die Mangelbeseitigung durch den Auftragnehmer nicht verweigert werden, wenn der Auftraggeber ein berechtigtes Interesse an einer ordnungsgemäßen Erfüllung hat. Ein berechtigtes Interesse wäre z. B. dann gegeben, wenn die Funktionsfähigkeit des Werks spürbar beeinträchtigt ist.

Rechtsprechung

Einem vom OLG Frankfurt am Main entschiedenen Fall lag folgender Sachverhalt zugrunde: Der Auftragnehmer war mit der Durchführung von Dämmarbeiten an einem Wohnhaus beauftragt worden. Dabei verarbeitete der Auftragnehmer jedoch Dämmplatten mit einer zu hohen Wärmeleitfähigkeit. Der Auftraggeber verlangte schließlich nach mehrmaliger Aufforderung zur Mängelbeseitigung Schadensersatz für den Rückbau und die Anbringung neuer Dämmplatten.

Der Auftragnehmer stellte sich dabei auf den Standpunkt, dass die Mangelbeseitigung unverhältnismäßig sei. Die Kosten hierfür würden sich auf 46.000 Euro belaufen, was bereits 7.000 Euro über dem gesamten Wert des Auftrags liege. Der Auftragnehmer bot stattdessen an, entweder eine weitere Dämmschicht aufzutragen oder den Energiemehrverbrauch zu ersetzen. Die Kosten beliefen sich hierfür lediglich auf ca. 10.000 Euro.

Das OLG Frankfurt am Main gab dem Auftraggeber recht und begründete dies wie folgt: Der Rückbau und eine Neuherstellung überschreiten zwar die rein wirtschaftlichen Einbußen des Auftraggebers bei Weitem und sind unvernünftig sowie unwirtschaftlich, nachdem der Auftragnehmer anderweitige Schadloshaltung angeboten hatte. Allerdings war dem Auftraggeber eine Verstärkung der Dämmschicht schon mangels baurechtlicher Zulassung nicht zuzumuten. Einen bloß wirtschaftlichen Ausgleich seiner Schäden musste der Auftraggeber ebenfalls nicht akzeptieren, weil er Anspruch auf Herstellung des vereinbarten Werks hatte. Auf eine Minderung der Funktionstauglichkeit des Werks kam es hierfür nicht an. Dass die Mangelbeseitigung mit einem erheblichen Mehraufwand verbunden ist, hatte allein der Auftragnehmer durch grobe Fahrlässigkeit zu verantworten. Das Verkleiden des Hauses mit Wärmedämmplatten der falschen Wärmeleitfähigkeit, ohne es zu bemerken, ist grob fahrlässig *(OLG Frankfurt am Main, Urt. v. 12.07.2013, Az. 24 U 143/12; BGH, Beschl. v. 24.09.2015, Az. VIII ZR 214/13)*.

Unzumutbarkeit der Mangelbeseitigung

Ist die Beseitigung von Baumängeln für den Auftragnehmer unzumutbar, ist sie unmöglich oder würde sie einen unverhältnismäßig hohen Aufwand erfordern und wird sie deshalb vom Auftragnehmer verweigert, kann der Auftraggeber durch Erklärung gegenüber dem Auftragnehmer die Vergütung entsprechend mindern (§ 13 Abs. 6 VOB/B). An die Unzumutbarkeit werden strenge Anforderungen gestellt. Unzumutbarkeit kommt aus persönlichen oder wirtschaftlichen Gründen in Betracht. Kann man nach objektiven Maßstäben von einer Unzumutbarkeit der Mangelbeseitigung für den Auftraggeber ausgehen, hat der Auftraggeber die Wahl, ob er die Mangelbeseitigung dennoch durchführen lassen oder stattdessen Minderung geltend machen will.

Unmöglichkeit der Mangelbeseitigung

Für den Fall, dass eine Mangelbeseitigung unmöglich sein sollte, sieht § 13 Abs. 6 VOB/B die Möglichkeit für den Auftraggeber vor, die Vergütung durch Erklärung gegenüber dem Auftragnehmer zu mindern. Die Mangelbeseitigung ist dann unmöglich, wenn diese nicht nur aus der Sicht des Auftragnehmers, sondern aus einer objektiven Sicht unmöglich ist. Außer dem Auftragnehmer ist auch kein weiterer Auftragnehmer in der Lage, den Mangel zu beseitigen. Unmöglich ist die Mangelbeseitigung etwa dann, wenn der Auftragnehmer ein Wohnhaus errichtet hat, das nicht die vertraglich vereinbarte Wohnfläche aufweist. Ein Fall der Unmöglichkeit liegt allerdings dann nicht vor, wenn für die Mangelbeseitigung lediglich ein wirtschaftlich hoher Kostenaufwand erforderlich ist. In diesem Fall käme für den Auftragnehmer in Betracht, die Mangelbeseitigung aufgrund von Unzumutbarkeit oder Unverhältnismäßigkeit abzulehnen. Jedoch sind an diese Voraussetzungen hohe Anforderungen gestellt. Der Gesichtspunkt der Wirtschaftlichkeit ist dabei nicht das alleinige Kriterium zur Beurteilung der Frage, ob die Mangelbeseitigung unzumutbar oder unverhältnismäßig ist. Diese liegt i. d. R. erst dann vor, wenn der Auftraggeber ein geringes Interesse an der Mangelbeseitigung hat, diese aber einen hohen Kostenaufwand erfordern würde. Die Unmöglichkeit der Mangelbeseitigung kann sich auch auf eine einzelne Bauleistung beziehen. Es liegt dann eine sog. Teilunmöglichkeit vor. Die Minderung des Vergütungsanspruchs betrifft dann lediglich den Vergütungsanspruch des Auftragnehmers für diesen Leistungsteil.

Berechnung der Minderung

Bei der Berechnung der Minderung ist die Vergütung in dem Verhältnis herabzusetzen, in welchem zur Zeit des Vertragsschlusses der Wert des mangelfreien Werks zu dem wirklichen Wert gestanden haben würde. Sollte auf diese Weise keine exakte Ermittlung der Minderung vorgenommen werden können, ist die Minderung durch Schätzung zu ermitteln.

Rechtsprechung

Auch in diesem Zusammenhang ist auf die Entscheidung des Bundesgerichtshofs zur Unmöglichkeit der Mangelbeseitigung bei Glasfassaden hinzuweisen. In seinem Urteil hat der BGH entschieden, dass es für die Beurteilung der Mangelhaftigkeit nicht maßgeblich ist, ob sich ein bekanntes technisches Risiko an einem Bauvorhaben mehr oder weniger stark verwirklicht hat. Es ist dabei entscheidend, ob nach der vereinbarten Funktion des Werks dieses Risiko zugelassen ist oder nicht. Ist die vereinbarte Funktionalität, wie etwa im vorliegenden Fall die uneingeschränkte Bruchsicherheit einer Glasfassade, technisch nicht zu verwirklichen, so steht dem Auftraggeber als Mängelrecht ausschließlich ein Schadensersatzanspruch zu *(BGH, Beschl. v. 09.07.2014, Az. VII ZR 161/13)*.

Ein weiterer interessanter Fall stammt vom OLG München aus dem Jahr 2015. Die Sachlage war dergestalt, dass sich der Auftragnehmer vertraglich dazu verpflichtet hatte, eine Fußbodenheizung einzubauen, die die Räume auf 23 °C erwärmen können sollte, bei einer Außentemperatur von -16 °C. Das war jedoch aufgrund der Gebäudekubatur nicht möglich zu erreichen. Letztlich hatte das OLG entschieden, dass die Unmöglichkeit neben dem Schadensersatz auch die Minderung nicht ausschließt. Wegen der fehlenden Möglichkeit, die Mängel zu beseitigen, richtet sich die Höhe der Minderung allerdings nicht nach den Mängelbeseitigungskosten, sondern dem Herstellungsbetrag und dem Ausmaß der Funktionsbeeinträchtigung *(OLG München, Urt. v. 10.03.2015, Az. 9 U 2902/14 Bau).*

Gewährleistungsfristen

Der Auftragnehmer muss im Laufe der Gewährleistungsfrist sämtliche auftretenden Mängel, die auf vertragswidriger Leistung beruhen, auf seine Kosten beseitigen, wenn der Auftraggeber dies verlangt – schriftlich (§ 13 Abs. 5 Nr. 1 VOB/B). Das Verlangen muss vor Ablauf der Gewährleistungsfrist zugehen. Andernfalls kann die Einrede der Verjährung erhoben werden. Diese Einrede muss allerdings ausdrücklich erhoben werden. Wird sie nicht ausdrücklich erhoben, so wird sie etwa in einem gerichtlichen Verfahren nicht berücksichtigt.

Ist in einem VOB-Bauvertrag keine abweichende Vereinbarung getroffen, so beträgt die Mängelgewährleistungsfrist

- für Bauwerke vier Jahre und
- für andere Gewerke, deren Erfolg in der Herstellung, Wartung oder Veränderung einer Sache besteht, und für die vom Feuer berührten Teile von Feuerungsanlagen zwei Jahre.

Dies ist in § 13 Abs. 4 Nr. 1 Satz 1 VOB/B geregelt. Wiederum abweichend hiervon beträgt die Verjährungsfrist für Mängel an feuerberührenden und abgashemmenden Teilen industrieller Feuerungsanlagen 1 Jahr.

Einen Spezialfall stellt § 13 Abs. 4 Nr. 2 VOB/B dar. Für Teile von maschinellen, elektronischen/elektrotechnischen Anlagen, bei denen die Wartung Einfluss auf die Sicherheit und Funktionsfähigkeit hat, beträgt die Mängelgewährleistungsfrist abweichend von § 13 Abs. 4 Nr. 1 VOB/B zwei Jahre, wenn der Auftraggeber sich dafür entschieden hat, dem Auftragnehmer die Wartung für die Dauer der Verjährungsfrist nicht zu übertragen. Dies gilt auch dann, wenn für weitere Leistungen eine andere Verjährungsfrist vereinbart worden ist. Die Gewährleistung beginnt mit der Abnahme der Leistungen des Auftragnehmers zu laufen.

Siehe hierzu: ▶ Kap. „Bauabnahme und -protokoll"

Findet eine Teilabnahme statt – liegen in sich abgeschlossene Teile der Leistung vor –, beginnt die Gewährleistungsfrist mit der Teilabnahme. Für den Fall, dass der Auftragnehmer Mängel, von deren Vorhandensein er weiß, arglistig verschweigt, gilt nicht die kurze Verjährungsfrist nach VOB/B. Vielmehr verjähren diese Mängel erst nach drei Jahren, wobei diese Verjährungsfrist erst zum Ende des Jahres beginnt, in dem der Auftraggeber die Kenntnis vom Vorhandensein des verschwiegenen Mangels erlangt. Der Ablauf der Verjährungsfrist kann durch verschiedene Maßnahmen gehemmt werden:

- Erhebung einer Klage
- Durchführung eines schiedsrichterlichen Verfahrens, sofern dieses vereinbart wurde
- Zustellung des Antrags auf Durchführung eines selbstständigen Beweisverfahrens
- Zustellung einer Streitverkündung, sei es in einem Klageverfahren, in welchem Mängelansprüche streitgegenständlich sind, oder aber einem selbstständigen Beweisverfahren.

Ferner ist die Verjährung gehemmt, wenn zwischen den Parteien Verhandlungen über die Ansprüche oder die den Anspruch begründenden Umstände bestehen. Zu beachten ist allerdings, dass ein selbstständiges Beweisverfahren über Mängel oder ein Klageverfahren über Mängel nicht die Verjährung eines eventuell noch bestehenden Werklohnanspruchs hemmt. Dies ist ein weit verbreiteter Irrglaube.

Nach dem BGB beträgt die Verjährung der Mängelgewährleistungsansprüche gem. § 634a BGB:

- fünf Jahre bei einem Bauwerk und einem Werk, dessen Erfolg in der Erbringung von Planungs- oder Beratungsleistungen hierfür besteht. Die Verjährung beginnt auch in diesem Fall ab dem Zeitpunkt der Abnahme.

Technik

Aufmaß und Mengenermittlung von Bauleistungen

Generelle Grundlagen für die Ermittlung der Mengen sind gewerkeweise in der VOB/C, Allgemeine Technische Vertragsbedingungen für Bauleistungen (ATV) im jeweiligen Kapitel 5 „Abrechnung“ festgelegt. Anwendung finden sie vor allem bei Einheitspreisverträgen, bei denen nach tatsächlich erbrachter Leistung abgerechnet wird. In der Regel handelt es sich um Mengenpositionsbeschreibungen, deren Reihenfolge der Positionen sich am Bauablauf orientiert. Bei sich wiederholenden Bauteilen, Modulen o. Ä. können die jeweiligen Positionen auch als Bauelementbeschreibungen mit vereinfachten Mengenangaben wie Stückzahlen formuliert werden, ergänzt durch eine detaillierte Beschreibung der Bauteile mit allen zugehörigen Abmessungen.

Umgangssprachlich wird häufig von „Massenermittlung“ gesprochen, wobei die Masse *m* eines Stoffs eine physikalische Basisgröße ist, die durch Wiegen gemessen und in der Einheit *kg* und deren Bruchteile bzw. Vielfache angegeben wird. Der Umfang von Bauleistungen muss jedoch auch nach Anzahl, Länge, Fläche und Rauminhalt bestimmt werden.

Methoden der Mengenermittlung

Mit zunehmender Digitalisierung des Bauablaufs und der Bauablaufkontrolle wird der Anteil der per Hand gezeichneten Pläne immer geringer, dennoch sind sie noch zu finden. Viele Objekt- und Fachplaner, die seit Jahren mit CAD arbeiten, sind von der 3-D-Darstellung zurückgekehrt zur 2-D-Darstellung mit der Begründung, die Eingabe aller 3-D-Daten sei zu zeitaufwendig. Damit liegen allerdings nicht viel mehr Informationen aus den CAD-Zeichnungen vor als in per Hand erstellten, die für die Ermittlung der Mengen herangezogen werden können. Erst mit Eingabe aller Informationen zu Bauteilen und Bauteilschichten – inklusive Materialien und erforderlicher Materialbeschaffenheiten – ist die Planung für die Generierung von Mengen und Texten für Ausschreibung, Vergabe und Abrechnung (AVA) nutzbar, wie es bei der Methodik des Building Information Modeling (BIM) der Fall ist.

Manuell aus Zeichnungen

Sei es aus handgezeichneten Plänen oder 2-D-CAD-Plänen – das manuelle Ermitteln der Mengen ist äußerst zeit- und damit kostenaufwendig. Bei jedem Projekt muss die Mengenermittlung komplett neu erstellt werden, sei es ebenfalls per Hand, mittels Standardsoftware oder mit AVA-Software. Problematisch sind hierbei häufig die durchgängige und nachvollziehbare Dokumentation der Mengen und deren Änderung inklusive Ursachen.

Verwendung von AVA-Software

Der Gemeinsame Ausschuss Elektronik im Bauwesen (GAEB) hat die Grundlage des Datenaustauschs im Rahmen der Programme zu Ausschreibung, Vergabe und Abrechnung geschaffen. Dies ermöglicht die Verwendung bzw. den Export/Import der Daten von der Kostenermittlung über die Erstellung der Leistungsverzeichnisse und die Angebotsabgabe und -auswertung bis zur Abrechnung der Leistungen zwischen den unterschiedlichen Programmen und Standardanwendungen. Hierzu existieren unterschiedliche Formate, siehe Tab. 1:

Tabelle 1: *GAEB-Formate und -Versionen (Quelle: Ingrid Kaiser gem. GAEB-Standard)*

Austauschphase	**GAEB-Version**		
	GAEB 90	**GAEB 2000**	**GAEB XML/ GAEB DA XML 3.2**
LV-Katalog	-	-	X80
Leistungsverzeichnis	D81	P81	X81
Kostenanschlag	D82	P82	X82
Angebotsaufforderung	D83	P83	X83
Angebotsabgabe	D84	P84	X84
Nebenangebot	D85	P85	X85
Zuschlag/ Auftragserteilung	D86	P86	X86

Die Mengenermittlung erfolgt i. d. R. in den Programmen durch Formeleingabe auf Basis der Regelungen für die Elektronische Bauabrechnung (REB) mit vorgegebenen Formeln, die durch Skizzen mit Bezeichnungen der Teilmaße der entsprechenden geometrischen Formen und Eingabefelder der Werte Längen, Flächen, Ober- und Mantelflächen und Rauminhalte die jeweiligen Ergebnisse liefern. Zusätzlich steht die Formel „FN 91" zur freien Eingabe von Formeln zur Verfügung. Die Austauschdatei „DA11" kann ebenfalls innerhalb der AVA-Programme bzw. Standardprogramme ex- und importiert und der Abrechnung nach Aufmaß zugrunde gelegt werden.

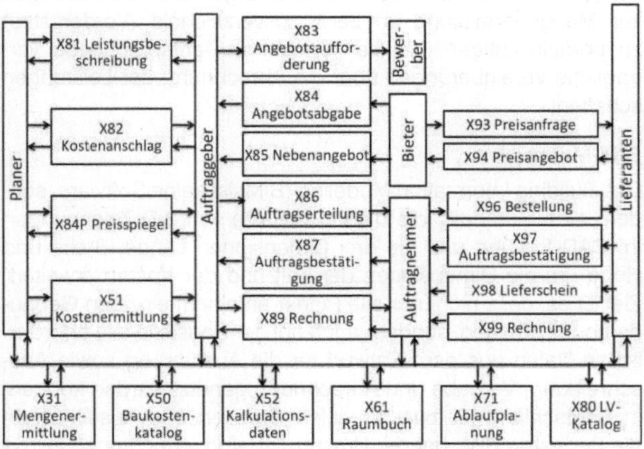

***Bild 1:** GAEB-Schnittstellen im Bauverlauf (Quelle: Ingrid Kaiser analog GAEB, GAEB DA XML Version 3.2 10/2013)*

Da unterschiedliche Planungsstände bei der Mengenermittlung gespeichert werden können, sind eine nachträgliche Herleitung der Änderungen und deren Ursachen, ggf. in Verbindung mit den zugehörigen Planungsständen, relativ gut möglich und als Nachweis einsetzbar.

Aus CAD-Zeichnungen

Sind die Zeichnungen im 3-D-Modus erstellt und die Bauteile mit entsprechenden Informationen zu Baustoffen und deren Eigenschaften versehen, ist die Übergabe der Maße bzw. Mengen an AVA-Software relativ einfach und schnell. Dies setzt jedoch die akkurate, differenzierte und detaillierte Darstellung in den CAD-Zeichnungen durch die Objekt- und Fachplaner voraus.

Problematisch kann es hier sein, dass die Maße der tatsächlichen Geometrien übertragen werden, die die Grundsätze der Mengenermittlung nach VOB/C nicht berücksichtigen. Werden die Mengen vom Objektplaner ermittelt, der alle Leistungsphasen der HOAI im Auftrag hat, ist dies unproblematisch; sind jedoch die Leistungsphasen 6 und 7 (Vorbereitung und Mitwirkung bei der Vergabe) und 8 (Objektüberwachung) betroffen, entstehen Diskrepanzen in der Mengenermittlung als Grundlage der späteren Abrechnung. Zudem sind ggf. die Abweichungen zur Mengenermittlung im Leistungsverzeichnis (Vordersätze) zu berücksichtigen. Abhilfe können hier entsprechende vertragliche Vereinbarungen über die Abrechnung der Leistungen schaffen.

BIM-Methodik

Das Building Information Modeling (BIM) ist keine Software, sondern eine Methodik, die die Grundsätze von 3-D-Zeichnungen im CAD fortführt und die drei Dimensionen Länge, Breite und Höhe um die Dimensionen der Zeit und der Kosten erweitert. Ziel ist es, dass nicht nur alle Planer an einem einzigen Gebäudemodell arbeiten, sondern auch auf der Baustelle alle erforderlichen Daten aus dem Entwurf für die Ausführung sowie Ausschreibung, Vergabe und Abrechnung genutzt werden können. In Deutschland ist zwar in vielen Gremien und Ausschüssen die Rede von BIM, bei der Umsetzung sind jedoch noch einige Hürden zu überwinden, insbesondere was die Ausstattung aller am Bau Beteiligten mit entsprechender Software und die Entwicklung bzw. Nutzung entsprechender Schnittstellen zur Übergabe der Daten betrifft. Industry Foundation Classes (IFC) ist ein Datenmodell für Bauwerksmodule, das auf Datenbank-Basis die Übergabe der Modell-Informationen in die weitergehende Bearbeitung ermöglicht. In der Realität ist die Anwendung mit allen Vorteilen z. T. noch nicht gängige Praxis.

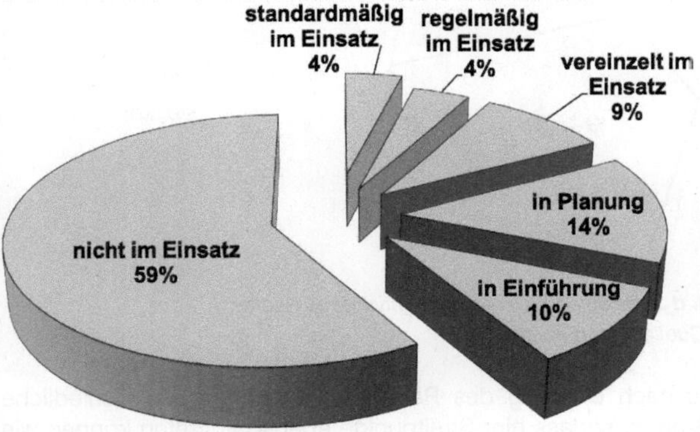

***Bild 2:** Einsatz von BIM bei Architekten (Quelle: Ingrid Kaiser gem. Umfrage Bundesarchitektenkammer 2021)*

Grundlegende Regeln der Mengenermittlung nach VOB/C

Definitionen

Anhang A zur DIN 18299 der VOB/C legt für die Mengenermittlung verwendete Begriffe fest. Aussparungen sind Querschnittsschwächungen des Bauteils, also Öffnungen, Durchbrüche, Nischen und Schlitze, die nicht ausgeführt oder bearbeitet werden. Unterbrechungen, die ebenfalls nicht ausgeführt oder bearbeitet werden, bestehen dagegen i. d. R. aus anderen Materialien wie Fachwerk, Lisenen oder Rinnen und Einbauten. Bei nur mit relativ hohem Aufwand zu berechnenden unregelmäßigen Bauteilen wird in einigen Gewerken das kleinste umschriebene Rechteck als Bemessungsgrundlage angegeben.

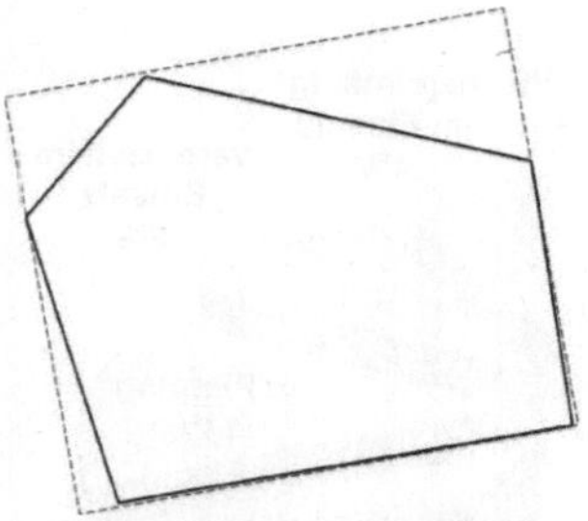

Bild 3: Beispiel: Kleinstes umschriebenes Rechteck (Quelle: Ingrid Kaiser)

Je nach Drehung des Rechtecks entstehen unterschiedliche Größen, sodass hier Streitpunkte ebenso auftreten können wie bei der Frage, ob diese Ausnahmeregelung anzuwenden ist oder die Bauteilfläche in einfache Teilflächen zur Berechnung zerlegt werden kann. Anwendung findet diese Berechnungsweise u. a. bei folgenden Gewerken:

- Naturwerksteinarbeiten
- Trockenbauarbeiten
- Putz- und Stuckarbeiten
- vorgehängte hinterlüftete Fassaden
- Fliesen- und Plattenarbeiten
- Estricharbeiten
- Tischlerarbeiten
- Parkett- und Holzpflasterarbeiten
- Metallbauarbeiten
- Verglasungsarbeiten
- Maler- und Lackierarbeiten
- Bodenbelagsarbeiten

Einheiten, Maße und Mengen

Die grundlegenden Einheiten werden nach Längen-, Flächen-, Raummaß, Masse, Anzahl oder Zeit i. d. R. wie folgt genutzt, sind jedoch nicht einheitlich vorgeschrieben:

***Tabelle 2:** Übliche Einheiten und Nachkommastellen*
(Quelle: Ingrid Kaiser)

Maßart	Einheit	Nachkomma-stellen
Länge	m (cm, mm)	2
Fläche	m^2 (cm^2, mm^2)	2
Rauminhalt	m^3	3
	l	0/3
Masse	t, kg	3
Anzahl	St	0
Zeit	h	1
	d	0
	Wo	0
	Mt	0

Bei Vorhaltearbeiten o. Ä. werden häufig kombinierte Einheiten aus Mengen- und Zeiteinheiten genutzt, z. B. Meter x Tage (md), Quadratmeter x Wochen (m^2Wo) etc.

Die ATV legen z. T. die Einheiten für die jeweiligen Leistungen eindeutig fest, in einigen kann die Einheit frei gewählt werden, z. B. nach Flächenmaß oder Raummaß.

Tabelle 3: *Beispiele für Festlegungen der Einheiten (Quelle: Ingrid Kaiser gem. VOB/C)*

Gewerk	Bauteil	Einheit
Mauerarbeiten	• Mauerwerk • Ausfachungen • Dämmstoffschichten • …	m^2
	• Dämmstoffe in Auffüllungen • Schüttungen • …	m^3
	• Leibungen, Sohlbänke, Gesimse • Stürze, Überwölbungen • Pfeiler, -vorlagen • Schornsteine • Schlitze • …	m
	• Aussparungen • …	St
	• Stahl • Schüttungen	kg

Übermessungsregeln

Je nach Gewerk werden bestimmte Bauteile, Öffnungen u. Ä. übermessen, d. h. sie werden bei der Mengenermittlung ignoriert. Hierdurch werden Mehrleistungen wie das Herstellen, Anarbeiten etc. durch die größeren Mengen als tatsächlich vorhanden ausgeglichen. Da bei den meisten Gewerken gemäß VOB/C sowohl eine Ermittlung nach Flächen- wie nach Raummaß möglich ist, gelten hier auch unterschiedliche Regeln des Übermessens.

***Tabelle 4:** Beispiele für Übermessungsregelungen (Quelle: Ingrid Kaiser gem. VOB/C)*

ATV	Gewerk	Teilleistungen	Übermessen werden ... bei Abrechnung nach			Mengen
			Längenmaß	Flächenmaß	Raummaß	
DIN 18300	Erdarbeiten		–	– Durchdringungen, Einbauten ≤ 1,0 m^2 Einzelgröße	– Baukörper ≤ 1,0 m^3 Einzelgröße – Leitungen, Sickerkörper, Steinpackungen etc. ≤ 0,1 m^2 äußerer Querschnitt	–
DIN 18331	Betonarbeiten	Beton	Formteile, vorkonfektionierte Knoten und Ecken von Fugenbändern, Fugenblechen o. Ä.	– Aussparungen ≤ 2,5 m^2 Einzelgröße – Fugen, eingebaute Dämmschichten o. Ä.	–	–
		Schalung	–	– Aussparungen, Anschlüsse von Bauteilen o. Ä. ≤ 2,5 m^2 Einzelgröße (kleinste Maße)	–	–

Tabelle 4: *Beispiele für Übermessungsregelungen (Quelle: Ingrid Kaiser gem. VOB/C)*

ATV	Gewerk	Teilleistungen	Übermessen werden ... bei Abrechnung nach			Mengen
			Längenmaß	Flächenmaß	Raummaß	
DIN 18332	Naturwerksteinarbeiten		– Fugen – Unterbrechungen ≤ 1,0 m	– Fugen – Aussparungen mit einer Einzelgröße ≤ 2,5 m^2 – Aussparungen in Böden mit einer Einzelgröße ≤ 0,5 m^2 – Unterbrechungen mit Einzelbreite ≤ 0,3 m	– Fugen – Schlitze mit eine r Querschnittsfläche ≤ 0,1 m^2 – Öffnungen, Aussparungen, Nischen mit Einzelgröße ≤ 0,5 m^3 – Zwischenschichten bei zusammengesetzten Werkstücken und bei zweihäuptigem Mauerwerk	– Längen < 1,0 m – Abrechnung 1,0 m – Flächen < 0,25 m^2 – Abrechnung 0,25 m^2 – Einzelstücke Breite < 0,2 m – Abrechnung Breite 0,2 m – Längen < 1,0 m – Abrechnung Länge 1,0 m
			Einzelplatten und Einzelwerkstücke: Übermessung Aussparungen			
DIN 18333	Betonwerksteinarbeiten		– Unterbrechungen ≤ 1,0 m Einzellänge	– Aussparungen, z. B. Öffnungen in Bekleidungen, Belägen, ≤ 0,1 m^2 Einzelgröße	–	–

Tabelle 4: *Beispiele für Übermessungsregelungen (Quelle: Ingrid Kaiser gem. VOB/C)*

ATV	Gewerk	Teilleistungen	Übermessen werden ... bei Abrechnung nach			Mengen
			Längenmaß	Flächenmaß	Raummaß	
DIN 18334	Zimmer- und Holzbauarbeiten		– Fugen – Unterbrechungen ≤ 1,0 m Einzellänge	– Unterbrechungen durch Bauteile ≤ 0,3 m Aussparungen ≤ 2,5 m^2 Einzelgröße – Aussparungen in Böden, für Pfeilervorlagen, Kamine, Rohrdurchführungen o. Ä. ≤ 0,5 m^2 Einzelgröße – Zwischenräume bei Lattungen, Sparschalungen, Blindböden, Verschlägen, Bekleidungen aus Latten, Brettern, Paneelen o. Ä.	–	–
DIN 18335	Stahlbauarbeiten		– Ausschnitte, einspringende Ecken			

Tabelle 4: *Beispiele für Übermessungsregelungen (Quelle: Ingrid Kaiser gem. VOB/C)*

ATV	Gewerk	Teilleistungen	Übermessen werden ... bei Abrechnung nach			Mengen
			Längenmaß	Flächenmaß	Raummaß	
DIN 18336	Abdichtungsarbeiten		– Unterbrechungen ≤ 1,0 m Einzellänge	– Fugen – Aussparungen, z. B. Öffnungen, Durchdringungen ≤ 2,5 m^2 Einzelgröße Bei Dämmschichten: Konstruktionsteile, z. B. Bohlen, Randhölzer	–	–
DIN 18338	Dachdeckungs- und -abdichtungsarbeiten		– Fugen – Unterbrechungen ≤ 1,0 m Einzellänge	– Fugen – Aussparungen ≤ 2,5 m2 Einzelgröße – eingebaute Formteile, z. B. Lüfter-, Einzelform-, Eckziegel, Glasformstücke – Konstruktionsteile wie Bohlen, Randhölzer, Sparren o. Ä.	–	–

Tabelle 4: *Beispiele für Übermessungsregelungen (Quelle: Ingrid Kaiser gem. VOB/C)*

ATV	Gewerk	Teilleistungen	Übermessen werden ... bei Abrechnung nach			Mengen
			Längenmaß	Flächenmaß	Raummaß	
DIN 18339	Klempnerarbeiten		– Unterbrechungen ≤ 1,0 m Einzellänge – Winkel, Bogen, Abzweige Regenfallrohre (gesonderte Berechnung) – Überdeckungen, Überfälzungen bei geformten Blechen, Blechprofilen – Rinnenwinkel, -böden, -stutzen, Bewegungsausgleicher (gesonderte Berechnung)	– Aussparungen, Öffnungen, z. B. Schornsteine, Fenster, Oberlichter, Entlüftungen ≤ 2,5 m^2 Einzelgröße – Bohlen, Sparren o. Ä. bei Trenn-, Dämmschichten – in Flächen von Metall-Außenwandbekleidungen, unbekleidete, Rahmen, Riegel, Ständer, Unterzüge, Vorlagen o. Ä. ≤ 0,3 m Einzelbreite – Überdeckungen, Überfälzungen bei geformten Blechen, Blechprofilen	–	–

Tabelle 1: *Beispiele für Übermessungsregelungen (Quelle: Ingrid Kaiser gem. VOB/C)*

ATV	Gewerk	Teilleistungen	Übermessen werden ... bei Abrechnung nach			Mengen
			Längenmaß	**Flächenmaß**	**Raummaß**	
DIN 18340	Trockenbauarbeiten		– Unterbrechungen ≤ 1,0 m Einzellänge	– Fugen – Aussparungen, z. B. Öffnungen, Nischen, ≤ 2,5 m^2 Einzelgröße (kleinste Größe) – Öffnungen in Böden, ≤ 0,5 m^2 Einzelgröße (kleinste Größe) – Unterbrechungen, z. B. Stützen, Fachwerkteile, Träger, Lichtbänder, Einbauteile, Unterzüge ≤ 0,3 m Einzelbreite	–	gesondert berechnet werden: – (Reduzier-)Anschlüsse, (Rand-)Friese, offene Fugen, Vertiefungen, Verkofferungen etc. bis zu einer Breite von 0,3 m – Sonderformate – Gehrungen je Richtungswechsel nur einmal berechnet – Einzelflächen ≤ 5,0 m^2

Tabelle 4: *Beispiele für Übermessungsregelungen (Quelle: Ingrid Kaiser gem. VOB/C)*

ATV	Gewerk	Teilleistungen	Übermessen werden ... bei Abrechnung nach			Mengen
			Längenmaß	Flächenmaß	Raummaß	
DIN 18345	Wärmedämm-Verbund-systeme		– Unterbrechungen ≤ 1,0 m Einzellänge	– Aussparungen, z. B. Öffnungen, Nischen, Brandbarrieren ≤ 2,5 m2 Einzelgröße – Unterbrechungen, z. B. Stützen, Unterzüge, Vorlagen, Balkonplatten, Podeste, Profile, Gurte, Friese, Umrahmungen, Nuten, Vertiefungen, Putzbänder, Brandriegel ≤ 0,3 m Einzelbreite	–	–

Tabelle 4: *Beispiele für Übermessungsregelungen (Quelle: Ingrid Kaiser gem. VOB/C)*

ATV	Gewerk	Teilleistungen	Übermessen werden ... bei Abrechnung nach			Mengen
			Längenmaß	Flächenmaß	Raummaß	
DIN 18350	Putz- und Stuckarbeiten		– Unterbrechungen ≤ 1,00 m Einzellänge	– Fugen – Aussparungen, z. B. Öffnungen, Nischen ≤ 2,5 m^2 Einzelgröße (kleinste Maße) – Unterbrechungen, z. B. Stützen, Unterzüge, Gesimse, Balkonplatten, Podeste, Gute, Putzbänder ≤ 0,3 m Einzelbreite	–	–
DIN 18352	Fliesen- und Plattenarbeiten		– Unterbrechungen ≤ 1,0 m Einzellänge	– Aussparungen, z. B. Öffnungen ≤ 0,1 m^2 Einzelgröße	–	–
DIN 18353	Estricharbeiten		– Fugen – Unterbrechungen ≤ 1,0 m Einzellänge	– Fugen – Aussparungen ≤ 0,1 m^2 Einzelgröße Unterbrechungen ≤ 0,3 m Breite	–	–

Mengenermittlung im Planungs- und Bauablauf

Kaum ein Bauvorhaben wird so durchgeführt wie ursprünglich geplant. Insbesondere die Mengen der einzelnen Leistungen ändern sich im Bauablauf, sei es durch Anordnungen des Auftraggebers, durch örtliche, terminliche oder kostenbedingte Änderungen oder sonstige Erfordernisse. Durch den zunehmenden Termindruck überschneiden sich Planungs- und Ausführungsphasen, d. h. für die Mengenermittlungen stehen häufig in den frühen Phasen noch keine hinreichenden Festlegungen der erforderlichen Leistungen zur Verfügung.

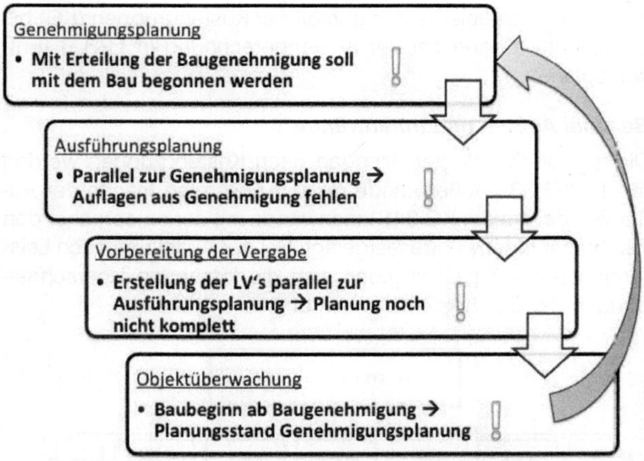

***Bild 4:** Problematik der Mengenermittlung im Projektverlauf (Quelle: Ingrid Kaiser)*

Die Erstellung der Leistungsverzeichnisse erfolgt vom Grundsatz her gemäß Leistungsphasen (LPH) der HOAI 2013 auf Basis der Ausführungsplanung, die detailliert vermaßte Grundrisse, Schnitte und Ansichten sowie zugehörige Detailpläne beinhaltet. Damit nach Erteilung der Baugenehmigung unmittelbar mit der Bauausführung begonnen werden kann, muss die Ausführungsplanung bereits nach Abschluss der Genehmigungsplanung erstellt werden, sodass mögliche Auflagen aus der Genehmigung nicht enthalten sind. Parallel wird die Mengenermittlung als Grundlage der Leistungsverzeichnisse durchgeführt. Diese Überschneidungen haben bereits vor Baubeginn Änderungen der Mengen zur Folge, die sich im Bauverlauf aus den genannten Gründen fortsetzen. Daher müssen die Aufstellung und Ermittlung der Mengen so übersichtlich und nachvollziehbar sein, dass die Änderungen mit dem geringstmöglichen Aufwand eingearbeitet werden können.

Mengenermittlung für die Erstellung von Leistungsverzeichnissen

Je nach gewählter Mengenermittlungsmethode und abhängig von der Art der Leistungsbeschreibung (Leistungsverzeichnis oder [teil-]funktionale Leistungsbeschreibung) müssen die Mengen vom Planer oder vom ausführenden Unternehmen als Grundlage der Ausschreibung bzw. Angebotsabgabe erstellt werden. Die Kostenermittlung erfolgt nach DIN 276 i. d. R. zunächst nach Bauelementen gemäß der Kostengruppen (KG) bis in die dritte Ebene bei der Kostenberechnung in LPH 3 (Entwurfsplanung).

Beispiel Außen- und Innenwände

Die zugrunde gelegten Mengen nach Kostengruppen werden für die KG 331 Außenwände mit der gesamten Fläche der Außenwände, die der KG 341 Innenwände mit der entsprechenden Fläche der Innenwände festgelegt. Bei der Aufteilung nach Leistungsbereichen (LB) ergeben sich die folgenden Überschneidungen der Gewerke bei Außen- und Innenwänden:

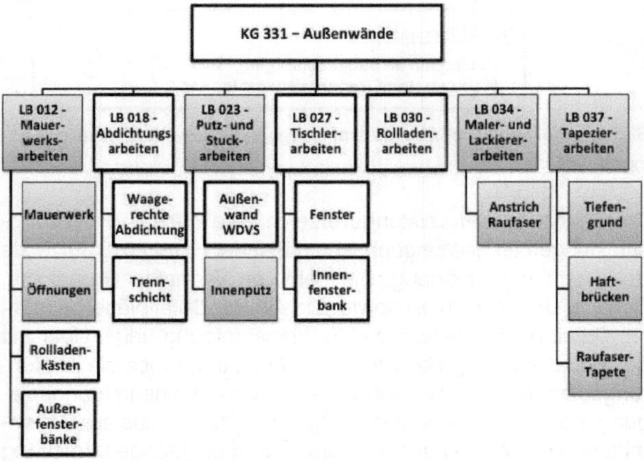

***Bild 5:** Beispiel – Anteil der Gewerke an der Kostengruppe 331 Außenwände (Quelle: Ingrid Kaiser)*

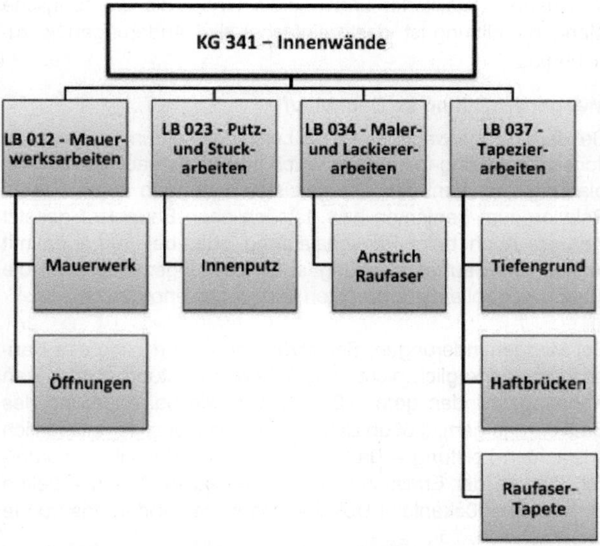

Bild 6: *Beispiel – Anteil der Gewerke an der Kostengruppe 341 Innenwände (Quelle: Ingrid Kaiser)*

Zu beachten ist hierbei, dass die nach DIN 276 ermittelten Flächen auch Bauteile enthalten, die für die Mengenermittlung nach Gewerken ggf. abzuziehen sind. Die meisten Ausschreibungsprogramme enthalten diese Zuordnung der Kostengruppen zu den Gewerken.

Mengenermittlung für die Angebotskalkulation und Arbeitsvorbereitung

Insbesondere bei (teil-)funktionaler Leistungsbeschreibung müssen zur Kalkulation der Angebotspreise die Mengen vom Unternehmen ebenso ermittelt werden wie bei Nebenangeboten, z. B. mit alternativen Bauverfahren und/oder -stoffen. Durch die Problematik der Überschneidung der einzelnen Phasen im Planungs- und Bauverlauf haben sich häufig bereits zum Zeitpunkt der Arbeitsvorbereitung, also nach Auftragsvergabe, die Mengen gegenüber der ursprünglichen Planung geändert, sodass auch bei Vorliegen von Leistungsverzeichnissen Anpassungen erforderlich werden.

Je exakter, detaillierter und übersichtlicher die ursprüngliche Mengenermittlung ist, desto einfacher sind Änderungen vorzunehmen.

Mengenermittlung im Bauablauf

Bei der Bauüberwachung ist die Leistungsmeldung ein wesentliches Controlling-Instrument, auch im Hinblick auf die Terminplanung und -kontrolle. Die geleisteten Mengen können so in Relation zum geplanten bzw. tatsächlichen Bauablauf gesetzt werden. Auch beim Pauschalauftrag oder bei Verträgen mit funktionaler Baubeschreibung ist die Leistungsmeldung für die interne Kontrolle der erbrachten Leistungen erforderlich.

Bei Mengenänderungen, Selbstvornahme, Änderung des Bauentwurfs, vertraglich nicht vorgesehenen Leistungen, also den Nachtragsgründen gem. § 2 VOB/B, sowie bei Änderung des Bauvertrags gem. § 650b BGB ist die Erfassung der tatsächlich erbrachten Leistung – Bau-Soll gegenüber Bau-Ist – erforderlich. Neben der Erfassung der wirklich ausgeführten Arbeiten ist hier eine lückenlose Dokumentation der Änderungsgründe unentbehrlich.

Aufmaß

Aufmaße sind wichtige Grundlage und Bestandteil von Abschlags- und Schlussrechnungen, sodass sie spätestens nach Fertigstellung von (Teil-)Leistungen durchgeführt werden müssen, um eine prüffähige Rechnung erstellen zu können. Weist der Auftraggeber Rechnungen wegen mangelnder Prüfbarkeit zurück, verzögert sich die Zahlung sowohl bei reinen BGB-Verträgen als auch bei zusätzlicher Vereinbarung der VOB/B. Zur Prüffähigkeit gehört die Zuordnung der Aufmaße zu den entsprechenden Positionen der Leistungsverzeichnisse inklusive der Ordnungsnummern, der vollständige Rechenansatz, die exakte Lage der einzelnen Leistungsbereiche im Bauwerk und natürlich die Angabe des Bauvorhabens und das Datum. Sinnvoll ist das gemeinsame Aufmaß durch Auftraggeber und Auftragnehmer, das auch von BGB und VOB empfohlen wird und von beiden Vertragspartnern unterschrieben werden muss. Hierzu muss der Auftraggeber rechtzeitig eingeladen werden. In der Praxis ist das gemeinsame Aufmaß nicht immer umsetzbar, sodass das Aufmaß durch Fotos, Skizzen, ergänzende bzw.

zugrunde gelegte Pläne mit Kennzeichnung der Positionen ergänzt wird. Bauleistungen, die mit weiterem Baufortschritt nicht mehr festgestellt bzw. nachgewiesen werden können (siehe § 14 VOB/B Abs. 2 Satz 3), erfordern ebenfalls ein Aufmaß, um Streitigkeiten über den Leistungsumfang zu vermeiden.

Rechnerisches/elektronisches Aufmaß

Die ATV DIN 18299 VOB/C gibt in Absatz 5, Abrechnung, an: *„Die Leistung ist aus Zeichnungen zu ermitteln, soweit die ausgeführte Leistung diesen Zeichnungen entspricht. Sind solche Zeichnungen nicht vorhanden, ist die Leistung aufzumessen.“* Auch wenn die Ausführungsplanung selbstverständlich im Bauverlauf aktualisiert werden muss, kommt es häufig vor, dass die Planunterlagen nicht ausreichend für die Ermittlung der Mengen sind, sei es, dass der Detaillierungsgrad nicht ausreicht, sei es, dass sie dennoch nicht den aktuellen Ausführungsstand darstellen. Bei Nutzung des Datenaustausch-Formats DA 11 werden die örtlich aufgenommenen Mengen und/oder Daten aus anderen Unterlagen, z. B. Lieferscheinen, Wiegescheinen, manuell oder durch Import in die Aufmaßblätter nach REB 23.003 „Allgemeine Bauabrechnung“ übernommen.

Tabelle 5: *Beispiel – Aufmaßblatt analog REB 23.003. (Quelle: Ingrid Kaiser)*
Erläuterung zum Aufmaßblatt:
OZ = Ordnungsziffer (aus LV)
KZ = Kennzeichen
** = Kommentar*
Faktor: keine Eingabe = 1
H = Hilfswert zur Verwendung in anderen Aufmaßzeilen
Z = Zwischensumme
P = Positionssumme
FN = Formelnummer aus Katalog (91: freie Formeleingabe, 4: Quader)

OZ	KZ	Faktor	FN	1. Wert	2. Wert	3. Wert	4. Wert	5. Wert	Ergebnis	Blatt
07.02.0020	*	Abbrucharbeiten (pauschal) zu 80 % geleistet								1
07.02.0020.		0,8	91	1					0,8	1
07.02.0030			91	22					22	1
07.02.0030			91	7					7	1
07.02.0030	P								29	1
09.03.0010			4	50	150	1,5			11250	1

AVA-Programme haben i. d. R. diese Aufmaßmöglichkeit integriert, die dann im Rahmen der Erstellung von Abschlags- und Schlussrechnungen sowie der Bearbeitung von Nachträgen die ermittelten Mengen verwenden.

Zeichnerisches Aufmaß

Grundsätzlich ist das Aufmaß nach Plan die bevorzugte Methode als Grundlage zur Abrechnung, relevant ist jedoch die vertragliche Vereinbarung hierüber wie auch die Festlegung, ob die Aufmaßregeln der VOB/C zugrunde zu legen sind. Können die Maße bzw. Mengen nicht direkt aus den (digitalen) Plänen an das Aufmaß übergeben werden, sind dem Aufmaß die entsprechenden Planunterlagen mit eindeutiger, am besten farbiger Darstellung der Bauteile mit Verweisen auf die entsprechenden Positionen hinzuzufügen. Die Mengen können auch bei dieser Methode in die Aufmaßblätter der AVA-Programme eingegeben bzw. ermittelt werden.

Digitales Aufmaß

Die Jahrzehnte lang praktizierte Methode des Aufmaßes mit Zollstock, Maßband und Papier wird so gut wie nicht mehr, höchstens bei Bauleistungen mit geringem Umfang, durchgeführt. Auf dem Markt sind inzwischen unzählige Apps, viele jedoch nur zweidimensional, i. d. R. mit Laser-Distanzmessgeräten und Übergabe an die Aufmaß-Software gemäß der Ermittlung aus klassischen Planunterlagen. Mit 3-D-Methoden können nicht nur auch weiter entfernte Messpunkte, z. B. in großer Höhe, erfasst und ausgewertet, sondern auch 3-D-CAD-Aufmaßskizzen erstellt werden. Es handelt sich meist um tachymetrische Systeme, die in Kombination von Winkel- und Distanzmessung die Maße der Gebäudegeometrie mit einer Genauigkeit von ca. ± 2–3 mm aufnehmen. Bei fotobasierten Systemen (Photogrammetrie), die besonders bei Fassaden und Wänden eingesetzt werden, werden vom Programm durch Festlegung von Festpunkten die kamerabedingten Verzerrungen herausgerechnet. Das 3-D-Laserscanning ermöglicht die Aufnahme und Speicherung von Objektkoordinaten in einer Punktwolke durch einen zentral aufgestellten Laserscanner, ggf. unterstützt bzw. ergänzt durch eine Digitalkamera zur Aufnahme von Oberflächenstrukturen und -farben. Mit entsprechender Software kann hieraus ein 3-D-Gebäudemodell erstellt werden, das die Ausführungszeichnungen ersetzt und aus dem Grundrisse, Schnitte und Ansichten generiert werden können. Allerdings ist dieses Verfahren sowohl zeitlich als auch technisch und damit kostenmäßig aufwendig, sodass es meist von spezialisierten Unternehmen angeboten und nicht selbst auf der Baustelle durchgeführt wird. Um Streitigkeiten z. B. über die Genauigkeit der aufgenommenen Werte zu vermeiden, empfiehlt es sich, bereits im Bauvertrag die entsprechenden Geräte zum Aufmaß zu vereinbaren.

Fazit

Die durchgängige Ermittlung, Kontrolle und Korrektur der Mengen spielen im Bauablauf eine wesentliche Rolle hinsichtlich der Kosten, Termine und Qualitäten. Mengenermittlung und Aufmaß ziehen sich durch die unterschiedlichen Phasen und beeinflussen sich nicht nur gegenseitig, sondern dienen auch als Grundlage für Folgeobjekte.

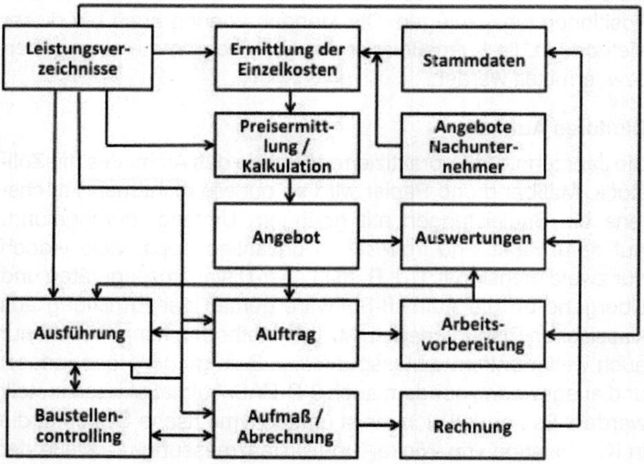

***Bild 7:** Übersicht von Mengenermittlung und Aufmaß im Projektverlauf (Quelle: Ingrid Kaiser)*

Technische Möglichkeiten und Einsatzgebiete der Leckortung

Immer wieder kommt es in Gebäuden zu Leckagen an Wasser- oder Abwasserleitungen, an Keller- oder Dachabdichtungen oder an der luftdichten Gebäudehülle. Je nachdem, wann die Leckagen entdeckt werden, und je nachdem, wo die Leckage auftritt, ist der resultierende Schaden mehr oder weniger hoch.

Den Leckageortungsverfahren kommt dabei eine besondere Bedeutung zu. Denn ist erst einmal ein Schaden entdeckt, geht es darum, die zugrunde liegende Ursache schnell, zuverlässig und zielgerichtet zu finden und abzustellen. Auch wenn ein Wasserschaden beseitigt ist, muss noch messtechnisch geprüft werden, ob die Schadenbeseitigung erfolgreich war.

Hierbei ist eine Vielzahl von Verfahren – von der einfachen Inaugenscheinnahme über den Einsatz einer mechanischen Prüfnadel hin zu Hochtechnologieverfahren wie z. B. der Leckageortung mittels Tracergas – für die Leckortung verfügbar.

Einige der gebräuchlichsten Verfahren werden nachfolgend vorgestellt und den jeweiligen Einsatzgebieten zugeordnet. Die Aufzählung ist beispielhaft und nicht abschließend.

Übersicht über Leckageortungs-verfahren

Optische Inspektion

Bild 1: *Leckortung von Rohrleitung mit farblosem UV-Tracer-Luminat (Quelle: TROTEC GmbH & Co. KG, de.trotec.com)*

Optische Inspektionen erfolgen, wie der Name sagt, zunächst mittels Inaugenscheinnahme ohne Hilfsmittel. Hierbei können eventuell schon Bereiche eingegrenzt werden.

Bei nicht zugänglichen Bereichen erfolgt die Hohlraum- und Leitungsinspektion mithilfe von Endoskopen.

Bei der Augenscheinnahme können Hilfsmittel wie Prüfnadeln oder Farbstoffe wie Uranin eingesetzt werden. Sie erlauben oft Rückschlüsse auf die Leckstelle. Hierzu muss die Prüflösung (Wasser) mit dem Kontrastmittel versetzt und in das zu prüfende Bauteil eingeleitet werden.

Mit fluoreszierenden Tracern (Luminat) können unter UV-Licht Lecks geortet werden. Dies ist auch das Mittel der Wahl, wenn der Untergrund nicht verfärbt werden darf.

Mit einem eng gestuften Thermogramm lässt sich für größere Flächen ermitteln, wo Unregelmäßigkeiten liegen, die ggf. durch Verdunstungskälte oder wegen abgehender Wärme entstehen.

Prüfverfahren für Leitungen

Die Druckprüfung von Leitungen mit Wasser, Luft oder anderen Medien ist oft erfolgreich bei der Identifizierung betroffener Leitungsstränge und bereits im Rahmen der Herstellung von Wasser- und Heizleitungen vorgesehen. Bei Mikrolecks kann es erforderlich werden, alternative Verfahren, z. B. Ultraschall, ergänzend hinzuzuziehen.

Elektrische Messverfahren

Bei der Leckageortung werden bevorzugt elektrische Ortungsverfahren eingesetzt, da diese zerstörungsfrei und einfach anzuwenden sind. Die Feuchtebestimmung im Baustoff ist mit diesen Messverfahren allerdings nur qualitativ möglich.

Wenn eine quantitative Aussage nötig ist, so ist die gravimetrische Methode (Trocknung einer Probe mit Darrprobe) die einzig zuverlässige Methode. Auch anerkannt ist die CM-Messung. Beide Methoden sind allerdings zerstörende Prüfungen, da Material entnommen werden muss.

Widerstand bzw. Leitfähigkeit (Einstech-Elektroden):

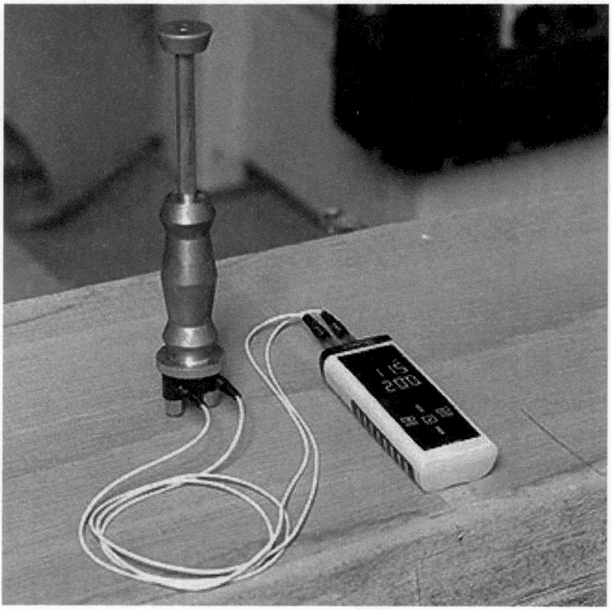

Bild 2: *Widerstandsfeuchtemessgerät T510 der Firma TROTEC (Quelle: TROTEC GmbH & Co. KG, de.trotec.com)*

Bei der Widerstandsmessung wird im Messgerät ein elektrischer Messstrom erzeugt, der mithilfe von Einstechelektroden durch den Untergrund geleitet wird. Mit steigendem Wassergehalt des Materials reduziert sich der Widerstand bzw. die Leitfähigkeit steigt.

Da normales Wasser eine gute Leitfähigkeit hat, ist der Widerstand hoch, wenn der Feuchtegehalt gering ist. Umgekehrt gilt: Hat das Messgut einen niedrigen Widerstand, ist der Feuchtegehalt hoch.

Je höher der Salzgehalt des Wassers, desto höher die Messwerte. Dies führt bei versalzten Untergründen zu Fehlmessungen. Auch sind Fehlmessungen bei elektrisch leitfähigen Untergründen möglich (z. B. alukaschierten Dichtbahnen im Estrich).

Es handelt sich bei der Widerstandsmessung mit Einstich-Elektroden um ein oberflächennahes Messverfahren, mit dem die ersten Zentimeter eines Baustoffs gemessen werden können. Für tiefere Schichten gibt es meist längere Einstech-Elektroden. Dieses Verfahren kommt bevorzugt beim Messen von Estrichen am Randdämmstreifen zum Einsatz. Alternativ kann man tiefere Schichten über Bohrungen erreichen. Dann ist allerdings zwischen Messung und Bohrung eine gewisse Zeit zu warten, denn die Wärmeentwicklung beim Bohren trocknet die Oberflächen aus. Auch ist das Verfahren dann nicht mehr zerstörungsfrei.

Die Feuchtemessung nach dem Widerstandsprinzip ist also eine indirekte Messmethode, da über die elektrische Leitfähigkeit des Materials auf die Feuchtigkeit geschlossen wird. **Ohm'scher Widerstand** R [Ω, Ohm], ist nach dem Ohm'schen Gesetz wie folgt definiert:

$$R = \frac{U}{I}$$

Dabei ist *U* die elektrische Spannung in Volt *V* und *I* die Stromstärke in Ampere *A*. Der **spezifische Widerstand** eines elektrischen Leiters (hier eines feuchten Baustoffs) ρ ist zudem abhängig von Elektrodenquerschnitt *A*, in m² und Leiterlänge (Abstand zwischen den Elektroden in m). Der Ohm'sche Widerstand lässt sich aus dem spezifischen Widerstand errechnen:

$$R = \frac{\rho l}{A}$$

Um qualitative Aussagen über den Feuchtegehalt eines Baustoffs mit elektrischen Messmethoden zu gewinnen, müsste man den spezifischen Widerstand des Baustoffs kennen. Dieser ist aber nicht konstant, sondern in Abhängigkeit von Baustoffzusammensetzung und Feuchtegehalt variabel. Hinzu kommen noch Temperatureffekte. Dies verdeutlicht, weshalb elektrische Messungen nur qualitative Rückschlüsse auf die Feuchteverteilung zulassen.

Die Widerstandsmessung eignet sich bei der Leckortung für viele Baustoffe. Wie alle elektrischen Verfahren, eignet sich die Methode aber nur, um qualitative Ergebnisse zu erhalten. Eine Ausnahme bildet der Werkstoff Holz.

Jede Holzart hat eine material- und feuchtespezifische Leitfähigkeit. Die meisten auf dem Markt verfügbaren Geräte haben einen Holzarten-Code, um die spezifische Holzart einzustellen. Einige Geräte verfügen zudem über eine Temperaturkompensation, sodass die Holzfeuchten im relevanten Bereich (i. d. R. 9- bis etwas über 30-Masseprozent) verhältnismäßig genau bestimmt werden können, da im Wesentlichen nur noch der Feuchtegehalt unbekannt ist sich auf den spezifischen Widerstand auswirkt.

Dielektrische Verfahren:

Dielektrische Messverfahren basieren auf den elektromagnetischen Eigenschaften des Wassermoleküls. Wasser ist ein polares Molekül. Es setzt sich aus zwei Wasserstoffatomen (+) und einem Sauerstoffatom (-) zusammen. Die Ladungsschwerpunkte von + und -Polen liegen im Molekül an verschiedenen Stellen.

Das führt dazu, dass sich das Molekül unter einem elektrischen Feld ausrichtet. Das Molekül ist polarisierbar. Wird an dem Baustoff ein elektromagnetisches Wechselfeld angelegt, so beginnen polarisierbare Moleküle im Baustoff sich in der Frequenz des Feldes zu bewegen. Bei hohen Frequenzen können nur noch die Wassermoleküle im Baustoff der Frequenz des Feldes folgen. Ausgedrückt wird dieser Effekt über die Dielektrizitätszahl ε_r. Trockene Baustoffe haben $\varepsilon_r \approx 3{,}9$, Wasser hat dagegen $\varepsilon_r = 80$.

Anders als bei auf Leitfähigkeit basierenden Sensoren entsteht keine Elektrolyse (Bewegung von Ionen im Elektrolyt).

Kugelkopf-Elektrode:

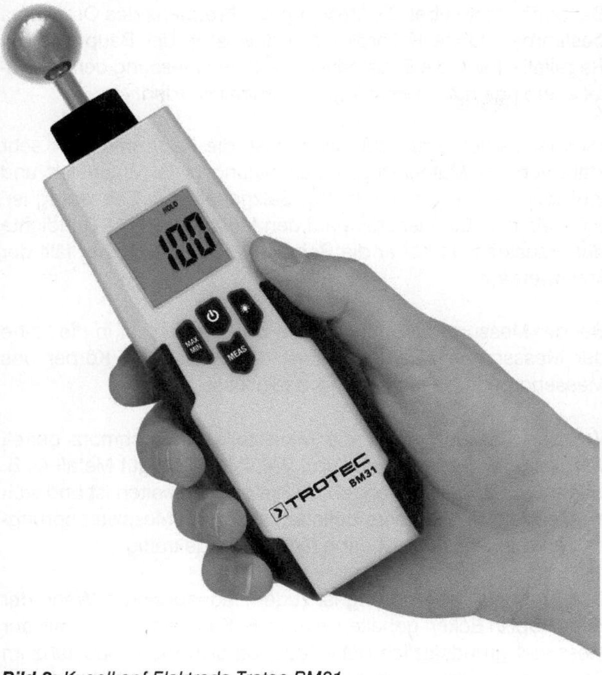

Bild 3: *Kugelkopf-Elektrode Trotec BM31*
(Quelle: TROTEC GmbH & Co. KG, de.trotec.com)

Ein komplett zerstörungsfreies Verfahren ist die Messung mit der Kugelkopf-Elektrode. Das Messverfahren wird im Bauwesen schon seit Jahrzehnten erfolgreich eingesetzt *(Gann® Hydromette)*.

Die elektrische Kapazität des Kugelkopfs wird stark von der Dielektrizitätszahl ε_r der Umgebung beeinflusst, insbesondere vom Wassergehalt.

Die Streubreite der erzielten Messergebnisse ist bei der Messung mit dem Kugelkopf allerdings größer als beim Widerstandsverfahren. Das dielektrische Messverfahren eignet sich noch weniger zur quantitativen, sondern ausschließlich zur qualitativen Feuchtemessung in oberflächennahen Bereichen.

Durch Messung der Kapazität in einen Oszillator kann man die Baustofffeuchte über die Messung der Frequenz des Oszillators bestimmen. Ohne Kalibrierung – dies ist in der Baupraxis der Regelfall – kann die Baustofffeuchte durch Messung der Kapazität allerdings nur überschläglich ermittelt werden.

Dies ist darauf zurückzuführen, dass die Kapazität auch sehr stark von der Materialzusammensetzung (z. B. Materialart und individuelle Zusammensetzung, Salzgehalt usw.) abhängig ist. Eine wichtige Einflussgröße auf den Messwert ist die Rohdichte des Baustoffs. Je höher die Rohdichte ist, desto höher fällt der Messwert aus.

Bei der Messung darf man zudem das Gerät nicht in die Nähe der Messsonde halten, da sonst das Wasser im Körper des Messenden das Messergebnis beeinflusst.

Vor der Messung muss die Messstelle von Schmutz befreit werden (z. B. Farbreste, Staub). Wenn im Messgut Metall (z. B. Nägel, Schrauben, Leitungen, Rohre etc.) enthalten ist und sich im Messfeld des Sensors befindet, steigt der Messwert sprunghaft an. Die Messung ist dann nicht aussagekräftig.

Das Ergebnis der Messung ist zudem lageabhängig. Wenn der Kugelkopf in Ecken gehalten wird (z. B. Fensterrahmen), fällt der Messwert grundsätzlich höher aus, da sich mehr Substanz im Streufeld des Messkopfs befindet. Es muss von Ecken und Kanten ein Abstand von ca. 10 cm eingehalten werden. Auch der Kontakt mit dem Untergrund hat einen Einfluss auf das Ergebnis. Raue Oberflächen zeigen deshalb tendenziell zu niedrige Messwerte an.

Die Einwirktiefe des Geräts liegt je nach Rohdichte des Messguts bei 20 bis 40 mm. Aussagen zu tiefer gelegenen Zonen sind nicht möglich.

Bei Materialstärken von weniger als 20 mm besteht die Gefahr, dass auch Feuchtewerte aus angrenzenden Materialschichten den Messwert beeinflussen.

Der hauptsächliche Einsatzbereich des dielektrischen Messverfahrens mit der Kugelkopf-Elektrode liegt in der vergleichenden Messung desselben Untergrunds oder bei gleichen Bauteilen.

Deshalb eignet sich dieses Verfahren gut zur Begutachtung von Wasserschäden, zur Leckageortung sowie zur Eingrenzung von Feuchtezonen zur Messstellenmarkierung von CM-Messungen.

Mikrowellenverfahren:

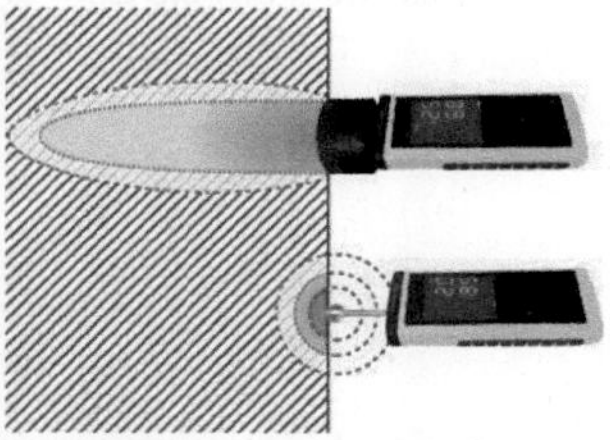

Bild 4: *Messtiefen von Mikrowellen-Messgerät T610 (oben) und Kugelkopf-Elektrode T660 (unten) der Firma TROTEC (Quelle: TROTEC GmbH & Co. KG, de.trotec.com)*

Im Gegensatz zur Kugelkopfelektrode ist das Mikrowellenverfahren geeignet, in größere Messtiefen zu messen.

Beim Mikrowellen-Messverfahren wird der Unterschied zwischen der relativ hohen dielektrischen Leitfähigkeit von Wasser im Gegensatz zu anderen Materialien genutzt. Der Feuchtegehalt wird über Analyse eines Feststoff-Wasser-Gemisches in einem elektromagnetischen Feld bestimmt. Dabei wird der Einfluss der Permittivitätszahl ε von Wasser auf die Sensorkapazität registriert. Die Messfrequenzen der Geräte liegen zwischen 0,3 und 20 GHz.

Beim Mikrowellen-Messverfahren werden die Unterschiede zwischen ausgesandten und empfangenen Wellen gemessen. Es wird unterschieden in Wellenhöhen und -breiten gemessen (Amplitudendämpfung und Phasenverschiebung). Die Veränderungen von Amplitude und Phase ergeben sich durch Reflexion, Brechung und Streuung der hochfrequenten Wellen an den Grenzschichten des Dielektrikums (i. d. R. Wasser) und durch Absorption im Inneren des Untersuchungsmaterials.

Temperatur, Salzgehalt des Materials und die Materialkörnung beeinflussen das Messergebnis. Bei hohen Frequenzen sinkt der Einfluss von ohmschen Verlusten, d. h. der Einfluss der Leitfähigkeiten aufgrund der Versalzung des Mauerwerks, stark ab. Ab etwa 1 GHz sind diese Verluste jedoch gegenüber anderen dielektrischen Verlusten vernachlässigbar. Mikrowellenverfahren sind daher von der Versalzung, was baupraktische Belange angeht, unabhängig. Allerdings steigen die Messwerte bei Leitungen aus Metall oder Bewehrung deutlich an. Unter Umständen ist hier eine Alternativmessung mit nicht elektrischen Methoden, z. B. mit Radarsonden, vorzunehmen, um die Effekte voneinander abzugrenzen.

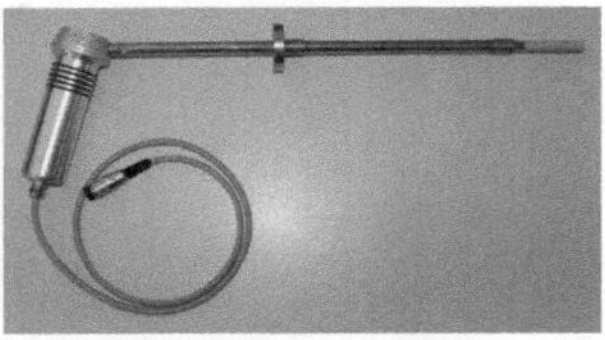

***Bild 5:** Endoskopische Bohrlochsonde, Moist-Endo (Quelle: hf-sensor)*

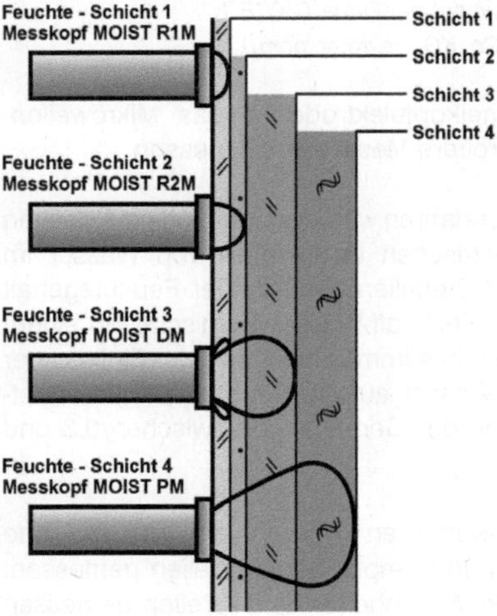

***Bild 6:** Darstellungen von Messtiefen verschiedener Mikrowellensensoren (Quelle: hf-sensor)*

Die Messtiefe kann, je nach Messgerät, 30 cm und mehr betragen. Bei hochwertigen Messgeräten beträgt die Messtiefe über den Einsatz verschiedener Messköpfe zwischen 3 und 80 cm bzw. kann über den Einsatz eines Endoskop-Messkopfs variiert werden. So kann ein dreidimensionales Feuchteraster erstellt werden.

Wenn die Messtiefe nicht eingestellt werden kann, sollte der untersuchte Untergrund nicht weniger stark sein als die Messtiefe, da sonst Fehlmessungen möglich sind. Auch muss ein Randabstand von ca. 15 cm zu Ecken und Kanten eingehalten werden, da sonst die Messergebnisse aufgrund des Messvolumens beeinträchtigt werden.

Man unterscheidet das Transmissions- und das Reflexionsverfahren sowie die resonante Anordnung von Sensoren. Beim **Transmissionsverfahren** werden die Wellen durch das Bauteil gesendet und auf der gegenüberliegenden Seite aufgezeichnet. Transmissive bzw. resonante Anordnungen sind nur mit höherwertigen Messgeräten möglich.

In der Baupraxis weit verbreitet sind **Reflexionsverfahren**, bei denen die vom Material reflektierten Mikrowellen analysiert werden. Zur Reflexion dieser Welle tragen dabei die oberflächennahen und tiefer liegenden Volumenelemente des Messguts bei. Die Gewichtung der einzelnen Volumenelemente nimmt mit zunehmender Tiefe ab. Generell beeinflussen tiefer liegende Feuchtezonen den Anzeigewert geringer als oberflächennahe Durchfeuchtungen. Dies ist bei der Interpretation der Messungen zu beachten.

Impulsstromverfahren:

Bild 7: *Impulsstrommessung auf Flachdach*
(Quelle: TROTEC GmbH & Co. KG, de.trotec.com)

Das Impulsstrom-Verfahren eignet sich insbesondere zur Leckageortung auf bekiesten oder begrünten Flachdächern. Dabei muss sowohl auf dem Flachdach wie auch unter dem Flachdach Wasser vorhanden sein (unter dem Flachdach durch die Leckage). Das Verfahren funktioniert nicht, wenn keine elektrische Verbindung zwischen der Dachoberseite über der Abdichtung und der Dachunterseite über die Leckage hergestellt werden kann.

Bei diesem Verfahren wird auf der zu untersuchenden Folie eine Spannung angelegt, indem eine Ringleitung mit negativem Pol auf der Abdichtungsoberfläche und ein Erdungskabel mit positivem Pol an der Abdichtungsunterseite installiert werden. Vor der Messung muss um die Dachfläche eine Ringelektrode verlegt werden. Dies ist meist mit wenig Aufwand möglich.

Ein Impulsgenerator gibt dann Stromstöße mit einer geringen Spannung ab (20 bis 60 V) ab. Die Oberflächenfeuchtigkeit dient als Leiter für den per Impulsgenerator angelegten elektrischen Strom, dessen Fließrichtung mittels der Messstäbe erfasst und auf dem Impulsempfänger als Richtungsangabe zur Leckstellen-Position anzeigt wird.

Mit dem Empfänger wird die Spannung (Potenzialdifferenz) gemessen. Eine Anzeige auf dem Empfänger leitet den Benutzer in Richtung des Lecks. In Richtung des Lecks steigt die Potentialdifferenz. An der Stelle des Lecks ist die Potenzialdifferenz am höchsten.

Fehlmessungen können entstehen, wenn innerhalb des Daches geerdete Punkte wie Blitzableiter liegen. Diese Erdung muss unterbrochen werden, damit das Leck zuverlässig entdeckt wird. Auf dem Dach befindliche Metallteile sind vorab zu prüfen, damit eine Leckageortung durchgeführt werden kann. Die Bereiche sind vorab abzuschirmen.

Luftdichtheitsmessung:

Bild 8: *Luftdichtheitsmessung zur Leckortung (Quelle: M. Siegwart)*

Nicht nur durch Leckagen von Wasser kann es zu Schäden an Gebäuden kommen, sondern auch durch Luftundichtigkeiten. Dabei kommt es durch Konvektion warmer Innenluft durch die gedämmte Gebäudehülle zu Tauwasserbildung im Innern von Bauteilen und dadurch zu Schäden.

Das klassische Messverfahren für die Leckageortung ist die nach DIN 13829 und EN ISO 9972 normierte Luftdichtheitsmessung (auch Blower-Door-Test genannt). Für die Messung wird ein Blower-Door®-System in eine Außentür oder in ein Fenster des Gebäudes eingesetzt.

Alle weiteren Außentüren und Fenster werden geschlossen, alle Innentüren des Gebäudes bleiben geöffnet, sodass ein Luftverbund im Gebäude entsteht. Das Blower-Door-Gebläse erzeugt einen Unterdruck. Es wird ermittelt, wie oft pro Stunde unter Prüfbedingungen die Luft im Gebäude komplett ausgetauscht wird.

***Bild 9:** Einsatz von Rauchgas während Luftdichtheitsmessung (Quelle: M. Siegwart)*

Am Gebäude wird ein Unter- und Überdruck angelegt. Dabei sollte die Druckdifferenz nicht dauerhaft wesentlich größer als 100 Pa sein, da sonst die luftdichte Ebene beschädigt wird, z. B. durch Abreißen von Verbindungen, sofern sie vorher intakt war.

Zur Leckortung bei der ersten Messphase der Luftdichtheitsmessung wird entweder die Thermografie, Rauchgas oder ein Anemometer eingesetzt. Größere Fehlstellen lassen sich bereits mit der Hand erfühlen. Am besten werden Lecks mit der Wärmebildkamera gefunden. Dann muss aber zwischen Innen- und Außenluft eine ausreichend hohe Temperaturdifferenz bestehen (mindestens 10 K besser > 15 K).

Damit die Druckdifferenz während des Verfahrens eingehalten wird, verfügt eine Messanlage über ein **Differenzdruckmesssystem** und eine PC-Steuerung, die den Luftstrom des Ventilators permanent regelt. Durch die Messblenden erzeugt das Gebläse im Ventilator einen Überdruck. Messinstrumente bestimmen die Druckdifferenzen zwischen außen und Innen und dem Druck im Ventilator. Aus dem Druck im Ventilator ergibt sich die Größe des Luftstroms, die der Ventilator transportiert.

Eine Luftdichtheitsmessung (Blower-Door-Test) untergliedert sich in drei Messphasen:

1. Konstanter Unterdruck von 50 Pa oder etwas höher. Jetzt wird nach Leckagen gesucht, an denen Luft unplanmäßig hereinströmt. Planmäßig vorhandene oder zulässige Undichtigkeiten, z. B. im Bereich von Ventilatoren, müssen vor der Messung abgeklebt werden.
2. Schubweise erhöhender Unterdruck mit kleinen Drücken. Man fängt mit 10 bis 30 Pa an und erhöht in 5- bis 10-Pa-Schritten bis auf den Enddruck von 50 bis 100 Pa. Bei jedem Schritt wird der jeweilige Luftvolumenstrom in Abhängigkeit von dem Gebäudedruck gemessen und protokolliert.
3. Konstanter Überdruck, und die Messung wird wie in der ersten Messphase zur Unterdruckmessung wiederholt.

Aus den Ergebnissen der Messphasen wird die mittlere Luftwechselrate, der n50-Wert berechnet.

Ultraschallprüfungen (Luft- und Schlagregendichtheit):

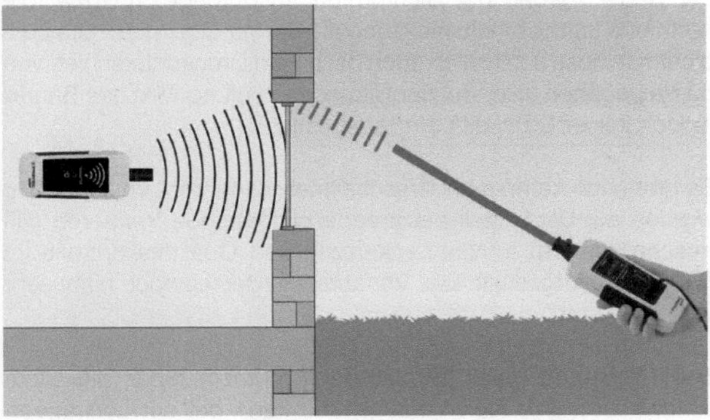

Bild 10: *Schemazeichnung der Ultraschallprüfung eines Fensters, Luftschallsonde innen, Empfänger außen (Quelle: TROTEC GmbH & Co. KG, de.trotec.com)*

Einzelne Bauteile wie Fenster oder Türen können mit Ultraschallmessungen auf Luft- und Schlagregendichtheit geprüft bzw. Leckagen geortet werden. Bereits im Jahr 2002 sind für diese Einsatzgebiete Ultraschallgeräte vorgestellt worden.

Als Ultraschall bezeichnet man Schall mit Frequenzen über 16 kHz. Das menschliche Gehör ist in der Lage, Schall zwischen 20 Hz und 20 kHz wahrzunehmen, wobei hohe Töne über 16 kHz mit zunehmendem Alter weniger gut wahrgenommen werden.

Ultraschall wird wie Schall je nach Material eines Hindernisses an diesem reflektiert, in ihm absorbiert, gestreut oder tritt hindurch (**Transmission**). Wie bei anderen Wellen treten auch Brechung, Beugung und Interferenz auf. Bei der Leckageortung setzt man auf die Transmission des Ultraschalls.

Das Messsystem verfügt über einen Sender mit einer Luftschallsonde und einen Empfänger. Die Luftschallsonde sendet die Ultraschallwellen aus. Aufgrund der Wellenlänge werden auch kleinste Undichtigkeiten durchdrungen und können mit dem Empfangsgerät lokalisiert werden (siehe Schemazeichnung in Bild 10). Mit dem Empfänger werden die für das menschliche Gehör unhörbaren Signale in hörbare akustische Signale umgewandelt.

Das Verfahren der Ultraschallprüfung ist für den Anwendungsfall „Luftdichtheit im Bauwesen" jedoch nicht weit verbreitet. In der Regel werden nur Sichtprüfungen durchgeführt bzw. die normierte Luftdichtheitsmessung als Blower-Door-Test. Die Luftdichtheit muss schließlich auch bei einem Druckunterschied von 50 Pa gegeben sein. Bei der Ultraschallprüfung wird das Bauteil jedoch keiner Druckdifferenz ausgesetzt.

Es gibt auch komplexe Ultraschallmessverfahren. Im Jahr 2016 wurden auf Ultraschall basierende bildgebende Verfahren (Ultraschallkamera) für die Leckortung und Qualitätskontrolle im Bauwesen vorgestellt. Das Verfahren ist derzeit noch nicht sehr weit verbreitet.

Beim Anwendungsfall „Schlagregendichtheit" bietet die Ultraschallmessung jedoch Vorzüge und kann bei der Leckageortung hilfreich sein. So sind dem Verfasser Fälle bekannt, wo Leckagen der Schlagregendichtheit erst nach langer Suche identifiziert werden konnten, weil nur die klassischen Hilfsmittel, d. h. Beregnung in Kombination mit visueller Inspektion, zum Einsatz kamen.

Bild 11: *Modulierbarer Sender mit Kugeltransmitter (Quelle: Sonotec)*

Bei höherwertigen Geräten kann man das Sendesignal modulieren, und es gibt ähnlich wie bei der Schallmessung Raumstrahler; einfache Geräte senden Ultraschall mit gleicher Intensität in eine Richtung.

Tracergas-Verfahren

Bild 12: *Einsatz von Tracergas zur Leckortung auf intensiv begrüntem Flachdach (Quelle: M. Siegwart)*

Ein alternatives Leckortungsverfahren, z. B. bei Dachflächen oder Rohrleitungen, ist die Lecksuche mit Tracergas (Spurengas). Es kommt dann zum Einsatz, wenn keine elektrische Verbindung vor und hinter der Abdichtungslage über das Leck besteht. Das zu prüfende Bauteil muss mit dem Gas gefüllt oder unterströmt werden können.

Purer atomarer Wasserstoff ist aufgrund der guten Reaktionsfähigkeit leicht entzündlich (Knallgasreaktion) und deshalb in seiner reinen Form nicht zur Lecksuche geeignet. Im XRS-System wird ein Wasserstoff als Spurengas eingesetzt. Es hat eine Konzentration von 5 % und ist mit 95 % Stickstoff verdünnt. In dieser Mischung ist das Tracergas nicht brennbar, nicht korrosiv und ungiftig.

Das Wasserstoff-Molekül (H_2) ist klein und leicht. Es lässt sich aufgrund der Atomgröße auch nicht dauerhaft aufbewahren, da es langsam aus den Behältern auswandert. Wasserstoff lässt sich zudem im Vergleich zu anderen Spurengasen preiswert durch die Elektrolyse von Wasser oder in Raffinerien als Nebenprodukt gewinnen.

Wasserstoff strömt durch kleinste Ritzen und Lecks nach oben, da es viel leichter ist als die restlichen Bestandteile von Luft. Ohne größere Widerstände dringt es durch Böden. An der Oberfläche angekommen, reagiert es mit einem Sensor im Spürgerät. Die Stellen können dann freigelegt und näher untersucht werden.

Da das Tracergas nach oben strömt, ist das Verfahren für seitliche Messungen deshalb nur bedingt geeignet. Auch sind Fehlmessungen möglich, da klassische Baustoffe wie Ziegel oder Mörtel nicht gasdicht sind, poröse Baustoffe sind sogar ausgesprochen gasdurchlässig. Dort kann es bei Attiken und anderen aufgehenden Bauteilen zu Randeffekten kommen. Dennoch kann das Verfahren geeignet sein, bei großen Flächen oder langen Leitungen mit geringen Leckagen schadhafte Stellen einzugrenzen und weiter zu untersuchen.

Bauwerksthermografie

Bei der Leckortung wird die Thermografie gerne als unterstützendes Verfahren verwendet, entweder direkt zur Leckortung oder indirekt zur Schadenvermeidung bei Bauteilöffnungen, z. B. bei Öffnungen im Fußboden. Beim Blower-Door-Test ist die Thermografie ein wichtiges Hilfsmittel, um Lecks aufzuspüren.

Unter Thermografie versteht man ein bildgebendes Verfahren zur Anzeige der Oberflächentemperatur von Bauteilen mittels einer Wärmebildkamera. Eine Wärmebildkamera wandelt unsichtbare Infrarotstrahlung in elektrische Signale um. In der Wärmebildkamera kann man den Emissionsgrad ε einstellen.

Ein Bauteil sendet Wärmestrahlung aus, sobald die Temperatur oberhalb des absoluten Nullpunkts von ca. -273 °C liegt. Im Idealfall ist der Emissionsgrad ε der Oberfläche des Bauteils gleich 1, d. h. sämtliche Strahlung wird vollständig absorbiert. Bei realen Oberflächen weicht der Emissionsgrad immer ab. Polierte Metallflächen z. B. reflektieren Wärmestrahlung relativ stark, ε sinkt im IR-Bereich auf Werte unter 0,1 ab. Bei üblichen Baustoffen liegt der Emissionsgrad ε bei ca. 0,9 bis 0,95.

Wenn man die Oberflächentemperaturen bestimmter Bauteile absolut bestimmen will und nicht nur der relative Temperaturunterschied wichtig ist, so muss man die Kamera vor Ort mit einer Metallfolie in der Aufnahme kalibrieren. Bei der Lecksuche ist jedoch i. d. R. keine Kalibrierung nötig.

Die Intensität der Infrarotstrahlung, die von einem Punkt auf dem Bauteil ausgeht, wird vom Sensor als Maß für dessen Temperatur gedeutet. Die Punktgröße ist abhängig vom Abstand des Sensors zum Bauteil.

In der Wärmebildkamera wird ein Bild in Falschfarben erzeugt. Kosteten Thermografie-Kameras mit bolometrischen Sensoren noch vor wenigen Jahren bis zu mehrere zehntausend Euro, so sind mittlerweile Kameras mit guten Auflösungen von ca. 200 x 300 Pixeln für wenige hundert Euro auf dem Markt.

Thermografie ist ein geregeltes Verfahren. Personen, die Thermografien durchführen, können sich nach DIN 54162 Zerstörungsfreie Prüfung – Qualifizierung und Zertifizierung von Personal für die thermografische Prüfung – Allgemeine und spezielle Grundlagen für Stufe 1, 2 und 3 zertifizieren lassen. Hinweise, wie thermografische Untersuchungen durchzuführen sind, finden sich in DIN 54190 Zerstörungsfreie Prüfung – Thermografische Prüfung, Teil 1 bis 3, in DIN 54191 bis DIN 54192 und in DIN EN 13187.

Man unterscheidet zwischen aktiver und passiver Thermografie. Bei der aktiven Thermografie wird das zu untersuchende Objekt aktiv angeregt (z. B. durch Laser, Ultraschall oder mit induktiver Erwärmung). Die zurückemittierte Strahlung wird analysiert. Das Verfahren kommt im Bauwesen i. d. R. nicht zum Einsatz, sondern eher in der Materialprüfung.

Bei der passiven Thermografie wird die durch die Umgebung und ggf. durch Eigenwärme, z. B. beheiztes Gebäude, die verursachte Temperaturverteilung mit der Kamera erfasst. Die passive Thermografie wird typischerweise im Bauwesen bei der Leckortung eingesetzt.

Mess- und Prüfstrategien

Zu Beginn einer Lecksuche steht die Anamnese. Anamnese bedeutet nichts anderes als eine Bestandsaufnahme bzw. das Einholen von Informationen. Um überhaupt eine Strategie zur Lecksuche erarbeiten zu können, muss man herausfinden, wodurch der Schaden möglicherweise verursacht worden ist.

Sind Leitungen im Untergrund verlegt? Handelt es sich um Frischwasserleitungen (Druck) oder um Abwasserleitungen? Woraus besteht der Untergrund (sofern nicht offensichtlich)? Handelt es sich um ein Betonbauteil oder um einen gemauerten Keller? Woraus besteht die Dachabdichtung? Etc.

Erst wenn einiges über das Bauwerk und die möglicherweise schadenverursachenden Gegebenheiten bekannt sind, sollte mit der Lecksuche begonnen werden. Bei der Lecksuche geht man systematisch nach dem Ausschlussprinzip vor. Zuerst werden die wahrscheinlichen Ursachen abgeprüft, dann die weniger wahrscheinlichen Ursachen und so weiter.

Wenn mehrere Ursachen möglich sind, so sollten auch alle möglichen Ursachen geprüft werden, denn es ist schließlich möglich, dass ein Schaden von mehr als einer Ursache verursacht wurde. Ein typisches Beispiel hierfür ist ein Wasserschaden durch ein korrodiertes C-Stahlrohr.

Oft ist nicht das C-Stahlrohr der eigentliche Schadenauslöser. Schadenauslöser ist oft eine Leckage in einer Abwasser- oder Heizungsleitung (Primärschaden). Dieser Schaden verursacht mit der Zeit eine zweite Leckage im C-Stahlrohr (Sekundärschaden).

Bei Schäden von drucklosen Leitungen dringt Wasser oft nur sehr langsam in Bauteile ein. Monate können vergehen, bevor er überhaupt bemerkt wird. Das kann dazu führen, dass nur der Sekundärschaden, wie z. B. ein mit Druckwasser befülltes korrodierte C-Stahlrohr beseitigt wird, während der Primärschaden (undichtes Abwasserrohr) unentdeckt bleibt und weitere Schäden verursacht.

Bei großen Flächen empfiehlt sich eine Rasterfeldmessung (Bild 13), um stärker betroffene Bereiche zu identifizieren, die näher zu untersuchen sind. Dabei können verschiedene Messverfahren angewandt werden. Für die Rasterfeldmessung eignen sich diverse Messverfahren, und es gibt auch spezielle Messgeräte, die für flächige Anwendungen geeignet sind.

Je nach Tiefe und Beschaffenheit des zu untersuchenden Untergrunds können dabei verschiedene Sensoren eingesetzt werden. Bei leitfähigem Untergrund können diverse elektrische Messverfahren eingesetzt werden. Bei zu starker Versalzung sollte man auf die Mikrowellenmessung zurückgreifen. Auch bei Dachabdichtungen (nichtleitend) sollte man das Mikrowellen- oder Kugelkopf-Verfahren verwenden (je nach Messtiefe und sonstigen Rahmenbedingungen).

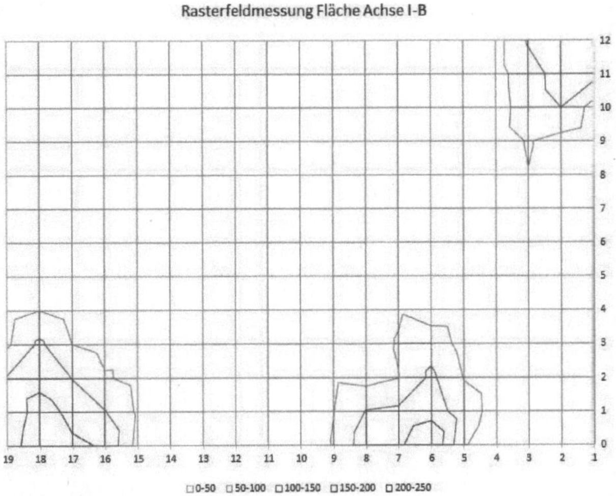

***Bild 13:** Ergebnisse einer Rasterfeldmessung einer Dachfläche (Quelle: M. Siegwart)*

Wenn das gesamte Bauteil gleichmäßig durchfeuchtet ist, ist mit den genannten Messverfahren kein sinnvolles Ergebnis zu erwarten. Sehr oft können dort mit der Impulsstrommethode gute Ergebnisse erzielt und die Leckstellen direkt identifiziert (ohne Rasterfeldauswertung) werden. Die Impulsstrommessung ist besonders bei bekiesten oder begrünten Dächern sinnvoll. Bei Dächern, bei denen die Abdichtung offen liegt, lassen sich viele Lecks bereits durch eine Augenscheinnahme ggf. mit einer Prüfnadel finden.

Das Erarbeiten einer Messstrategie und das Durchführen der Messung bedürfen einiger Erfahrung und können hier nicht abschließend behandelt werden. Beispielhaft wurde vorgestellt, worauf in einzelnen Fällen zu achten ist. Die genannten Verfahren der Leckortung werden auch eingesetzt, um den Erfolg einer Bautrocknung zu kontrollieren.

Toleranzbereiche für Winkel, Ebenen und Fluchten

Normen, Fachregeln, Richtlinien

Maßtoleranzen für Bauwerke im Hochbau sind in den folgenden Normen festgelegt:

DIN 18202[1]	**Toleranzen im Hochbau, Bauwerke (Ausgabe Juli 2019)**
DIN 18203-3[2]	**Toleranzen im Hochbau, Teil 3: Bauteile aus Holz und Holzwerkstoffen (Ausgabe August 2008)**

Hinweis: Die Normenreihe DIN 18203 „Toleranzen im Hochbau" besteht zurzeit nur aus Teil 3 (DIN 18203-3). DIN 18203-1 und -2 sind zurückgezogen.

DIN 18202 enthält Angaben zu Grenzwerten für Abweichungen von Bauwerksmaßen, der Ebenheit von Flächen, der Lage von Ebenen und Bauteilen im Raum (Winkelbezüge) sowie zur Flucht von Stützen.

Zu vorgefertigten Teilen aus Holz sind Regelungen über zulässige Maßabweichungen der Bauteile in DIN 18203, Teil 3 enthalten.

Im Zuge der Erstellung eines Bauwerks ist durch alle Beteiligten in allen Bauphasen eine Vielzahl von Bestimmungen, Normen, Richtlinien und Gesetzen zu berücksichtigen.

Zu den Regelwerken gehören:

- Bauordnungsrechtliche Bestimmungen (Landesbauordnungen)
- „Schutznormen" (z. B. Wärmeschutz, Schallschutz, Brandschutz)

[1] DIN 18202:2019-07: Toleranzen im Hochbau – Bauwerke; Beuth Verlag, Berlin

[2] DIN 18203-3:2008-08: Toleranzen im Hochbau – Teil 3: Bauteile aus Holz und Holzwerkstoffen; Beuth Verlag, Berlin

- Normen (DIN-Normen, DIN EN-Nomen, DIN EN ISO-Normen) als Planungsgrundlagen und Ausführungsbestimmungen
- Inhalte der Vergabe- und Vertragsordnung für Bauleistungen (VOB)
- Vorgaben aus den allgemeinen bauaufsichtlichen Zulassungen von Bauprodukten
- Fachregeln und Richtlinien des Handwerks
- Merkblätter von Fachverbänden
- Technische Ausführungsbestimmungen und Verarbeitungsrichtlinien zu Baustoffen
- Verordnungen, z. B. Arbeitsstättenverordnung
- Vorschriften von Berufsgenossenschaften

In allen Fällen sind dabei zunächst bereits in der Planungsphase die Auswahl von geeigneten Materialien und deren typische „positive" Eigenschaften für eine funktionsgerechte und kostengünstige Lösung der Bauaufgabe von großer Bedeutung. Beispielhaft sei dazu der Einsatz von Beton als tragendes und „abdichtendes" Bauteil oder die Verwendung von Stahl zur Herstellung filigraner Tragwerke, wenn diese sichtbar und ästhetisch gestaltet werden sollen, genannt.

Für alle eingesetzten Baustoffe und die hergestellten Bauteile gilt es, im gesamten Planungs- und Bauablauf geeignete „Nahtstellen" vorzusehen, um im Roh- und Ausbau ein Zusammenfügen ohne Anpass- und Nacharbeiten zu ermöglichen.

Das gelingt immer dann, wenn bereits in der Planung wesentliche „Grundregeln" beachtet werden. Dazu zählt die Berücksichtigung von technischen Vorgaben aus den Normen zu Baustoffen (Produktnormen) und deren fachgerechte Verarbeitung oder Einbau (Planungs- und Ausführungsnormen), aus der VOB und aus den Richtlinien und Fachregeln des Handwerks. Außerdem stellt die Einplanung von Toleranzen i. S. d. DIN 18202 und 18203 ebenfalls eine Grundvoraussetzung für eine einwandfreie Bauleistung dar.

In diesem Zusammenhang ist auch die Beachtung der „Allgemein anerkannten Regeln der Technik" als grundlegender Beitrag zur Herstellung eines mangelfreien Bauwerks von hohem Stellenwert. Die Einhaltung von Normen allein kann dies nicht garantieren. Oftmals stehen die Inhalte von Normen gegenüber den aktuellen Erwartungshaltungen und Ansprüchen zurück und erfüllen nicht automatisch den Anspruch, als „Anerkannte Regeln der Technik" zu gelten.

Die **„Allgemein anerkannten Regeln der Technik"** sind bestimmt durch:

- Inhalte aus bauaufsichtlich eingeführten Normen, Fachregeln u. Ä.
- Ausführungsmethoden, die sich in der handwerklichen Praxis bewährt haben
- Anerkennung der Notwendigkeit und Richtigkeit dieser Regelungen durch die Mehrzahl der fachlich qualifizierten Bauschaffenden
- Bewährung dieser Arbeitsweisen über einen längeren Zeitraum

Ferner sind die geregelten herstellungsbedingten Maßabweichungen von Baustoffen, Veränderungen der Bauteile durch Schwinden und Kriechen, Durchbiegungen infolge Belastung, temperatur- und feuchtigkeitsbedingte Verformungen und handwerkliche Ungenauigkeiten bei der Ausführung zu berücksichtigen.

„Toleranzen sind nur dann zu prüfen, wenn es erforderlich ist", so regelt es die DIN 18202 „Toleranzen im Hochbau – Bauwerke"; s. DIN 18202, Abschnitt 6.1.

Die in dem gewerkespezifischen Teil dieses Handbuchs genannten Grenzwerte zu Abweichungen der Bauwerksmaße, von Ebenheiten und Winkeln, wurden um Hinweise auf Basisdaten aus den „Allgemeinen Technischen Vertragsbedingungen für Bauleistungen (ATV)" der VOB Teil C sowie auszugsweise aus anderen Regelwerken oder Richtlinien ergänzt.

Die dazu getroffene Auswahl basiert auf der Einschätzung der Autoren, die dargestellten Inhalte des Handbuchs praxisbezogen für Planungs- und Ausschreibungsleistungen sowie für eine Prüfung im Rahmen der Bauleitung und bei der Durchführung von Abnahmen einsetzen zu können.

DIN 18202

Toleranzen im Hochbau – Bauwerke

Die Inhalte der Norm bilden in mehrfacher Hinsicht die Grundlagen für eine ausgereifte, fundierte Planung und Ausführung von Bauwerken. Durch die Angabe von Grenzwerten für zulässige Abweichungen einer Ist-Lage von einer geplanten Soll-Lage von Bauteilen wird dem Planer verdeutlicht, dass eine Planung ohne Berücksichtigung von handwerklich und messtechnisch bedingten Abweichungen von Baumaßen in der Baupraxis nicht umsetzbar ist. Die Norm liefert dazu die maßlichen Eckdaten für Bauwerksmaße, die Ebenheit von Flächen, die Lage von Bauteilen im Raum (Winkelbezüge) und die Flucht von Stützen. Die angegebenen maximalen Abweichungen sind im Rahmen des Bauablaufs und der Bauausführung einzuhalten, um damit ein störungsfreies Aufeinanderaufbauen verschiedener Gewerke sicherzustellen.

Darüber hinaus legt die Norm mit der Vorgabe der planerischen Definition von Koordinierungssystemen im Grund- und Aufriss, Bezugspunkten und Bezugsarten die Voraussetzungen für eine spätere Prüfung der Lage von Bauteilen.

Durch Vorgaben zur Lage erforderlicher Prüfpunkte werden außerdem verbindliche Prüfkriterien geschaffen.

Mit der Ausgabe der DIN 18202:2019-07 erhalten die folgenden Inhalte ihre Gültigkeit.

Anwendungsbereich

Die Regeln der DIN 18202 gelten für die Herstellung von Bauteilen und die Ausführung von Bauwerken im Hochbau. Für andere Bauwerke, wie z. B. Ingenieurbauwerke (Brücken, Behälter usw.), gilt DIN 18202 nicht. Ziel der Norm ist es, Maßtoleranzen (Differenz zwischen dem Höchstmaß und Mindestmaß) festzulegen und Regeln für deren Prüfung anzugeben.

Die festgelegten Toleranzen berücksichtigen die übliche handwerkliche Genauigkeit in der Ausführung von Bauleistungen.

Die in den Tabellen und Diagrammen angegebenen Grenzwerte und Toleranzen gelten unabhängig von den eingesetzten Baustoffen.

Die Grenzwerte gelten stets als vereinbart, soweit nicht andere Regelungen im Einzelfall objekt- oder bauteilbezogen getroffen werden.

Sollen besondere Anforderungen und Genauigkeiten für bestimmte Bauteile eingehalten werden, so sind diese bereits in der Planung zu berücksichtigen und in Leistungsverzeichnissen oder Vertragsunterlagen zu vereinbaren.

Lastabhängige sowie zeitabhängige Verformungen wie z. B. Deckendurchbiegungen infolge Belastung oder Bauteilverkürzungen infolge Schwindens von Betonbauteilen sind nicht Gegenstand der Norm und sind gesondert zu berücksichtigen. Hierzu zählen auch temperaturbedingte Verformungen und Durchbiegungen. Höhenversätze an der Grenzlinie benachbarter Bauteile (z. B. Stoßstellen von Filigrandecken, Bodenbelägen, Wandbekleidungen) zählen ebenfalls nicht zum Anwendungsbereich der Norm.

Begriffe

Die für die Anwendung der DIN 18202 benötigten Begriffe werden im Abschnitt 3 der Norm geregelt. Hierbei handelt es sich im Wesentlichen um die zum Verständnis erforderlichen notwendigen sprachlichen Definitionen zu einzelnen Maßbezeichnungen und andere Begrifflichkeiten. Nachfolgend werden diese Begriffe erläutert; für den genauen Wortlaut ist die Norm heranzuziehen.

Nennmaß:

Das Nennmaß ist das Sollmaß. Es dient zur Beschreibung der Größe (Länge, Breite, Höhe), Gestalt und Lage eines Bauteils oder Bauwerks (z. B. die Länge einer Wand). Es wird in Zeichnungen angegeben.

Istmaß:

Das vor Ort an einem hergestellten Bauteil oder Bauwerk durch Messung ermittelte Maß wird als Istmaß bezeichnet.

Maßabweichung:

Die Differenz zwischen einem festgelegten Nennmaß (Sollmaß) und einem festgestellten Istmaß stellt grundlegend eine **Maßabweichung** dar, unabhängig von einer nachfolgenden Bewertung zu deren Zulässigkeit oder Unzulässigkeit.

Mindestmaß und Höchstmaß:

Die Begriffe **Mindestmaß** und **Höchstmaß** beschreiben jeweils das für ein Bauteil zulässige kleinste bzw. größte Maß.

Maßtoleranz:

Die Differenz zwischen einem zulässigen kleinsten Maß (Mindestmaß) und einem zulässigen größten Maß (Höchstmaß) eines Bauteils wird als **Maßtoleranz** bezeichnet.

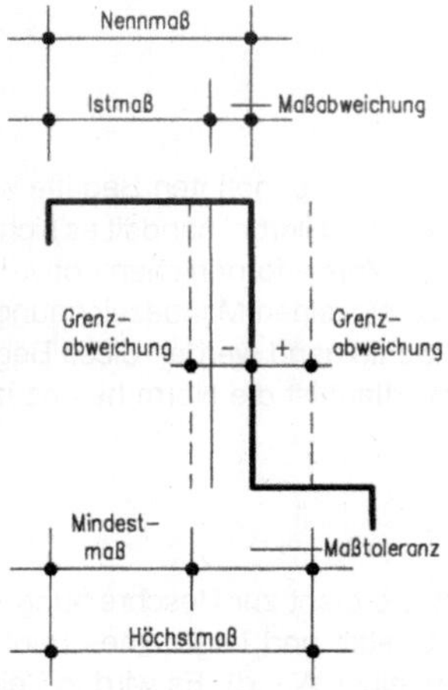

***Bild 1:** Begriffsdefinitionen (in Anlehnung an DIN 18202 Bild 1)*
(Quelle: Schöwer)

Stichmaß:

Für die Ermittlung von Winkel- oder Ebenheitsabweichungen wird die Festlegung einer Bezugslinie erforderlich. Der Abstand eines bestimmten Punktes des zu prüfenden Bauteils zu dieser Bezugslinie wird als **Stichmaß** bezeichnet.

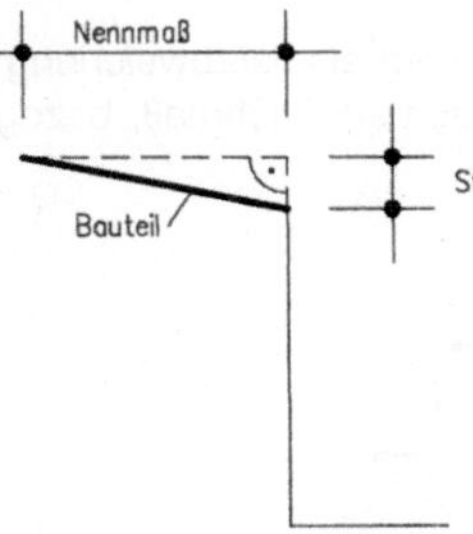

Bild 2: *Stichmaß (Beispiel) (in Anlehnung an DIN 18202, Bild 2) (Quelle: Schöwer)*

Grenzabweichung für Maße:

Die **Grenzabweichung für Maße** entspricht der Differenz zwischen Höchstmaß und Nennmaß bzw. Differenz zwischen Mindestmaß und Nennmaß.

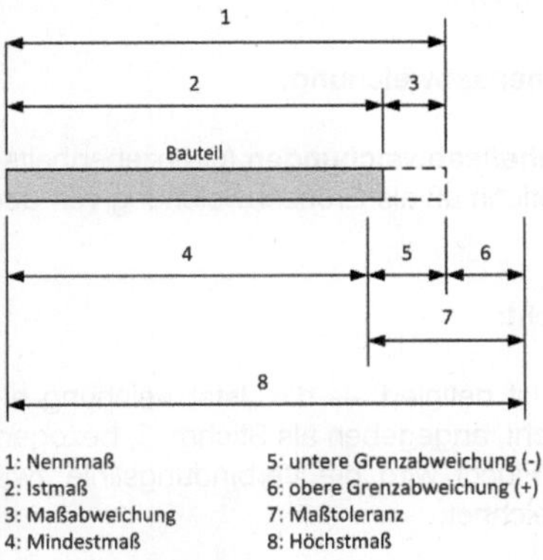

Bild 3: *Grenzabweichung (in Anlehnung an DIN 18202, Bild 1) (Quelle: Schmidt)*

Winkelabweichung:

Die **Winkelabweichung** ist die „Differenz zwischen Ist- und Nennwinkel, angegeben als Stichmaß, bezogen auf ein Nennmaß".

Ebenheitsabweichung:

Die **Ebenheitsabweichung** wird definiert als „Istabweichung einer Fläche von der Ebene, angegeben als Stichmaß, bezogen auf einen Messpunktabstand".

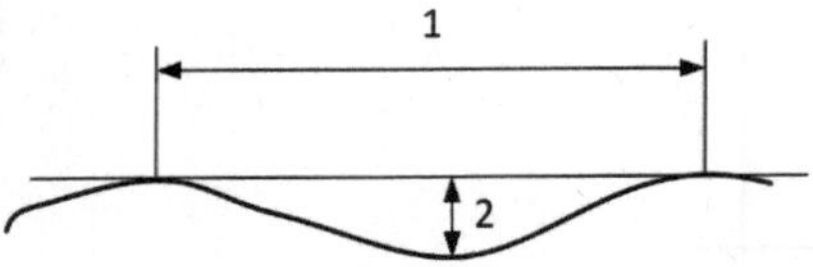

1: Messpunktabstand
2: Stichmaß zur Bestimmung der Ebenheitsabweichung

***Bild 4:** Ebenheitsabweichung als Stichmaß, bezogen auf einen Messpunktabstand (Quelle: Schmidt)*

Grenzwert für die Winkelabweichung:

Der **Grenzwert für die Winkelabweichung** ist das „Stichmaß als Grenzabweichung vom Winkel".

Grenzwert für die Ebenheitsabweichung:

Als **Grenzwert für Ebenheitsabweichungen** (Grenzebenheitsabweichung) wird das „Stichmaß als Grenzabweichung von der Ebene" bezeichnet.

Fluchtabweichung, Flucht:

Eine **Fluchtabweichung** ist definiert als die „Istabweichung eines Punktes von der Flucht, angegeben als Stichmaß, bezogen auf ein Nennmaß". Als Flucht wird die Verbindungslinie zwischen zwei Punkten bezeichnet.

Grenzwert für die Fluchtabweichung:

Das Stichmaß als Grenzabweichung von der Flucht beschreibt den **Grenzwert für die Fluchtabweichung.**

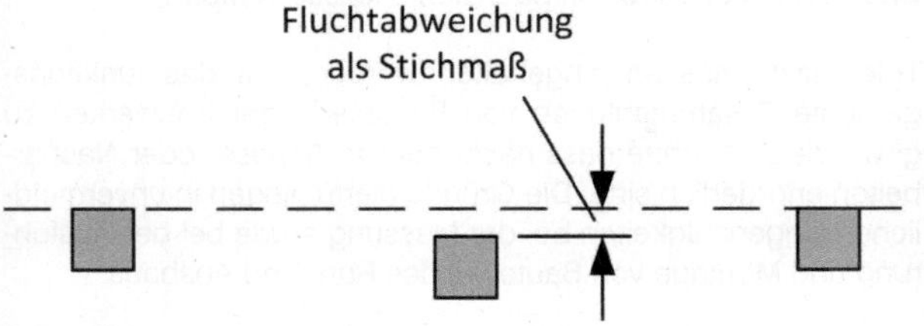

Bild 5: *Fluchtabweichung (Quelle: Schmidt)*

Boxprinzip:

Das Boxprinzip (bzw. Schachtelprinzip) erfordert, dass alle Punkte, die auf einer Bauteiloberfläche liegen, innerhalb eines Hüllkörpers (= Box) liegen, der durch die Nennmaße einschließlich der zulässigen Abweichungen in jeder Richtung definiert ist. Das Boxprinzip wurde mit der aktuellen Ausgabe vom Juli 2019 neu in die Norm aufgenommen

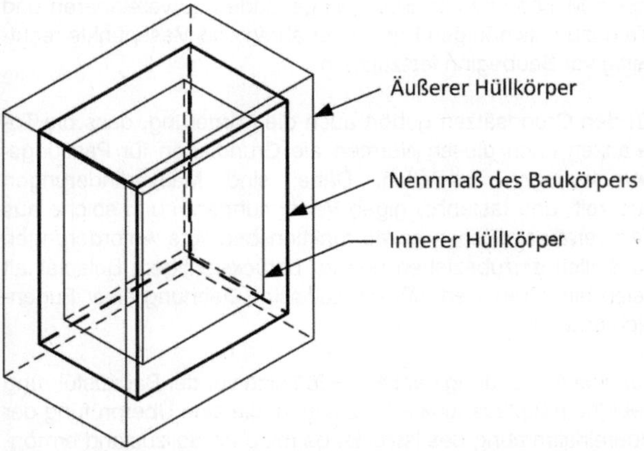

Bild 6: *Boxprinzip (in Anlehnung an DIN 18202, Bild 3) (Quelle: Schmidt)*

Grundsätze

Im Abschnitt 4 „Grundsätze" der DIN 18202 sind grundlegende Regelungen festgelegt. Danach dienen *„Toleranzen ... zur Begrenzung der Abweichungen von den Nennmaßen der Größe, Gestalt und der Lage von Bauteilen und Bauwerken"*...

Toleranzen müssen eingehalten werden, um das funktionsgerechte Zusammenfügen von Bauteilen oder Bauwerken zu gewährleisten, ohne dass nachträgliche Anpass- oder Nacharbeiten erforderlich sind. Die Gründe hierfür liegen in unvermeidlichen Ungenauigkeiten bei der Messung sowie bei der Ausführung und Montage von Bauteilen des Roh- und Ausbaus.

Soweit keine objektbezogenen besonderen Genauigkeiten in Bauzeichnungen, in Leistungsverzeichnissen oder anderen Vertragsunterlagen festgelegt wurden, gelten die angegebenen Toleranzen als vereinbart. Diese genügen den Anforderungen an die Genauigkeit, die im Rahmen einer üblichen und sorgfältigen Bauausführung zu erzielen sind.

Es ist zu beachten, dass die in DIN 18202 angegebenen Toleranzen nicht als abschließend zu verstehen sind. Für erhöhte Anforderungen an die Genauigkeit, z. B. bei besonderen Anforderungen an das optische Erscheinungsbild, sind die erforderlichen Maßnahmen im Einzelfall gesondert zu vereinbaren und die dazu notwendigen Kontrollverfahren und Messpunkte rechtzeitig vor Baubeginn festzulegen.

Zu den Grundsätzen gehört auch die Forderung, dass die Toleranzen nach diesen Normen die Grundlagen für Passungsberechnungen darstellen. Dabei sind Maßveränderungen aus zeit- und lastabhängigen Verformungen, auch solche aus Temperatureinflüssen sowie funktionsbedingte Anforderungen zusätzlich einzubeziehen und zu berücksichtigen. Beispielhaft seien hier Grenzwerte für die zulässige Dehnung einer Fugendichtung genannt.

Für eine Anwendung der DIN 18202 sind vor der Bauausführung geeignete Bezugspunkte festzulegen, die eine Überprüfung der Übereinstimmung des Istzustands mit dem Sollzustand ermöglichen.

Bezugsarten

Nach Abschnitt 4.6 der DIN 18202 ist die Lage von Bauteilen, Räumen und Bauwerken mit einer bestimmten Bezugsart in einem Koordinierungssystem zu verankern. Die dazu notwendigen Bezugspunkte sind vor der Bauausführung festzulegen.

Für Planung, Ausführung und Prüfung von Maßen sollte vom gleichen Messbezug ausgegangen werden. Hierdurch sollen bezugsbedingte Differenzen der Messwerte vermieden werden.

Für Bezugsarten gelten folgende Begriffe:

Grenzbezug

Die Lage eines Bauteils wird z. B. bestimmt durch die Angabe eines Nennmaßes als Abstand des Bauteils zu einem anderen Bauteil.

Achsbezug

Die Lage eines Bauteils wird z. B. bestimmt durch die Angabe eines Nennmaßes zu einer Planachse.

Randlage

Die Randlage beschreibt die Lage von Bauteilen in Bezug zu einem anderen Bauteil oder einer Planachse.

Mittellage

Die Mittellage beschreibt die Lage von Bauteilen in Bezug zu einem anderen Bauteil oder einer Planachse mit jeweils gleichen Nennmaßen als Bezugsmaße.

Beispiele für die Beschreibung der Lage von Bauteilen:

A = Achsbezug und Mittellage

B = Grenzbezug

C = Achsbezug und Randlage

D = Grenzbezug und Randlage

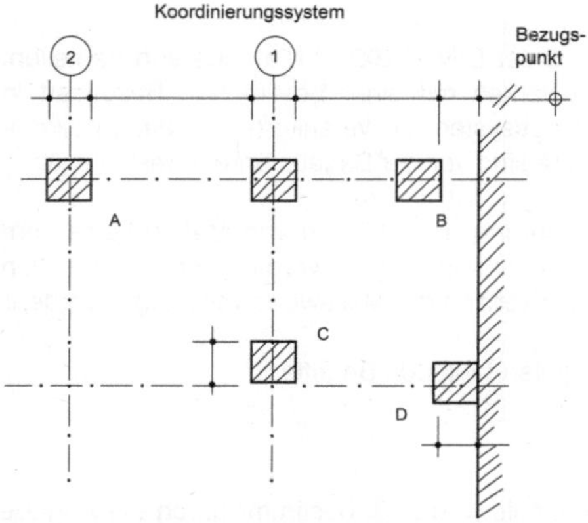

***Bild 7:** Beispiele für Beschreibungen der Lage von Stützen (Quelle: Schöwer)*

Boxprinzip

Für Toleranzen gilt das Boxprinzip (Schachtelprinzip). Das Boxprinzip wurde neu in die Ausgabe der DIN 18202 vom Juli 2019 aufgenommen. Beim Boxprinzip müssen alle Punkte einer Bauteil- oder Bauwerksoberfläche innerhalb der Boxen (Hüllkörper) liegen, die durch die Nennmaße unter Berücksichtigung der Toleranzen definiert sind. Das bedeutet, dass ein Bauteil bzw. Bauwerk weder den äußeren noch den inneren Hüllkörper durchstoßen darf. Zusätzlich sind die Anforderungen an Maße, Winkel, Ebenheiten und Fluchten jeweils für sich einzuhalten.

Messpunktabstände für Ebenheitsabweichungen

Die festgelegten verschiedenen „Grenzabweichungen" der Ebenheit sind in DIN 18202, Tabelle 3 in Spalten mit zugeordneten Bereichen für das Maß des ermittelten Messpunktabstands gegliedert. Die Spalten gelten für Messpunktabstände bis 0,1 m und in weiteren Schritten bis 1,0 bis 4,0, 10,0 und 15,0 m. Messpunktabstände über 15 m sind ebenfalls in der Spalte „bis 15 m" einzuordnen.

Messpunktabstände für lichte Maße im Grund- und Aufriss

Im Gegensatz zur Tabelle für zulässige Ebenheitsabweichungen sind für die Grenzabweichungen von Baumaßen und Winkeln die relevanten Nennmaße in verschiedenen Spalten unterschiedlicher Bandbreiten zusammengefasst.

Für die Beurteilung von Grenzabweichungen der Maße von Bauteilen mit Nennmaßen über 30 m gilt eine Begrenzung auf bis ca. 60 m Länge. Für Bauteile mit größeren Abmessungen sind besondere Vereinbarungen bezüglich der einzuhaltenden Grenzwerte sowie der anzuwendenden Messverfahren und einzurichtenden Kontrollpunkte usw. erforderlich.

Im Zusammenhang mit der Prüfung von lichten Maßen im Grundriss und Aufriss und bei Öffnungen besteht in der Norm eine Maßfestlegung für den Messpunkt. Als Messpunkte gelten jene Punkte mit einem Lageabstand von 10 cm zu den jeweils angrenzenden Bauteilen, wie Decken oder Wände. An Unterzügen sind lichte Höhen mit einem Abstand von 10 cm zum Auflagerrand an beiden Kanten zu ermitteln.

Diese Regelungen dienen dem Ausschluss von evtl. einzelnen und lokal begrenzt vorhandenen Maßabweichungen am Rand eines Bauteils. Diese könnten nicht für das gesamte Bauteil charakteristisch sein und damit das einzelne Messergebnis beeinflussen bzw. die Gesamtbewertung verfälschen.

Messpunktabstände für Fluchtabweichungen

Der Messpunktabstand für die Bestimmung von Fluchtabweichungen entspricht dem Maß von zwei Stützenachsen.

Absätze und Höhensprünge

Zur Beurteilung von Absätzen und Höhensprüngen zwischen benachbarten Bauteilen wird in der DIN 18202 besonders darauf hingewiesen, dass die Inhalte dieser Norm hier nicht anzuwenden sind. Als Beispiele werden die Stoßstellen von Bodenbelägen, Wandbekleidungen und Filigrandecken genannt. Es besteht die Vorgabe zur Vereinbarung einer gesonderten Regelung für diese Bauteilgrenzlinie.

Grundsätzlich sind Sprünge und Absätze bei flächenfertigen Wänden, Decken, Estrichen und Bodenbelägen zu vermeiden, jedoch ohne Berücksichtigung der baustoffbedingten oder handwerklich gestalteten Oberflächenstruktur.

Außerdem sind stets die für Bauprodukte zulässigen Abweichungen zusätzlich zu den Grenzwerten für Ebenheitsabweichungen zu berücksichtigen.

Maßabweichungen – Toleranzen

In DIN 18202 sind in den Tabellen 1 bis 4 die Grenzabweichungen für Maße und die Stichmaße als Grenzwerte für zulässige Abweichungen von der Ebenheit und dem Winkel sowie für Lageabweichungen von Stützen aus der Flucht festgelegt.

Grenzabweichungen für Maße

Zulässige Grenzabweichungen sind im Abschnitt 5 „Maßtoleranzen", Abschnitt 5.2 der DIN 18202 festgelegt. Die zulässigen Grenzabweichungen gelten für einzelne Abmessungen (Länge, Breite, Höhe), für Querschnittsmaße sowie Achs- und Rastermaße von Bauwerken. Die Beurteilung von Abweichungen bei der Herstellung von Öffnungen für Fenster, Außentüren oder sonstige Einbauteile erfolgt ebenfalls auf der Grundlage dieser Regelung. Für die zulässigen Maße von Öffnungen zum Einbau von Innentüren sind die Maßvorgaben nach DIN 18100[3] „Türen – Wandöffnungen für Türen" heranzuziehen.

Das am Bau ermittelte Istmaß eines Bauteils ist entsprechend der Zuordnung in Tabelle 1 der DIN 18202 für abgestufte Nennmaße im Grund- und Aufriss, für lichte Maße im Grund- und Aufriss sowie für Öffnungen einzuordnen und mit der Angabe der zulässigen Grenzabweichung zu vergleichen.

Bei der Bewertung von Messergebnissen ist zu beachten, dass durch das Ausnutzen der Grenzabweichungen bzw. von Höchst- und Mindestmaßen die Grenzwerte für Winkelabweichungen nicht überschritten werden. Dies gilt umgekehrt auch für die Ausnutzung der Grenzwerte für die Winkelabweichungen. In diesem Fall darf das Mindest- bzw. Höchstmaß nicht unter- bzw. überschritten werden.

[3] DIN 18100:1983-10: Türen; Wandöffnungen für Türen; Maße entsprechend DIN 4172; Beuth Verlag, Berlin.

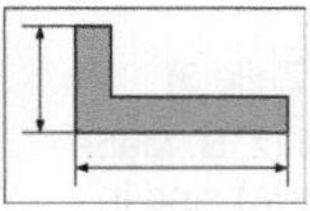

(Quelle: Schmidt)

Maße im Grundriss

(nach DIN 18202, Tabelle 1, Zeile 1)

Die durch Messung an der Deckenoberfläche ermittelten Werte gelten für jedes einzelne Nennmaß und sind einzuhalten. Die Werte für Nennmaße über 30 m können für Bauteillängen bis ca. 60 m als geeignet eingestuft werden. Für größere Abmessungen sollten zusätzliche Regelungen zum Messverfahren oder zur Genauigkeitsstufe getroffen werden.

Nennmaß		Grenzabweichung
• bis 1 m	→	±10 mm
• über 1 m bis 3 m	→	±12 mm
• über 3 m bis 6 m	→	±16 mm
• über 6 m bis 15 m	→	±20 mm
• über 15 m bis 30 m	→	±24 mm
• über 30 m	→	±30 mm

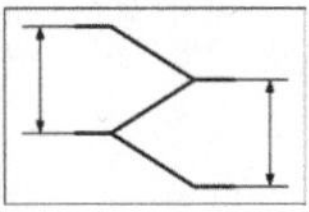

(Quelle: Schmidt)

Maße im Aufriss

(nach DIN 18202, Tabelle 1, Zeile 2)

Die durch Messung ermittelten Werte an markanten Stellen des Gebäudes für einzelne Geschosshöhen, Vorsprünge an Wänden oder Podesthöhen dürfen für jedes Nennmaß in m bis zu den nachstehend genannten Grenzwerten in mm abweichen. Die Werte für Nennmaße über 30 m können für Bauteillängen bis ca. 60 m als geeignet eingestuft werden. Für größere Abmessungen sollten zusätzliche Regelungen zum Messverfahren oder zur Genauigkeitsstufe getroffen werden.

Nennmaß		Grenzabweichung
• bis 1 m	→	±10 mm
• über 1 m bis 3 m	→	±16 mm
• über 3 m bis 6 m	→	±16 mm
• über 6 m bis 15 m	→	±20 mm
• über 15 m bis 30 m	→	±30 mm
• über 30 m	→	±30 mm

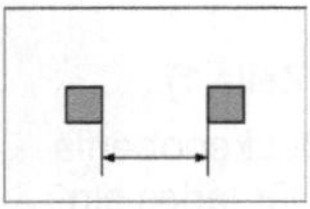

(Quelle: Schmidt)

Lichte Maße im Grundriss
(nach DIN 18202, Tabelle 1, Zeile 3)

Für lichte Maße im Grundriss (z. B. Maße zwischen Stützen, Pfeilern usw.) sind in der Tabelle 1 der DIN 18202 Grenzabweichungen nur für Nennmaße bis 30 m erfasst.

Zwischen Stützen, Wandvorlagen oder Pfeilern dürfen die durch Messung festgestellten Istmaße von den Nennmaßen um die nachstehend genannten Grenzabweichungen abweichen. Die Messpunkte an Wänden und Stützen sollen dabei jeweils mit einem Abstand von ungefähr 10 cm zur Wand bzw. zu Fußboden und Decke eingerichtet werden (Weiteres siehe Prüfung nach DIN 18202).

Nennmaß		Grenzabweichung
• bis 1 m	→	±12 mm
• über 1 m bis 3 m	→	±16 mm
• über 3 m bis 6 m	→	±20 mm
• über 6 m bis 15 m	→	±24 mm
• über 15 m bis 30 m	→	±30 mm

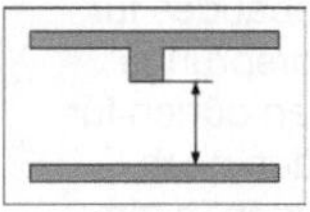

(Quelle: Schmidt)

Lichte Maße im Aufriss
(nach DIN 18202, Tabelle 1, Zeile 4)

Für lichte Maße im Aufriss, z. B. unter Decken und Unterzügen, sind zulässige Grenzabweichungen nur bis zu maximalen Höhen von 15 m in der Tabelle 1, Zeile 4 der DIN 18202 festgelegt. Messungen der lichten Höhen unter Decken oder Unterzügen sind an mindestens zwei Stellen je Wandseite durchzuführen. Die Messpunkte an Boden und Decken sollen dabei jeweils mit einem Abstand von ungefähr 10 cm zur Wand eingerichtet werden (Weiteres siehe Prüfung nach DIN 18202). Für die Nennmaße in m gelten als zulässige Werte für die Grenzabweichungen in mm:

<u>Nennmaß</u> → <u>Grenzabweichung</u>

- bis 1 m → ±16 mm
- über 1 m bis 3 m → ±20 mm
- über 3 m bis 6 m → ±20 mm
- über 6 m bis 15 m → ±30 mm

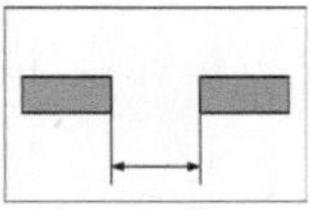

(Quelle: Schmidt)

Öffnungen
(nach DIN 18202, Tabelle 1, Zeile 5)

Für Bauteilöffnungen (z. B. für Fenster, Außentüren[4] oder Einbauelemente, wie z. B. Wandhydranten oder Verteilerkästen) gelten die folgenden Höchstwerte der Grenzabweichungen für die entsprechenden Nennmaße:

<u>Nennmaß</u> → <u>Grenzabweichung</u>

- bis 1 m → ±10 mm
- über 1 m bis 3 m → ±12 mm
- über 3 m bis 6 m → ±16 mm

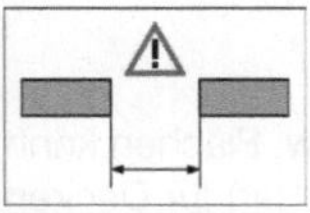

(Quelle: Schmidt)

Öffnungen wie zuvor, jedoch mit oberflächenfertigen Laibungen
(nach DIN 18202, Tabelle 1, Zeile 6)

<u>Nennmaß</u> → <u>Stichmaß</u>

- bis 1 m → ±8 mm
- über 1 m bis 3 m → ±10 mm
- über 3 m bis 6 m → ±12 mm

Grenzwerte für Winkelabweichungen

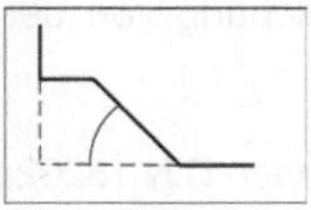

(Quelle: Schmidt)

Die **Grenzwerte für Winkelabweichungen** sind in Abschnitt 5.3 der DIN 18202 festgelegt.

[4] Grenzabweichungen für Innentüren siehe DIN 18100.

Nennmaß		Stichmaß
• bis 0,5 m	→	±3 mm
• über 0,5 m bis 1 m	→	±6 mm
• über 1 m bis 3 m	→	±8 mm
• über 3 m bis 6 m	→	±12 mm
• über 6 m bis 15 m	→	±16 mm
• über 15 m bis 30 m	→	±20 mm
• über 30 m	→	±30 mm

Stichmaße für **Winkelabweichungen** werden an vertikalen, horizontalen und geneigten Flächen ermittelt. Die Grenzwerte für Winkelabweichungen gelten auch für die Bewertung von Öffnungen in den vorgenannten Flächen, z. B. an Tür- und Fensteröffnungen sowie Treppenöffnungen in Decken. Durch die zulässigen maximalen Winkelabweichungen dürfen die Grenzwerte für Grenzabweichungen des Bauwerks nicht überschritten werden.

Grenzwerte für Ebenheitsabweichungen

Die **Grenzwerte für Ebenheitsabweichungen** sind in Abschnitt 5.4 der DIN 18202 festgelegt.

Eine Beurteilung der Ebenheit von Bauteilen bzw. Flächen kann mit den in DIN 18202, Tab. 3 angegebenen Werten für Decken (Ober- und Unterseiten), Estriche, Bodenbeläge und Wände unabhängig von ihrer Lage erfolgen.

Nach DIN 18202, Tab. 3 werden an Flächen, abhängig von deren Fertigungsgrad und der vorgesehenen weiteren Oberflächenbearbeitung oder Nutzung, unterschiedliche Anforderungen an die Ebenheit gestellt.

Für verschiedene Messpunktabstände sind zugeordnete Stichmaße als Grenzwerte für eine zulässige Abweichung von der Ebenheit eines Bauteils festgelegt.

Die Einhaltung von erhöhten Anforderungen ist nach DIN 18202, Abschnitt 5.4 gesondert zu vereinbaren.

Gelten für einzelne Baustoffe zulässige Abweichungen, z. B. für Wölbungen von Fliesen und Platten, sind diese zusätzlich zu den Ebenheitsabweichungen nach DIN 18202, Tab. 3 zu berücksichtigen.

Bestehen zwischen benachbarten Bauteilen Höhenversätze, sind zu deren Beurteilung die Werte nicht anzuwenden.

Die Grenzwerte für Ebenheitsabweichungen sind bei Mauerwerk, dessen Dicke gleich einem Steinmaß ist, nur für die bündige Seite anzuwenden. Die bündige Seite ist als Bezugspunkt anzugeben. Nach Meinung des Verfassers sollte für ein Sichtmauerwerk eine Festlegung (z. B. „Sichtseite") in Bauzeichnungen oder Leistungsbeschreibungen erfolgen.

Die Werte gelten nicht für Spritzbetonoberflächen, wenn es sich dabei um „spritzrau belassene" Oberflächen handelt.

Für die Beurteilung der Oberseiten von Decken, Estrichen und Fußböden können Zwischenwerte aus einer grafischen Darstellung nach Bild 6 der DIN 18202 abgelesen werden.

Für Wandflächen und Unterseiten von Decken enthält die DIN 18202 im Bild 7 ein Diagramm zur zeichnerischen Ermittlung des Grenzwerts für Ebenheitsabweichungen bei Zwischenwerten zu den in Tabelle 3 und den im Folgenden genannten runden Stichmaßen.

Als Grenzwert gilt das Stichmaß für den zugeordneten Messpunktabstand für:

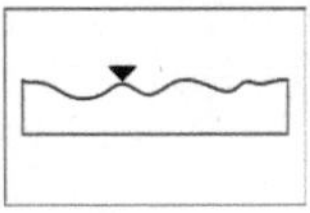

Nichtflächenfertige Oberseiten von Decken, Unterbeton und Unterböden (nach DIN 18202, Tabelle 3, Zeile 1)

(Quelle: Schmidt)

Messpunktabstand [1]		Stichmaß
• bis 0,1 m	→	10 mm
• bis 1 m	→	15 mm
• bis 4 m	→	20 mm
• bis 10 m	→	25 mm
• bis 15 m [2]	→	30 mm

[1] Für Zwischenwerte siehe DIN 18202 bzw. folgende Diagramme.

[2] Die Grenzwerte für Ebenheitsabweichungen gelten auch für Messpunktabstände > 15 m.

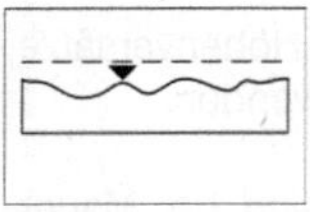

(Quelle: Schmidt)

Nichtflächenfertige Oberseiten von Decken oder Bodenplatten (nach DIN 18202, Tabelle 3, Zeile 2a). Die Werte gelten z. B. für Flächen zur Aufnahme von Verbundestrichen und schwimmenden Estrichen, Industrieböden, Fliesen- und Plattenbelägen im Mörtelbett.

Messpunktabstand [1]		Stichmaß
• bis 0,1 m	→	5 mm
• bis 1 m	→	8 mm
• bis 4 m	→	12 mm
• bis 10 m	→	15 mm
• bis 15 m [2]	→	20 mm

[1] Für Zwischenwerte siehe DIN 18202 bzw. folgende Diagramme.

[2] Die Grenzwerte für Ebenheitsabweichungen gelten auch für Messpunktabstände > 15 m.

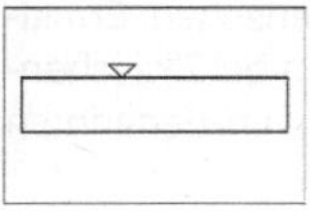

(Quelle: Schmidt)

Flächenfertige Oberseiten von Decken oder Bodenplatten in Räumen für eine untergeordnete Nutzung (z. B. Lagerräume, Keller) oder monolithische Betonböden (DIN 18202, Tab. 3, Zeile 2b).

Messpunktabstand [1]		Stichmaß
• bis 0,1 m	→	5 mm
• bis 1 m	→	8 mm
• bis 4 m	→	12 mm
• bis 10 m	→	15 mm
• bis 15 m [2]	→	20 mm

[1] Für Zwischenwerte siehe DIN 18202 bzw. folgende Diagramme.

[2] Die Grenzwerte für Ebenheitsabweichungen gelten auch für Messpunktabstände > 15 m.

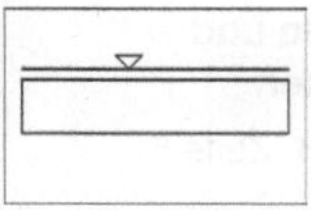

(Quelle: Schmidt)

Flächenfertige Böden in Form von gespachtelten und geklebten Belägen, Boden- und Fliesenbelägen allgemein sowie Estrichen als Nutzestriche oder Estriche zur Aufnahme von Bodenbelägen, Bodenbeläge, Fliesenbelägen, gespachtelten und geklebten Belägen (nach DIN 18202, Tabelle 3, Zeile 3).

Messpunktabstand [1]		Stichmaß
• bis 0,1 m	→	2 mm
• bis 1 m	→	4 mm
• bis 4 m	→	10 mm
• bis 10 m	→	12 mm
• bis 15 m [2]	→	15 mm

[1] Für Zwischenwerte siehe DIN 18202 bzw. folgende Diagramme.

[2] Die Grenzwerte für Ebenheitsabweichungen gelten auch für Messpunktabstände > 15 m.

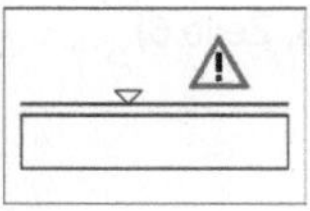

(Quelle: Schmidt)

Flächenfertige Böden (wie zuvor), jedoch mit erhöhten Anforderungen

(nach DIN 18202, Tabelle 3, Zeile 4)

Messpunktabstand [1]		Stichmaß
• bis 0,1 m	→	1 mm
• bis 1 m	→	3 mm
• bis 4 m	→	9 mm
• bis 10 m	→	12 mm
• bis 15 m [2]	→	15 mm

[1] Für Zwischenwerte siehe DIN 18202 bzw. folgende Diagramme.

[2] Die Grenzwerte für Ebenheitsabweichungen gelten auch für Messpunktabstände > 15 m.

Hierzu zählt die Oberfläche von selbstverlaufenden Massen. Auch dünnschichtige Kunstharzestriche können hier eingeordnet werden.

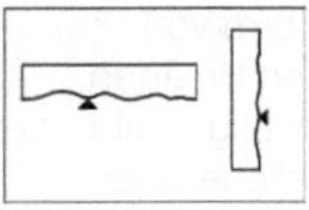

Nichtflächenfertige Wände und Unterseiten von Rohdecken

(nach DIN 18202, Tabelle 3, Zeile 5)

(Quelle: Schmidt)

Messpunktabstand [1)]		Stichmaß
• bis 0,1 m	→	5 mm
• bis 1 m	→	10 mm
• bis 4 m	→	15 mm
• bis 10 m	→	25 mm
• bis 15 m [2)]	→	30 mm

[1)] Für Zwischenwerte siehe DIN 18202 bzw. folgende Diagramme.

[2)] Die Grenzwerte für Ebenheitsabweichungen gelten auch für Messpunktabstände > 15 m.

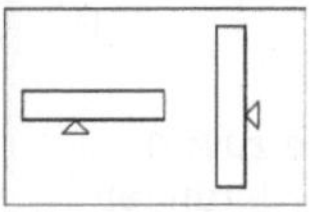

Flächenfertige Wände und Unterseiten von Decken

(nach DIN 18202, Tabelle 3, Zeile 6)

(Quelle: Schmidt)

Messpunktabstand [1)]		Stichmaß
• bis 0,1 m	→	3 mm
• bis 1 m	→	5 mm
• bis 4 m	→	10 mm
• bis 10 m	→	20 mm
• bis 15 m [2)]	→	25 mm

[1)] Für Zwischenwerte siehe DIN 18202 bzw. folgende Diagramme.

[2)] Die Grenzwerte für Ebenheitsabweichungen gelten auch für Messpunktabstände > 15 m.

In diese Beurteilungskategorie gehören die Oberflächen verputzter Wände und Decken, untergehängter Decken und von Wandbekleidungen. Sollen die vorgenannten Oberflächen erhöhten Anforderungen genügen, sind diese zu vereinbaren und in Bezug auf die Einhaltung nach den Werten der DIN 18202, Tab. 3, Zeile 7 zu beurteilen (s. nachfolgend).

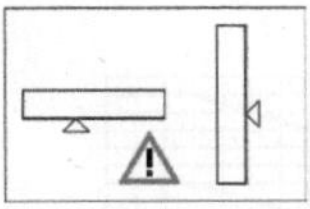

Flächenfertige Wände und Unterseiten von Decken mit erhöhten Anforderungen

(nach DIN 18202, Tabelle 3, Zeile 7)

(Quelle: Schmidt)

<u>Messpunktabstand</u> [1]   <u>Stichmaß</u>

- bis 0,1 m → 2 mm
- bis 1 m → 3 mm
- bis 4 m → 8 mm
- bis 10 m → 15 mm
- bis 15 m [2] → 20 mm

[1] Für Zwischenwerte siehe DIN 18202 bzw. folgende Diagramme.

[2] Die Grenzwerte für Ebenheitsabweichungen gelten auch für Messpunktabstände > 15 m.

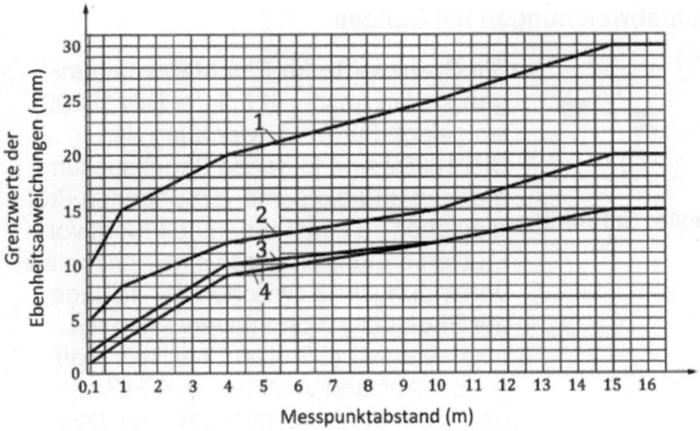

1: Nichtflächenfertige Oberseiten von Decken, Unterbeton und Unterböden

2: Nichtflächenfertige Oberseiten von Decken oder Bodenplatten zur Aufnahme von Bodenaufbauten bzw. flächenfertige Oberseiten von Decken oder Bodenplatten für untergeordnete Zwecke

3: Flächenfertige Böden

4: Wie 3, jedoch mit erhöhten Anforderungen

***Bild 8:** Grenzwerte für Ebenheitsabweichungen von Oberseiten von Decken, Estrichen und Fußböden (in Anlehnung an DIN 18202, Bild 6) (Quelle: Schmidt)*

Toleranzbereiche für Winkel, Ebenen und Fluchten

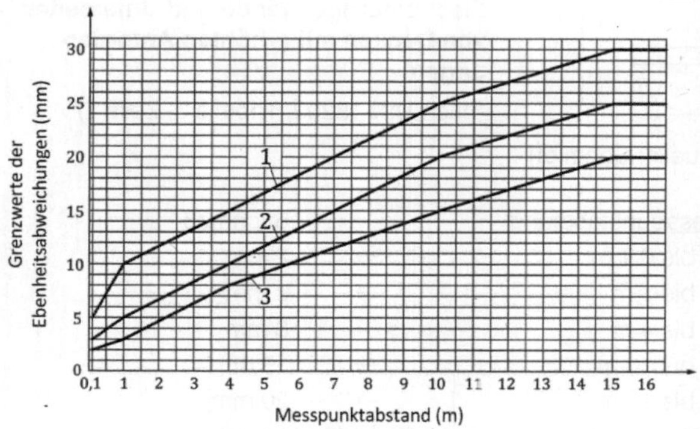

1: Nichtflächenfertige Wände und Unterseiten von Rohdecken
2: Flächenfertige Wände und Unterseiten von Decken
3: Wie 2, jedoch mit erhöhten Anforderungen

***Bild 9:** Grenzwerte für Ebenheitsabweichungen von Wandflächen und Unterseiten von Decken (in Anlehnung an DIN 18202, Bild 7) (Quelle: Schmidt)*

Fluchtabweichungen bei Stützen

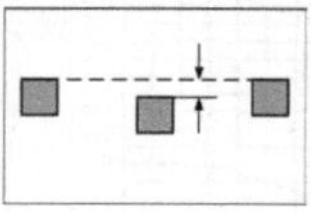

(Quelle: Schmidt)

Die **Grenzwerte für Fluchtabweichungen** sind in Abschnitt 5.5 der DIN 18202 festgelegt. Für die Anwendung der DIN 18202 sind folgende Begriffsbestimmungen und die damit verbundenen Prüfregularien zu beachten. Eine **Flucht** von Stützen ergibt sich durch eine horizontale Verbindungslinie zwischen der Ist-Lage der Endstützen von Stützenreihen mit mindestens drei Stützen. Als Nennmaß gilt der Abstand zwischen drei Stützen bzw. zwei Stützenachsabständen. Das Stichmaß entspricht dem Abstand einer Zwischenstütze zur Flucht. Es gelten folgende Grenzwerte für Fluchtabweichungen bei Stützen:

Messpunktabstand		Stichmaß
• bis 3 m	→	8 mm
• von 3 bis 6 m	→	12 mm
• über 6 bis 15 m	→	16 mm
• über 15 bis 30 m	→	20 mm
• über 30 m	→	30 mm

Fugen

An Fugen (Fügestellen bzw. Schnittstellen) müssen Toleranzen von benachbarten Bauteilen durch eine veränderliche Fugenbreite ausgeglichen werden.

Sofern an die Maße der Fugen (Fugenbreite) besondere Anforderungen gestellt werden (z. B. aufgrund des optischen Erscheinungsbildes der Fugen) und dadurch ein Passungsausgleich nicht möglich ist, ist dies vor Bauausführung vertraglich zu vereinbaren. Dabei ist der Toleranzausgleich in den angrenzenden Bauteilen anzugeben.

Prüfung

Die Einhaltung von Toleranzen ist nur dann zu prüfen, wenn dies erforderlich ist.

Um Einflüsse aus zeit- und lastabhängigen Verformungen weitgehend auszuschließen, sind die Prüfungen so früh wie möglich, spätestens jedoch bei der Übernahme von Bauteilen durch Folgeauftragnehmer durchzuführen. Die Prüfung von Toleranzen ist jedoch spätestens unmittelbar nach Fertigstellung des Bauwerks durchzuführen.

Für das anzuwendende Messverfahren wird dem Prüfer die Wahlmöglichkeit eines geeigneten Messverfahrens überlassen. Bei der abschließenden Beurteilung ist die mit dem Messverfahren verbundene Messunsicherheit aus optischer Ablesung einer Messskala oder technischer Geräteeinstellung zu berücksichtigen und anzugeben.

Grundsätze der Prüfung

Die Lage von raumbildenden oder sonstigen Bauteilen wird durch die Bauplanung bestimmt. Im Rahmen der Bauplanung erfolgt die Lagebestimmung i. d. R. durch zeichnerische und maßliche Angaben zur Form und zur Lage im Raum.

Für die Prüfung werden Anforderungen an die Form und Anforderungen an die Lage eines Bauteils oder Bauwerks unterschieden.

Anforderungen an die Form beinhalten:

- Maße (z. B. Länge, Breite, Höhe, Dicke)
- Winkel (z. B. zwischen Bauteilkanten)
- Flächen (insbesondere ebene Flächen)

Zu den Anforderungen an die Lage gehören:

- Maße (hier in Bezug auf Punkte, Linien, Ebenen im Raum, wie z. B. Achsabstände, Höhenkoten)
- Winkel (hier in Bezug auf eine Richtung (z. B. Senkrechte, Waagerechte)
- Fluchten (hier in Bezug auf Stützen, die auf einer Fluchtlinie angeordnet sind)

Form und Lage und die damit verbundenen Anforderungen an Maße, Winkel, Ebenheiten und Fluchten sind nach den Festlegungen der DIN 18202 getrennt voneinander zu prüfen. Dabei ist das **Boxprinzip** zu berücksichtigen. Das bedeutet, dass ein Bauteil oder Bauwerk innerhalb des durch den äußeren und inneren Hüllkörper definierten Toleranzbereichs bleiben muss. Bauteil bzw. Bauwerk dürfen an keiner Stelle weder den äußeren noch den inneren Hüllkörper durchstoßen.

Für die Prüfung nach DIN 18202 wird der sich aus den Nennmaßen ergebende Messbezug kontrolliert, der sich aus den verschiedenen Messpunkten untereinander ergibt.

Die **Lage von Punkten** (z. B. Eckpunkte von Räumen oder Wandscheiben) wird durch den Vergleich einer ermittelten Entfernung zu einem Bezugspunkt und den vorgegebenen Nennmaßen als linearer Abstand dieser beiden Punkte geprüft.

Für die Beurteilung der Ist-Lage von **Linien** (z. B. Bauteilkanten) ist die Lage der Anfangs- und Endpunkte der Linie zu bestimmen. Die Lage von Linien wird mit dem geplanten Verlauf der Verbindung zwischen Anfangs- und Endpunkt kontrolliert.

Zur Prüfung der **Lage von ebenen Flächen** sind die Lagen der Eckpunkte, der lineare Verlauf der Verbindung dieser Eckpunkte und die Ebenheit an den Flächenrändern zu erfassen und mit den Sollwerten zu vergleichen.

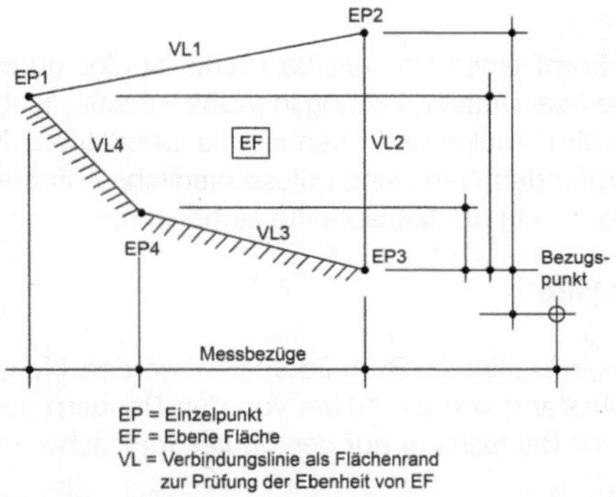

***Bild 10:** Festlegung der Messbezüge, Verbindungslinie und ebene Fläche (Quelle: Schöwer)*

Bei größeren Flächen, durch die Bauwerksachsen verlaufen, gelten die Anforderungen an die Lage der Eckpunkte zusätzlich für die Achsenschnittpunkte.

Dreidimensionale, d. h. räumliche **Flächen** (z. B. tonnenförmige oder schalenförmige Flächen), sind durch ein auf die Bauteilabmessungen und die Lage abzustimmendes Netz linearer Verbindungen prüfbar.

Sollen andere, von der Norm abweichende Prüfungen im Zuge der Bauüberwachung erfolgen, so handelt es sich dann um Einzelfälle, die in Bezug auf Grenzwerte und Messverfahren vor der Bauausführung festzulegen und zu vereinbaren sind.

Messpunkte

Erforderliche Messpunkte müssen bereits vor der Bauausführung festgelegt werden. Für die Prüfung von Maßen, Winkeln, der Ebenheit von Oberflächen sowie der Flucht von Stützen sind Messpunkte i. d. R. an folgenden Stellen vorzusehen:

- an Ecken oder Kanten von Bauteilen auf der Bauteiloberfläche im Abstand von ca. 10 cm vom seitlichen Rand
- auf Achs- oder Rasterlinien bzw. an den Schnittpunkten von Achslinien oder Rasterlinien

Sollen Diagonalmaße bzw. Winkel geprüft werden, ist es zweckmäßig, die Messpunkte direkt an den Ecken von Bauteilen bzw. an den Schnittpunkten der Achsen anzulegen.

Prüfung der Form

Die Prüfung der Form eines Bauteils/Bauwerks erfolgt durch Kontrolle der Maße (hier Unterscheidung in (Außen-)Maße, lichte Maße, Öffnungsmaße), Winkel und Ebenheit der Oberfläche. Je nach Art des zu prüfenden Werts sind unterschiedliche Anforderungen für die Anordnung der Messpunkte zu beachten.

Messpunkte für Maße

Für die Prüfung von Maßen (z. B. Außenmaße) werden Messpunkte in einem Abstand von ca. 10 cm von den Rändern von Kanten sowie in der Bauteilmitte auf der Bauteiloberfläche angeordnet.

Bei Bauwerksachsen werden ggf. auch Messpunkte in den Achsen und in der Mitte zwischen zwei nebeneinanderliegenden Achsen vorgesehen.

Für die Prüfung der Form eines Bauteils im Grundriss und Aufriss siehe folgende Abbildung:

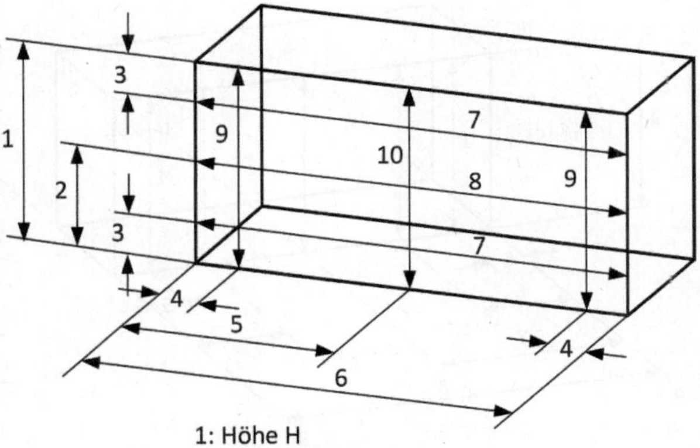

1: Höhe H
2: halbe Höhe H/2
3: etwa 10 cm
4: etwa 10 cm
5: halbe Länge L/2
6: Länge L
7: Längenmessung am Bauteilrand
8: Längenmessung in Bauteilmitte
9: Höhenmessung am Bauteilrand
10: Höhenmessung in Bauteilmitte

Bild 11: *Prüfung der Maße für die Form eines Bauteils im Grundriss und Aufriss (in Anlehnung an DIN 18202, Bild 8) (Quelle: Schmidt)*

Für die Prüfung der Form eines Bauteils im Aufriss bei einer vorhandenen Bauwerksachse siehe folgende Abbildung:

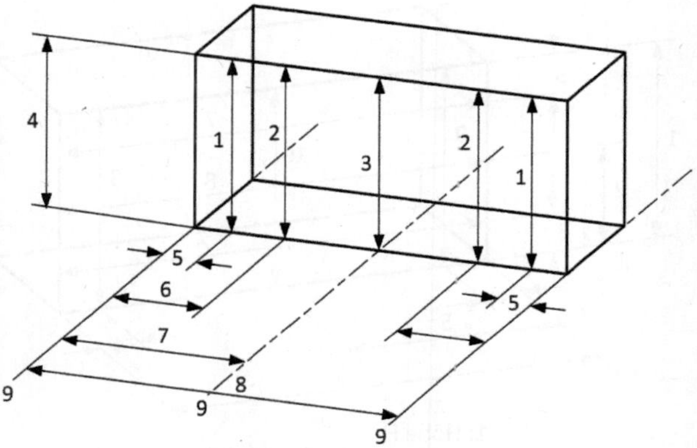

1: Höhenmessung am Bauteilrand
2: Höhenmessung in der Mitte zwischen 2 Achsen
3: Höhenmessung an einer Bauwerksachse
4: Höhe H
5: etwa 10 cm
6: halber Abstand zwischen 2 Achsen
7: Abstand zwischen 2 Achsen
8: Länge L
9: Achse

***Bild 12:** Prüfung der Maße für die Form eines Bauteils im Aufriss bei einer Bauwerksachse (in Anlehnung an DIN 18202, Bild 9) (Quelle: Schmidt)*

Messpunkte für lichte Maße

Für die Prüfung von lichten Maßen werden Messpunkte an den Rändern in einem Abstand von ca. 10 cm von den Kanten sowie in der Raummitte angeordnet. Bei Räumen, die von Bauwerksachsen unterteilt werden, sind zusätzliche Messpunkte in den Achsen sowie in der Mitte zwischen zwei benachbarten Achsen anzuordnen. Siehe hierzu die folgenden Abbildungen:

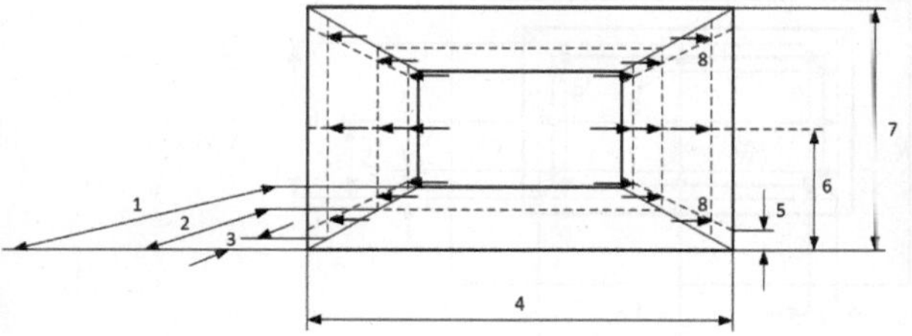

1: Länge L
2: halbe Länge L/2
3: etwa 10 cm
4: Breite B
5: etwa 10 cm
6: halbe Höhe H/2
7: Höhe H
8: Messpunkt für die Prüfung der lichten Breite

***Bild 13:** Prüfung der lichten Breite eines Raums (in Anlehnung an DIN 18202, Bild 10) (Quelle: Schmidt)*

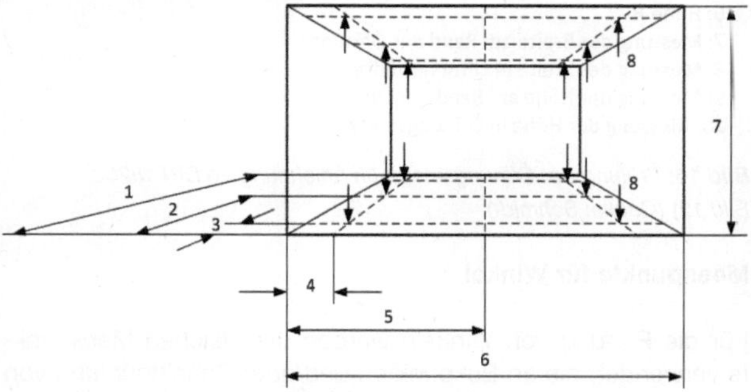

1: Länge L
2: halbe Länge L/2
3: etwa 10 cm
4: etwa 10 cm
5: halbe Breite B/2
6: Breite B
7: Höhe H
8: Messpunkt für die Prüfung der lichten Breite

***Bild 14:** Prüfung der lichten Höhe eines Raums (in Anlehnung an DIN 18202, Bild 11) (Quelle: Schmidt)*

Messpunkte für Öffnungsmaße

Für die Prüfung von Öffnungsmaßen werden an den Rändern in einem Abstand von ca. 10 cm von den Kanten sowie in der Mitte der Öffnung Messpunkte angeordnet.

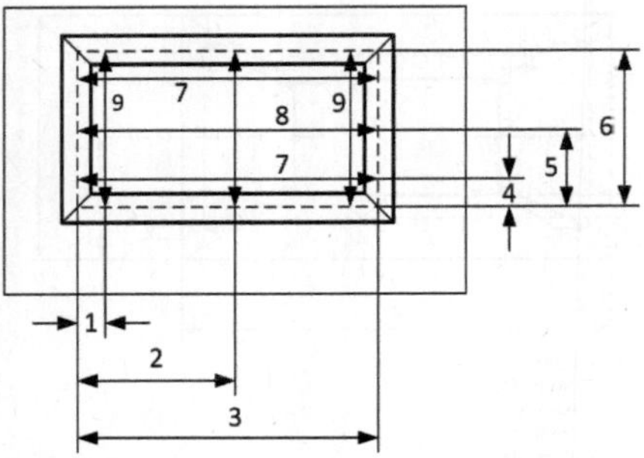

1: etwa 10 cm
2: halbe Breite B/2
3: Breite B
4: etwa 10 cm
5: halbe Höhe H/2
6: Höhe H
7: Messung der Breite am Rand der Öffnung
8: Messung der Breite in Öffnungsmitte
9: Messung der Höhe am Rand der Öffnung
10: Messung der Höhe in Öffnungsmitte

***Bild 15:** Prüfung der Öffnungsmaße (in Anlehnung an DIN 18202, Bild 12) (Quelle: Schmidt)*

Messpunkte für Winkel

Für die Prüfung von Winkeln werden die gleichen Messpunkte verwendet, die an Eckpunkten und/oder Schnittpunkten von Achsen für die Kontrolle von Maßen, lichten Maßen oder Öffnungsmaßen dienen (s. vorige Abschnitte).

Die Winkelabweichung der Kante eines Bauteils vom Sollwert wird durch den Vergleich der linearen Verbindung zwischen dem Anfangs- und Endpunkt der Kante und dem Nennwinkel zu einer Bezugslinie ermittelt. Die Messlinie muss bei nicht rechtwinkliger Form senkrecht zu einer Bezugslinie angeordnet werden.

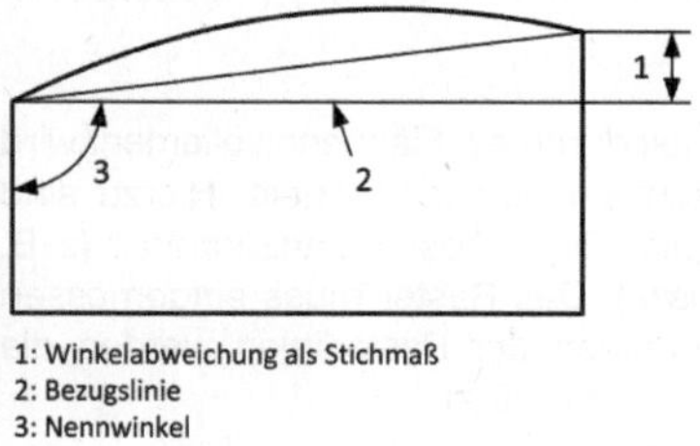

***Bild 16:** Prüfung einer Winkelabweichung (in Anlehnung an DIN 18202, Bild 13) (Quelle: Schmidt)*

Messpunkte für die Ebenheit

Die Ebenheit einer Bauteiloberfläche wird geprüft, indem Einzelmessungen mithilfe einer Richtlatte durchgeführt werden. Es ist auch möglich, die Ebenheit durch Messung der Abstände zwischen einem rasterförmig angeordneten Netz aus Messpunkten und einer Bezugsebene zu prüfen.

Prüfung der Ebenheit durch Einzelmessungen mit einer Richtlatte

Bei der Prüfung durch Einzelmessungen wird eine Richtlatte (Messlatte) auf zwei Hochpunkte der Bauteiloberfläche aufgelegt. Anschließend wird das Stichmaß an der tiefsten Stelle ermittelt. Der Abstand beider Hochpunkte entspricht dem Messpunktabstand, der dem ermittelten Stichmaß zugeordnet ist.

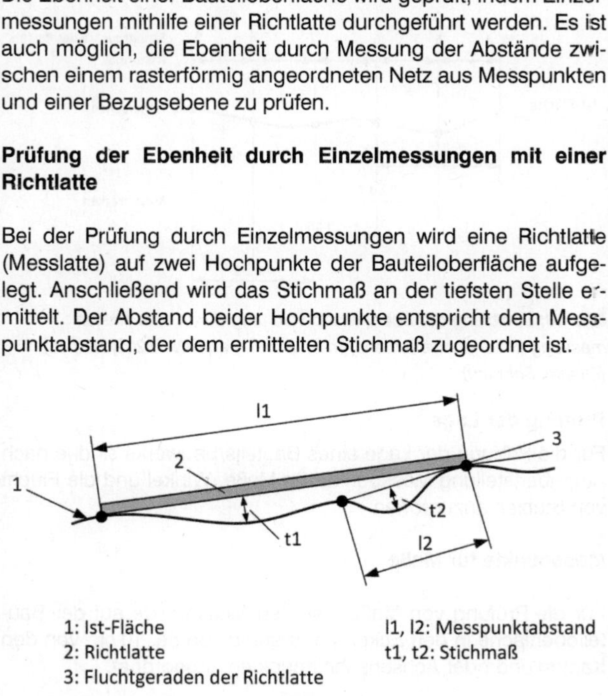

***Bild 17:** Prüfung der Ebenheit einer Bauteiloberfläche (in Anlehnung an DIN 18202, Bild 14) (Quelle: Schmidt)*

Prüfung der Ebenheit durch Rastermessung (Flächennivellement)

Bei der Prüfung der Ebenheit durch ein Flächennivellement wird die Bauteiloberfläche durch ein Raster unterteilt. Hierzu sind Rasterlinien mit einem regelmäßigen Abstand anzuordnen (z. B. 10 cm, 50 cm, 1 m, 2 m usw.). Das Raster muss eingemessen werden. Auf den Schnittpunkten der Rasterlinien werden die Messungen (Höhenkoten) durchgeführt.

Die Auswertung der Messwerte erfolgt nach folgendem Schema (s. folgende Abb.):

- Messwerte der Strecke 1 bis 3 an der Höhenkote Nr. 2
- Messwerte der Strecke 2 bis 4 an der Höhenkote Nr. 3 usw.

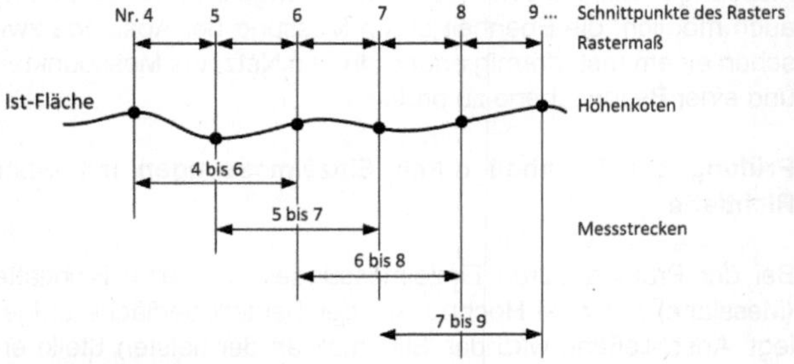

***Bild 18:** Ermittlung der Ebenheitsabweichung durch eine Rastermessung (Flächennivellement)(in Anlehnung an DIN 18202, Bild 15) (Quelle: Schmidt)*

Prüfung der Lage

Für die Prüfung der Lage eines Bauteils/Bauwerks sind je nach Aufgabenstellung Messpunkte für Maße, Winkel und die Flucht von Stützen anzuordnen.

Messpunkte für Maße

Für die Prüfung von Maßen werden Messpunkte auf der Bauteiloberfläche in den Ecken im Abstand von ca. 10 cm von den Kanten und/oder Achsenschnittpunkten angeordnet.

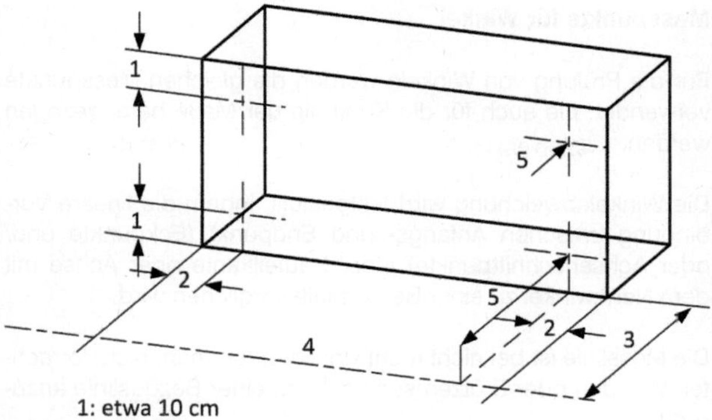

1: etwa 10 cm
2: etwa 10 cm
3: Abstand in Bezug auf eine Achse
4: Achse
5: Messung der Lage in Bezug auf eine Achse

Bild 19: *Prüfung der Maße für die Lage eines Bauteils im Grundriss (in Anlehnung an DIN 18202, Bild 16) (Quelle: Schmidt)*

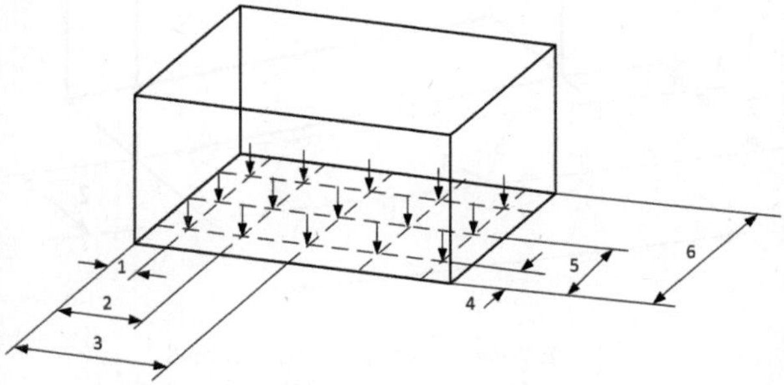

1: etwa 10 cm
2: halber Abstand zwischen Raumecke und Achse
3: Abstand zwischen Raumecke und Achse
4: etwa 10 cm
5: halbe Länge L/2
6: Länge L
7: Achse
8: Messung der Höhe im Aufriss in Bezug auf eine Bauwerkshöhe bzw. Höhenkote

Bild 20: *Prüfung der Maße für die Höhenlage einer Ebene eines Bauteils im Aufriss (in Anlehnung an DIN 18202, Bild 17) (Quelle: Schmidt)*

Messpunkte für Winkel

Für die Prüfung von Winkeln werden die gleichen Messpunkte verwendet, die auch für die Kontrolle der Maße herangezogen werden.

Die Winkelabweichung wird festgestellt, indem die lineare Verbindung zwischen Anfangs- und Endpunkt (Eckpunkte und/oder Achsenschnittpunkte) einer Bauteilkante oder Achse mit dem Nennwinkel zu einer Bezugslinie verglichen wird.

Die Messlinie ist bei nicht rechtwinkligen Räumen, nicht lotrechten Wänden oder Stützen senkrecht zu einer Bezugslinie anzuordnen.

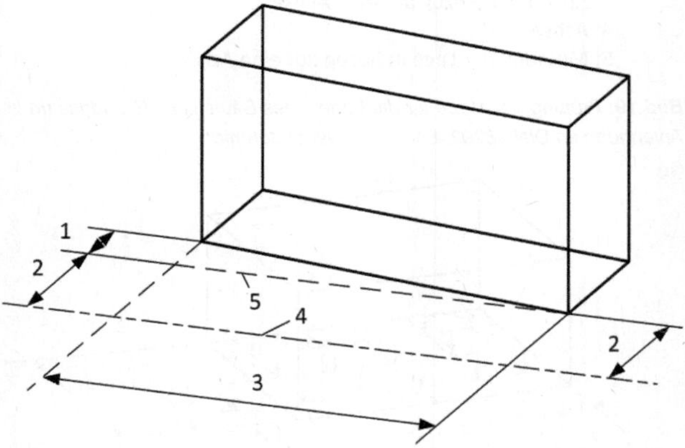

Bild 21: *Prüfung der Winkelabweichung von der Nennlage (hier: im Grundriss bezogen auf eine Achse) (in Anlehnung an DIN 18202, Bild 18) (Quelle: Schmidt)*

Messpunkte für die Flucht von Stützen

Die Prüfung der Flucht von Stützen erfolgt mithilfe einer Verbindungslinie, die zwischen den Endstützen einer Stützenreihe angelegt wird. Die Verbindungslinie ist am Stützenfuß oder Stützenkopf in einer Höhe von ca. 10 cm über dem Boden bzw. unter der Decke anzuordnen. Für die Prüfung der Fluchtabweichung werden die Stichmaße zwischen der Verbindungslinie und der Vorderkante der Stütze, gemessen in Stützenmitte bzw. -achse, ermittelt. Bei Stützen, die über die Verbindungslinie vorstehen, ist eine um 10 cm versetzte Hilfslinie als Bezugslinie zu verwenden.

Das ermittelte Stichmaß wird einem Messpunktabstand, der sich aus zwei Achsabständen ergibt, zugeordnet.

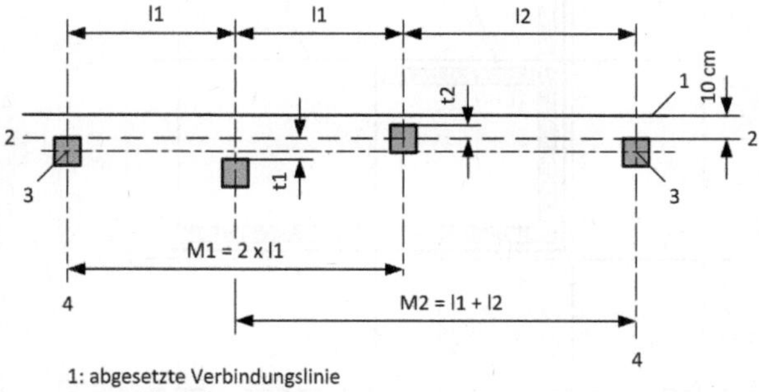

***Bild 22:** Prüfung der Fluchtabweichung (Lage von Stützen) von Stützen (in Anlehnung an DIN 18202, Bild 19) (Quelle: Schmidt)*

Vermessungstechnische Bezugssysteme

Maßabweichungen für Bauwerksmaße können über die Anlage eines vermessungstechnischen Bezugssystems geprüft bzw. dokumentiert werden. Für die Festlegung des Bezugssystems nach Lage und Höhe ist die Einrichtung eines absoluten Ausgangspunktes (Nullpunkt) im Grundriss und für die Höhe erforderlich. Dieser Punkt sollte außerhalb des Koordinatensystems des Gebäudes liegen, um Auswirkungen von vermessungstechnischen Abweichungen auf das Koordinatensystem des Gebäudes zu vermeiden. Die Lage ist so zu wählen, dass der Punkt auch nach der Fertigstellung des Gebäudes erhalten bleibt und gesichert werden kann. Durch die Festlegung eines zweiten Vermessungspunktes wird eine Orientierung innerhalb des Systems ermöglicht. Auch dieser Punkt sollte außerhalb des Gebäudes, zweckmäßigerweise auf einer durch den Ausgangspunkt verlaufenden Bezugslinie des Vermessungssystems, liegen.

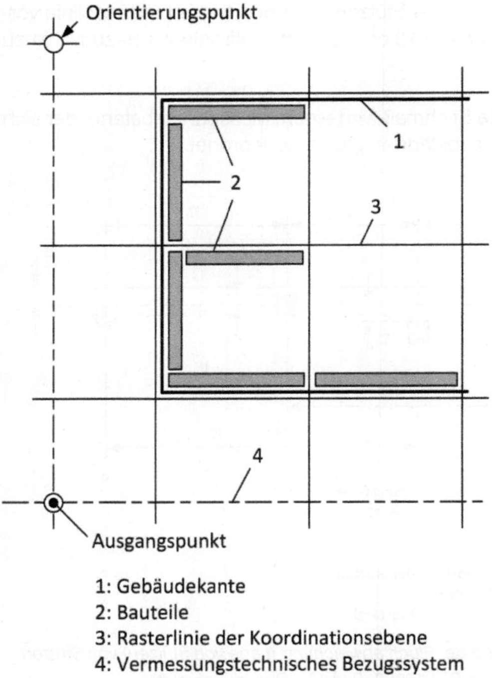

Bild 23: *Vermessungstechnische Bezugssysteme (in Anlehnung an DIN 18202, Bild A.1) (Quelle: Schmidt)*

DIN 18203

DIN 18203 „Toleranzen im Hochbau“

Die ursprünglich mehrere Dokumente umfassende Normenreihe DIN 18203 „Toleranzen im Hochbau“ besteht aktuell (Stand Oktober 2023) nur noch aus Teil 3 „Bauteile aus Holz und Holzwerkstoffen“. Eine Überarbeitung und Neuausgabe der bisherigen Teile 1 („Vorgefertigte Teile aus Beton, Stahlbeton und Spannbeton“) und 2 („Vorgefertigte Teile aus Stahl“) ist zurzeit nicht geplant. Aus diesen Gründen wird nachfolgend nur auf DIN 18203-3 („Bauteile aus Holz und Holzwerkstoffen“) eingegangen.

DIN 18203-3[5]	Toleranzen im Hochbau, Teil 3: Bauteile aus Holz und Holzwerkstoffen (Ausgabe August 2008)

DIN 18203-3:

Toleranzen im Hochbau, Teil 3: Bauteile aus Holz- und Holzwerkstoffen (August 2008)

In DIN 18203-3 sind Maßtoleranzen für Bauteile aus Holz und Holzwerkstoffen festgelegt, wie z. B. Toleranzen für Stützen, Träger, Binder sowie Holztafeln (Wand-, Boden-, Decken- und Dachtafeln). Die in DIN 18203-3 angegebenen Toleranzen sind fertigungsbedingte Werte, d. h., sie ergeben sich aufgrund der Ausführung und Herstellung. Nicht erfasst werden beispielsweise Änderungen von Querschnittsabmessungen infolge Quellens und Schwindens. Diese sind bei der Planung gesondert zu berücksichtigen.

Die Grundlage für die Anwendung der DIN 18203-3 bildet die DIN 18202 „Toleranzen im Hochbau“, d. h., DIN 18203-3 ist grundsätzlich zusammen mit DIN 18202[6] anzuwenden.

Begriffe

Für die Anwendung der DIN 18203-3 gelten sämtliche Begriffe der DIN 18202 sowie der Begriff „Messbezugsfeuchte bzw.

[5] DIN 18203-3:2008-08: Toleranzen im Hochbau – Teil 3: Bauteile aus Holz und Holzwerkstoffen.

[6] DIN 18202:2019-07: Toleranzen im Hochbau – Bauwerke.

Bezugsholzfeuchte". Hierunter ist der Mittelwert der Holzfeuchte eines Querschnitts zu verstehen, bei der die angegebenen Toleranzen eingehalten werden müssen.

Maßtoleranzen

Die Mindest- und Höchstmaße eines Bauteils aus Holz oder Holzwerkstoffen sind aus dem Nennmaß (= Sollmaß) und den in DIN 18203-3 festgelegten Grenzabweichungen zu berechnen. Es gilt:

Höchstmaß = Nennmaß + Grenzabweichung

Mindestmaß = Nennmaß – Grenzabweichung

Sofern von den in der Norm festgelegten Werten abgewichen werden muss, sind die abweichenden Werte für Toleranzen und Holzfeuchte gesondert vertraglich zu vereinbaren.

Grenzabweichungen für Träger, Binder und Stützen

Grenzabweichungen für Träger, Binder und Stützen aus Bauschnittholz, Baurundholz und Holzwerkstoffen sind in der folgenden Tabelle angegeben. Die Werte gelten auch für zusammengesetzte Querschnitte, die aus den vorgenannten Baustoffen hergestellt und mit Nägeln, Dübeln, Klebung oder auf andere Art miteinander verbunden werden.

Es ist zu beachten, dass eine Änderung der Holzfeuchte zu Änderungen der Abmessungen führt. Ursache hierfür ist das Quell- und Schwindverhalten von Holz und Holzwerkstoffen. Bei der Planung sind Maßänderungen infolge Quellens und Schwindens zu berücksichtigen. Rechenwerte für Quell- und Schwindmaße sind in DIN 68100[7] angegeben.

[7] DIN 68100:2010-07: Toleranzsystem für Holzbe- und -verarbeitung – Begriffe, Toleranzreihen, Schwind- und Quellmaße.

Tabelle 1: *Grenzabweichungen für Träger, Binder und Stützen aus Vollholz, Brettschichtholz und Balkenschichtholz (in Anlehnung an DIN 18203-3, Tab. 1) (Quelle: Schmidt)*

<table>
<tr><th rowspan="5">Nennmaße</th><th colspan="6">Grenzabweichungen</th></tr>
<tr><th colspan="5">Querschnittsabmessungen</th><th>Längen u. Abstände (z. B. zwischen Bohrungen)</th></tr>
<tr><th colspan="2">Vollholz (VH)</th><th colspan="2">Brettschichtholz (BSH)</th><th>Balkenschichtholz (BS)</th><th rowspan="3">VH/BSH/BS</th></tr>
<tr><th colspan="2">Messbezugsfeuchte 20 %</th><th colspan="2">Messbezugsfeuchte 12 %</th><th>Messbezugsfeuchte 15 %</th></tr>
<tr><th>sägerau</th><th>gehobelt, egalisiert</th><th>Breite</th><th>Höhe</th><th>Breite und Höhe</th></tr>
<tr><td>≤ 0,10 m</td><td>+3 mm
-1 mm</td><td>±1 mm</td><td rowspan="2">±2 mm</td><td rowspan="2">+4 mm
-2 mm</td><td>±1 mm</td><td rowspan="4">±2 mm</td></tr>
<tr><td>> 0,10 m und ≤ 0,40 m</td><td>+4 mm
-2 mm</td><td>±1,5 mm</td><td>± 1,5 mm</td></tr>
<tr><td>> 0,40 m und ≤ 0,80 m</td><td>k. A.</td><td>k. A.</td><td colspan="2" rowspan="3">+1 mm
-0,5 mm</td><td>k. A.</td></tr>
<tr><td>> 0,80 m und ≤ 2,00 m</td><td>k. A.</td><td>k. A.</td><td>k. A.</td></tr>
<tr><td>> 2,00 m und ≤ 6,00 m</td><td>k. A.</td><td>k. A.</td><td>k. A.</td><td rowspan="2">±0,1 %</td></tr>
<tr><td>> 6,00 m und ≤ 20,00 m</td><td>k. A.</td><td>k. A.</td><td>k. A</td><td>k. A.</td><td>k. A.</td></tr>
<tr><td>> 20,00 m</td><td>k. A.</td><td>k. A.</td><td>k. A.</td><td>k. A.</td><td>k. A.</td><td>±20 mm</td></tr>
<tr><td colspan="7">k.A.: keine Angabe</td></tr>
</table>

Grenzabweichungen für Wand-, Boden-, Decken- und Dachtafeln

Grenzabweichungen für Wand-, Boden-, Decken- und Dachtafeln sind in der folgenden Tabelle angegeben. Die Werte gelten für die Breite und Höhe (Kantenlänge) sowie für die Dicke von Holztafeln, die auch mehrschichtig oder aus einer Kombination von verschiedenen Werkstoffen aufgebaut sein können.

***Tabelle 2:** Grenzabweichungen für Wand-, Boden-, Decken- und Dachtafeln (in Anlehnung an DIN 18203-3, Tab. 2)*

Nennmaße	Grenzabweichungen	
	Breite, Höhe (Kantenlänge) und Öffnungen	Dicke
≤ 0,10 m	k. A.	+2 mm –1 mm
> 0,10 m und ≤ 0,40 m	k. A.	+3 mm –2 mm
> 0,40 m	k. A.	+4 mm –2 mm
≤ 1,00 m	±2 mm	k.A.
> 1,00 m	±0,2 % des Nennmaßes max. ± 5 mm	k.A.
k. A.: keine Angabe		

Beispiel:

Ein Beispiel für Grenzabweichungen bei einer Wandtafel ist in der folgenden Abbildung dargestellt.

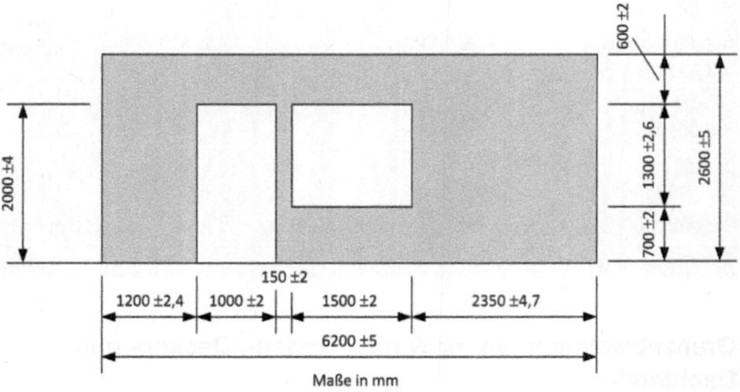

***Bild 24:** Beispiel für Grenzabweichungen bei einer Wandtafel (in Anlehnung an DIN 18203-3, A.1) (Quelle: Schmidt)*

Winkelabweichungen bei Holztafeln

Winkelabweichungen in Länge und Breite

Für die Bestimmung von Winkelabweichungen von Holztafeln in der Länge und Breite sowie Öffnungen in Holztafeln gilt DIN 18202. Als Grenzabweichungen der Stichmaße *S* gelten die Werte in der folgenden Tabelle, wobei das Nennmaß *N* der jeweils längere Schenkel des betrachteten Winkels ist (s. folgende Abb.).

Tabelle 3: *Grenzabweichung der Stichmaße für die Überprüfung der Rechtwinkligkeit*

Nennmaße *N*	**Grenzabweichung als Stichmaß S**
	Breite, Höhe (Kantenlänge) und Öffnungen
≤ 0,10 m	k. A.
> 0,10 m und ≤ 0,40 m	k. A.
> 0,40 m	k. A.
≤ 1,00 m	±2 mm
> 1,00 m	±0,2 % des Nennmaßes max. 5 mm

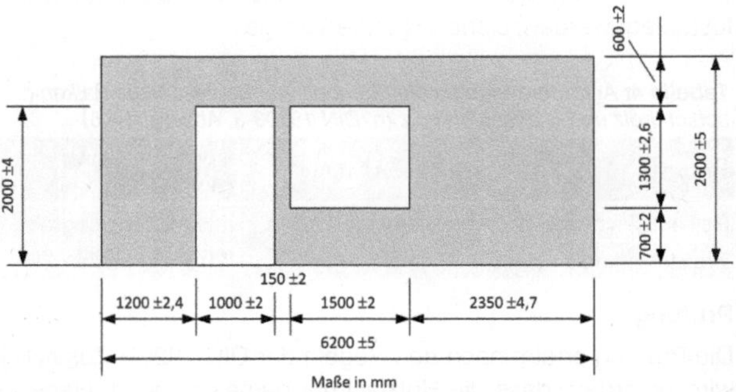

Bild 25: *Überprüfung der Rechtwinkligkeit bei Holztafeln (in Anlehnung an DIN 18203-3, Bild 1) (Quelle: Schmidt)*

Winkelabweichungen in der Dicke

Für die Bestimmung von Winkelabweichungen in der Dicke von Holztafeln gilt DIN 18202. Für die Grenzabweichung als Stichmaß *S* gelten folgende Werte:

Nennmaß *N* (Solldicke)	**Grenzabweichung als Stichmaß *S***
≤ 10 cm	2 mm
> 10 cm und ≤ 40 cm	3 mm

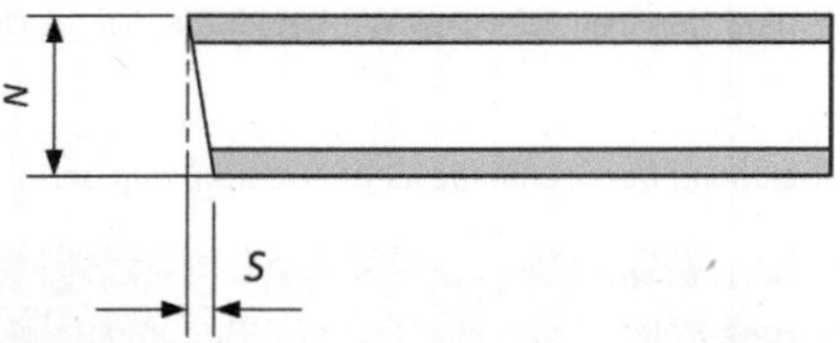

***Bild 26:** Bestimmung der Rechtwinkligkeit der Dicke von Holztafeln (in Anlehnung an DIN 18203-3, Bild 2) (Quelle: Schmidt)*

Ebenheit

Anforderungen an die Ebenheit werden an Balkenschichtholz und Bauteile aus Brettschichtholz gestellt, indem Grenzabweichungen an die Stichmaße für Längs- und Querkrümmung festgelegt werden; siehe folgende Tabelle.

***Tabelle 4:** Anforderungen an die Ebenheit von Bauteilen aus Balkenschichtholz und Brettschichtholz (n. DIN 18203-3, Abschnitt 4.5)*

Holzart	Längskrümmung	Querkrümmung (Schüsseln)
Balkenschichtholz	max. 4 mm auf 2,0 m	max. 1/200 der größeren Querschnittsseite
Brettschichtholz		

Prüfung

Die Prüfung erfolgt nach den Regeln der DIN 18202. Zusätzlich wird gefordert, dass die Holzfeuchte gemessen wird. Gegebenenfalls sind die Istabmaße auf die Messbezugsfeuchte umzurechnen. Die Messung der Holzfeuchte ist nach DIN EN 13183-2[8] vorzunehmen, wobei eine Einschlagtiefe von max. 40 mm einzuhalten ist. Die Bestimmung des Feuchtegehalts von Holzwerkstoffen erfolgt nach DIN EN 322[9],

[8] DIN 13183-2:2002-07: Feuchtegehalt eines Stückes Schnittholz – Teil 2: Schätzung durch elektrisches Widerstands-Messverfahren.

[9] DIN EN 322:1992-08: Holzwerkstoffe; Bestimmung des Feuchtegehaltes.

Prüfung und Dokumentation der Funktionsfähigkeit

Abnahmen haben im Bauverlauf eine große Bedeutung zur Erreichung des Bau-Solls. Grundsätzlich werden drei Arten der Abnahme nach ihrer rechtlichen Bedeutung unterschieden: Die vertragsrechtliche Abnahme durch den Auftraggeber begründet den Zahlungsanspruch des Auftragnehmers, die öffentlich-rechtliche Abnahme durch die zuständige Behörde bestätigt die Erstellung gemäß den vorliegenden Genehmigungen. Zur Vorbereitung der vertragsrechtlichen Abnahme ist eine vorhergehende technische Abnahme = Zustandsfeststellung sinnvoll. Diese beinhaltet bei vielen Gewerken die Feststellung der Funktionsfähigkeit der erstellten Leistungen und wird zum einen aus der VOB/C, zum anderen aus weiteren gewerkespezifischen Normen, Vorschriften und Richtlinien hergeleitet. Sie ist damit auch ein wesentliches Instrument der Qualitätssicherung. Zur Sicherung der Ansprüche des Auftragnehmers ist eine detaillierte Dokumentation der durchgeführten Prüfungen und deren Ergebnisse unabdingbar.

Grundsätzliches zu Prüfungen

Die technische Abnahme bzw. Zustandsfeststellung beinhaltet hinsichtlich der Funktionsfähigkeit zunächst generell die Überprüfung der ausgeschriebenen Materialien sowie die Ausführung der geforderten Leistungen bzgl. Abmessungen unter Berücksichtigung der jeweiligen Maßtoleranzen, Gefälle/Neigung, Eigenschaften, ordnungsgemäßem Einbau, Beschädigungen, Verschmutzungen etc. Untersetzt werden können diese Anforderungen seitens der Auftragnehmer durch Prüfzeugnisse, Lieferscheine, Eigenüberwachungen etc.

Hierbei handelt es sich um die Überprüfung des Bau-Ists gegenüber dem Bau-Soll, grundlegend bestimmt durch den dreistufigen Mängelbegriff des BGB, der sich an der Funktionalität des erstellten Werks orientiert. Neben dem subjektiven und objektiven Sachmangel definiert der § 633 Abs. 2 Satz 2 BGB den funktionalen Sachmangel, der dann vorliegt, wenn das Werk nicht für die gewöhnliche Verwendung (Gebrauchstauglichkeit) geeignet ist. An dieser Stelle gewinnen bestimmte Normen insofern eine Bedeutung, als dass Eigenschaften eines Baustoffs/Bauteils unter Laborbedingungen gegeben sind, im Einbauzustand jedoch nicht erreicht werden und damit einen Mangel darstellen, z. B. wenn die Schalldämmeigenschaften im Labor, nicht jedoch vor Ort in der Einbausituation erreicht werden.

Erforderliche Prüfungen im Rohbau

Erdarbeiten

Muss der Baugrund verdichtet werden, sind im Leistungsverzeichnis i. d. R. der Verdichtungsgrad D_{pr} [%] und das statische Verformungsmodul E_{v2} [MN/m^2] angegeben. Der Verdichtungsgrad bezieht sich auf die Proctordichte ρ_{Pr} [g/cm^3], die sich aus der Dichte, der Masse und dem Wassergehalt des Bodens ergibt und als Vorgabewert mit 100 % für die Verdichtungsfähigkeit des jeweiligen Bodens angegeben wird.

Im Proctorversuch gemäß DIN 18127:2012-09 wird die Trockendichte des Bodens in Abhängigkeit vom Wassergehalt nach der Verdichtung ermittelt. Die Bodenproben werden nach Ermittlung der Raumdichte [g/cm^3] (Masse [g]/Volumen [cm^3]) mit jeweils unterschiedlichen Wassermengen gemischt in einen Versuchszylinder gefüllt und mit einer Fallmasse von 2,5 kg aus 30 cm Höhe (Stampfer) verdichtet. Die Trockendichte ρ_d [g/cm^3] ergibt sich aus der Raumdichte/(1 + w) mit w = Wassergehalt [%]. Die Ermittlung des Wassergehalts wird aus dem Quotienten von feuchter und trockener Probe berechnet (Probe feucht/Probe trocken x 100 [%]). Die Ergebnisse der Proben ergeben den optimalen Wassergehalt w_{opt} am Scheitelpunkt der Kurve.

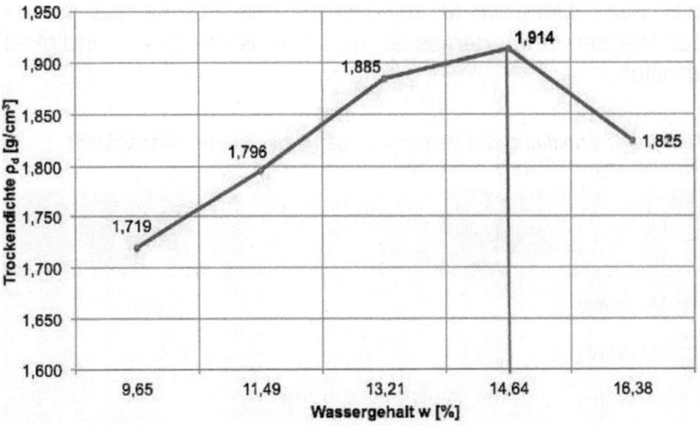

***Bild 1:** Beispielermittlung: größte Proctordichte $\rho_{d,max}$ = 1,914 g/cm^3 bei optimalem Wassergehalt w_{opt} = 14,65 % (Quelle: Ingrid Kaiser)*

Zur Prüfung der Dichte des Bodens im Vergleich zur für diese Bodenbeschaffenheit ermittelten Proctordichte stehen für Feldversuche unterschiedliche – direkte und indirekte – Verfahren zur Verfügung. Im Proctorversuch wird die Trockendichte des eingebauten Bodens in Relation zur Proctordichte ermittelt: ρ_{Probe} [g/cm^3]/$\rho_{Proctor}$ [g/cm^3] x 100 = Verdichtungsgrad [%]. Hierbei müssen alle Bodenarten jeweils getrennt überprüft werden, und durch die erforderliche Ausrüstung ist das Verfahren relativ aufwendig, aber auch genau.

Beim statischen Plattendruckversuch gemäß DIN 18134:2012-04 wird die Einsenktiefe der Druckplatte nach stufenweiser Be- und Entlastung gemessen und hieraus das Verformungsmodul E_v [MN/m^2] aus der Spannung und der Plattensetzung ermittelt. Für die jeweiligen Böden werden Verhältniswerte für E_{v1} (Erstbelastung) und E_{v2} (Zweitbelastung) angegeben. Für die Versuchsanordnung ist ein entsprechend schweres Belastungsfahrzeug als Gegengewicht erforderlich. Der dynamische Plattendruckversuch wird mit leichten Fallgewichtsgeräten durchgeführt, bei denen die Lastplatte durch eine Fallmasse aus bestimmter Höhe belastet wird.

Dränarbeiten

Um die Funktionsfähigkeit der Dränage sicherzustellen, muss zunächst die Dränschicht auf Versickerungsfähigkeit untersucht werden. Zunächst wird durch wiederholtes Nachfüllen von Wasser die Sättigung des Bodens erreicht. Anschließend wird

z. B. alle 15 Minuten für mindestens eine Stunde das Sinken des Wasserstands gemessen und daraus die Geschwindigkeit ermittelt:

Tabelle 1: *Ermittlung der Versickerungsfähigkeit einer Dränschicht (Quelle: Ingrid Kaiser)*

Messung	Absenkung [cm/15 min]
1. Messung	6,0
2. Messung	3,5
3. Messung	2,5
4. Messung	1,2
Mittelwert	3,3
Berechnung	
0,03 m/900 s	$3{,}67 \times 10^{-5}$ m/s $\leq 10^{-4}$ m/s

Weiterhin muss die Funktion der Dränagepumpe geprüft werden, ebenso ggf. geforderte akustische und/oder optische Signale bei Störungen und zugehörige Störmeldungen.

Mauerarbeiten

Geforderte Baustoffeigenschaften können bei Mauerarbeiten in vielen Fällen durch Prüfzeugnisse o. Ä. belegt oder durch einfache Messungen und Inaugenscheinnahme geprüft werden. Eine zu hohe Materialfeuchte lässt sich entweder an Verfärbungen erkennen oder durch einfache Feuchtigkeitsmessgeräte prüfen.

Bei Verblendmauerwerk wird die Wasseraufnahmefähigkeit durch die Darrprobe festgestellt. Hierbei wird eine Probe entnommen, bis zur Sättigung gewässert, gewogen und bei ca. 105 °C getrocknet. Der anschließend ermittelte Gewichtsunterschied gibt Auskunft über den Wasseranteil, der zugeführt wurde. Alternativ kann auch das Karsten'sche Prüfröhrchen mit Dichtungsmasse an der Wand befestigt werden, in das Wasser eingefüllt und anhand der Skala die Aufnahmefähigkeit in einer bestimmten Zeit gemessen wird. Umgekehrt gibt dieses Verfahren auch Aufschluss über die Schlagregendichtheit des Verblendmauerwerks.

Erforderliche Prüfungen an der Fassade

Außenfenster und -türen

Beschläge und Schlösser werden durch mehrfaches Betätigen auf Funktion und Gängigkeit geprüft. Abschließbare Fensterbeschläge müssen ebenso geprüft werden.

Der Anpressdruck der Fensterflügel und damit der ordnungsgemäße Einbau der Dichtungen wie auch die Bodenabsenkdichtung von Hauseingangstüren können einfach mit einem Papierstreifen geprüft werden. Er wird bei geöffnetem Fenster/geöffneter Tür zwischen Blend- und Flügelrahmen bzw. auf die Türschwelle gelegt. Lässt sich der Papierstreifen bei geschlossenem Fenster/geschlossener Tür nicht oder nur sehr schwer herausziehen, sind die Dichtungen ordnungsgemäß eingebaut.

Aufbau (Verbundsicherheitsglas [VSG], Scheibenzwischenraum [SZR] und Einscheibensicherheitsglas [ESG]) und Dicke von Verglasungen können einfach mit einem Laser-Glasdickenmesser überprüft werden.

Rollladen- und Sonnenschutzarbeiten

Im Rahmen der Gebäudesicherheit muss bei Rollläden die Hochschiebe-Sicherung auf ihre Funktion überprüft werden. Haben außen liegende Sonnenschutzanlagen Wind- und/oder Sonnenwächter, muss auch hier die Funktionsfähigkeit mehrfach unter verschiedenen, sich ggf. überlagernden Witterungsbedingungen überprüft werden.

Erforderliche Prüfungen im Ausbau

Bodenbelagsarbeiten

Vor dem Verlegen der Bodenbeläge wird die Belegreife durch Feuchtemessung ermittelt. Die zerstörungsfreie Prüfung erfolgt mit elektrischen Verfahren, die auf Messung der Leitfähigkeit, die bei höheren Wassergehalten steigt, basieren. Für die CM-Methode und die Darrmethode müssen Estrichproben entnommen werden. Bei der CM-Methode wird der Wassergehalt nach Beimischung von Calciumcarbid durch den Druckanstieg ermittelt. Die Darrmethode wird bei Anhydridestrichen (CAF-Estrich) bei einer Temperatur von 40 °C und bei Zementestrichen

(CT-Estrich) von 105 °C durchgeführt. Der Wassergehalt darf bei CT-Estrichen nicht mehr als 2 CM-% bzw. bei Verlegung von dampfdurchlässigen textilen Belägen oder keramischen und Steinbelägen im Dickbett nicht mehr als 3 CM-%, bei CAF-Estrichen nicht mehr als 0,5 CM-% bzw. bei dampfdurchlässigen textilen Belägen nicht mehr als 1 CM-% betragen.

Werden Naturstein-, Betonwerkstein-, Fliesen- und Platten-, textile oder elastische Beläge auf Fußbodenheizung verlegt, ist ein Aufheizprotokoll erforderlich sowie ein Protokoll über die Prüfung der Belegreife. Das Aufheizen wird bei Anhydridestrichen nach sieben, bei Zementestrichen nach 21 Tagen Abbindezeit durchgeführt, wobei die Vorlauftemperatur ohne Nachtabsenkung stufenweise erhöht und anschließend wieder verringert wird:

1. Tag – Aufheizen auf 25 °C
2. Tag – Aufheizen auf 30 °C
3. Tag – Aufheizen auf 35 °C
4. Tag – Aufheizen auf 40 °C
5.–15. Tag – Aufheizen jeweils auf die höchste geplante Vorlauftemperatur (max. 55 °C)
16. Tag – Absenken auf 35 °C
17. Tag – Absenken auf 30 °C
18. Tag – Absenken auf 25 °C
19. Tag – Feuchtemessung

Der Wassergehalt gemäß Feuchtemessung darf auf Heizestrichen bei CT-Estrichen nicht mehr als 1,8 CM-% bzw. bei Verlegung von dampfdurchlässigen textilen Belägen oder keramischen und Steinbelägen im Dickbett nicht mehr als 3 CM-%, bei CAF-Estrichen nicht mehr als 0,3 CM-% bzw. bei dampfdurchlässigen textilen Belägen nicht mehr als 0,5 CM-% betragen. Wird die Belegreife nicht erreicht, muss mit ca. 40 °C weitergeheizt und die Messung wiederholt werden, um die Belegreife zu dokumentieren.

Weitere Beläge und Beschichtungen

Vor Beginn nachfolgender Ausbauarbeiten sollte für alle Gewerke eine Prüfung des Untergrunds hinsichtlich Tragfähigkeit, Maßhaltigkeit, Feuchtigkeitsgehalt etc. durchgeführt werden. Gleichzeitig obliegt die Verantwortung zur Überprüfung der Untergrundeignung den nachfolgenden Gewerken, die – wollen sie nicht eine Mitverantwortung von Mängeln riskieren – bei Mängeln im Untergrund gemäß VOB/B Bedenken anmelden müssen.

Erforderliche Prüfungen in der Technischen Gebäudeausrüstung

Raumlufttechnische Anlagen (RWA)

Die Prüfung des Gesamtvolumenstroms erfolgt mit einem Luftgeschwindigkeitsmessgerät mit Staurohren und Differenzdruck-Messgeräten, welche auch den Druckabfall am Filter und die Lufttemperatur messen können. Die Messunsicherheit beträgt hier 10 % im Vergleich zu den geforderten Werten.

Die Raumluftqualität unterliegt strengen Maßstäben gemäß DIN EN 12599:2013-01 und kann nach Anlage B der Norm mit der Trichtermessung oder der Messung des Referenzdrucks geprüft werden. Bei Ersterer wird eine Messhaube auf den Luftdurchlass gesetzt und an der kleinsten Querschnittsstelle das Messelement, das Anemometer, deponiert. Gleichzeitig können hier ggf. relative Feuchte und Temperatur der Zu- oder Abluft gemessen werden. Die entsprechenden Prüfprotokolle gehören zur Dokumentation.

Tabelle 2: *Erforderliche Volumenströme und Luftwechsel (Quelle: Ingrid Kaiser, gem. DIN 18017-3:2022-05)*

Raum/Nutzungsbereich	Volumenstrom [m³/h]	Luftwechsel n [-] DIN 1946-2:1994-01
	Wohnungsbau[1]	
WC	20–30	
Bäder	40–60	
	Gewerbe[2]	
je Toilette	15	≥ 5 h^{-1}
je Urinal		≥ 5 h^{-1}
Waschräume		≥ 10 h^{-1}
Umkleideräume		≥ 4 – 8 h^{-1}

[1] Quelle: DIN 18017-32009-09.
[2] Quelle: Arbeitsstättenrichtlinien ASR 34, ASR 35, ASR 37.

Tabelle 3: *Raumluftgeschwindigkeit und erforderlicher Volumenstrom nach Art der Raumnutzung (Quelle: Ingrid Kaiser gem. ASR 5)*

Raumnutzung	Raumluftgeschwindigkeit [m/sec]	Volumenstrom [m^3/h]
überwiegend sitzende Tätigkeiten	< 0,2	20 – 40
überwiegend nicht sitzende Tätigkeiten		40 – 60
schwere körperliche Arbeit		> 65

Heizungsanlagen

Zur Inbetriebnahme der Heizung muss insbesondere die geplante Vorlauftemperatur durch Messung überprüft werden wie auch die Funktion von Umwälzpumpen und Absperrvorrichtungen.

Wichtig ist die Prüfung der Sicherheitseinrichtungen gemäß DIN EN 12828:2014-07 einer Heizungsanlage auf Funktionsfähigkeit, ebenso wie die Dichtheitsprüfung des Leitungsnetzes („Abdrücken").

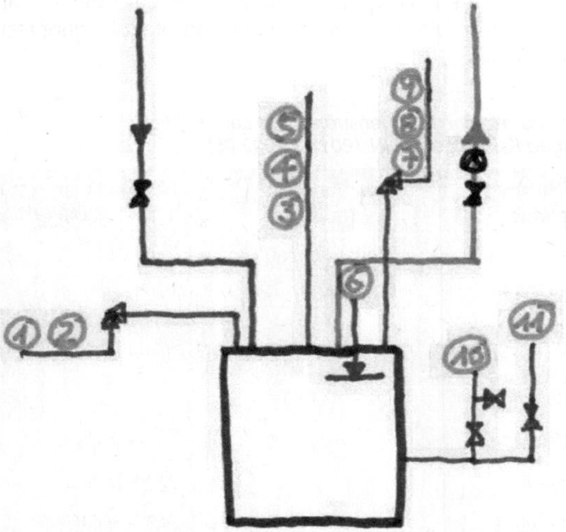

Bild 2: *1 – Sicherheitsdruckbegrenzer (SDB), 2 – Manometer (MA), 3 – Thermometer (TH), 4 – Temperaturregler (TR), 5 – Sicherheitstemperaturbegrenzer (STB), 6 – Wasserstandsbegrenzer/-mangelsicherung,*

7 – Sicherheitsventil (SIV), 8 – Entspannungstopf, 9 – Abgabe von Überdruck, 10 – Sicherheitsdruckbegrenzer (SDB), 11 – Membranausdehnungsgefäß (MAG); Beispiel Sicherheitseinrichtungen Heizungsanlage (Quelle: Ingrid Kaiser)

Bei Fußbodenheizungen/Heizestrich ist zusätzlich die Oberflächen- und Vorlauftemperatur zu messen. Die maximale Oberflächentemperatur beträgt gemäß DIN 18560-2:2022-08 in der Fläche 29 °C und am Rand 35 °C. Die Vorlauftemperatur darf bei CAF- und CT-Estrich 55 °C, bei Gussasphaltestrich 45 °C nicht überschreiten.

Für die Überprüfung der Abgasmessungen stehen inzwischen auch Apps für Smartphones zur Verfügung. Die Abgasverluste dürfen bei einer Nennwärmeleistung [kW] von 4–25 nicht mehr als 11 %, von 25–50 nicht mehr als 10 % und bei über 50 kW nicht mehr als 9 % betragen.

Sanitäranlagen

Für Trinkwasserleitungen müssen Spülbescheinigungen nach DIN 1988-200:2012-05 vorliegen. Weiterhin gelten für Trinkwasser die Vorschriften der Trinkwasserverordnung (TrinkwV).

Nach DIN EN 1610:2015-12 müssen erdverlegte Grundleitungen und Schächte eine Dichtheit von 10 kPa aufweisen, die durch entsprechende Dichtheitsprüfbescheinigungen nachgewiesen werden.

Bei allen Sanitärobjekten muss die Funktion von Kalt- bzw. Warmwasserzufuhr überprüft werden, ebenso wie der Fließdruck von 1 bis 15 bar und die Tragfähigkeit von wandhängenden Sanitärobjekten. Diese beträgt bei WCs mindestens 400 kg, bei Waschtischen mindestens 50 kg.

Weiterhin muss eine Druckprüfung erfolgen, die gemäß DIN EN 12599:2013-01 für Schmutzwasser und gemäß DIN EN 1610:2015-12 für Lüftungsanlagen mindestens 0,5 bar, für Regenwasser gemäß Beanspruchung und für Trinkwasserleitungen in der Vorprüfung nach Betriebsdruck zzgl. 5 bar beträgt. Letztgenannter Wert darf nach 30 Minuten um nicht mehr als 0,1 bar/Min. fallen, damit in 30 Minuten nicht mehr als 0,6 bar Druck entstehen. Bei der Hauptprüfung darf der Druck nach zwei Stunden um nicht mehr als 0,2 bar fallen. Für die Druckprüfungen stehen unterschiedliche Druckprüfgeräte, teilweise mit Datenloggern, zur Verfügung.

Bei der Warmwasserversorgung soll Warmwasser nach 10 Sekunden die gemäß Trinkwasserverordnung erforderliche Mindesttemperatur von 60 °C (Legionellen) aufweisen und nach 30 Sekunden zur Verfügung stehen. Die maximale Temperaturabweichung beträgt 5 Kelvin (K).

Elektroinstallation

Die Funktion von Fehlerstrom-Schutzschaltern (FI-Schalter) kann relativ einfach durch Steckdosen-Prüfgeräte mit Fehlerstrom-Auslöser geprüft werden. Weitere elektrisch gesteuerte Funktionen wie Sprechanlagen, Zugangssysteme, Überwachungssysteme (Video) etc. werden durch Auslösung überprüft.

Nachweise

Prüfzeugnisse

Prüfzeugnisse ersetzen nicht die notwendigen Funktionsprüfungen, sie ergänzen sie jedoch und belegen die vertragsgemäße Ausführung der Arbeiten. Für folgende Leistungen müssen sie vorliegen:

- Mauerwerk
  - Verblendabfangkonsolen
  - Horizontalsperre
  - Steinfestigkeitsklasse
  - Steinrohdichte
  - Dämmmaterial Schallschutz Gebäudetrennfuge
  - U-Wert
  - Brandschutzanforderung
  - Wärmeleitfähigkeitsgruppe Dämmung (WLG)
- Bodenbeläge Naturstein/Betonwerkstein
  - Rutschfestigkeitsklasse
  - Abriebklasse
- Wärmedämm-Verbundsysteme
  - System-Schichtenaufbau
  - Schichtstärken
  - Verdübelung
  - Wasserfestigkeit Dämmung Sockel
  - Höchstdicke Klebemörtel (10 mm, an Einzelstellen 20 mm)

- Fliesen- und Plattenarbeiten
  - Rutschfestigkeit
  - Verschleißfestigkeit
- Tischlerarbeiten
  - Schallschutz Verglasung
  - U-Wert
  - Sonnenschutzqualität
  - Verglasung
    - VSG/ESG
    - Einbruchklasse
  - Dimensionierung Befestigungsmittel Fenster
- RWA-Anlagen
  - Brandschutzklappen
- Sprinkleranlage
- Rauchmeldeanlage
- Brandmeldeanlage

Bauaufsichtliche Zulassungen

Auch bauaufsichtliche Zulassungen oder Zulassungen im Einzelfall sind im technischen Abnahmeverfahren vorzulegen und zu überprüfen. Insbesondere für folgende Leistungen müssen sie vom Auftragnehmer vorgelegt werden:

- Mauerwerk
  - Verblendabfangkonsolen
  - Mauerfugen-Bewehrung
  - Horizontalsperre
- Zimmerer- und Holzbauarbeiten
  - Treppen
- Dachdeckungs- und -dichtungsarbeiten
  - Diffusionsoffenheit Unterspannbahn
- WDVS
  - Armierungsgewebe (Lage: äußeres Drittel Armierungsschicht)
- Parkettarbeiten
  - allgemeine Zulassung
  - Parkettkleber

Fachunternehmererklärung

Fachunternehmererklärungen gewährleisten die sach- und fachgerechte Ausführung der Arbeiten und legen die Verantwortung auf die Auftragnehmerseite. Der Auftragnehmer erklärt i. d. R., dass die verwendeten Baustoffe geprüft bzw. zugelassen sind und nach Herstellerangaben eingebaut/verarbeitet wurden.

Fachunternehmererklärungen werden gefordert bei RWA-Klappen, Entrauchungsanlagen und Heizungsanlagen.

Die Erklärungen basieren auf den allgemein anerkannten Regeln der Technik (a. a. R. d. T.), die dadurch definiert sind, dass sie einerseits den wissenschaftlichen Stand der Technik berücksichtigen, gleichzeitig aber auch die Bewährung der jeweiligen Materialien und Verfahren in der Praxis zugrunde legen.

Externe Abnahmen

Bei Heizungsanlagen ist immer die Abnahmebescheinigung des Schornsteinfegers für die ordnungsgemäße Funktion (z. B. Abgaswerte) der Heizungsanlage und die sachgerechte Abführung der Abgase, inklusive Bewertung der CO_2-Ausstöße, durch Schornsteine bzw. Abgasanlagen erforderlich.

Bei den Entwässerungsanlagen auf Basis des Entwässerungsantrags und der entsprechenden Genehmigung ist die zugehörige Abnahmebescheinigung der zuständigen Behörde (i. d. R. das Tiefbauamt u. Ä.) nachzuweisen.

Aufzüge unterliegen der Überwachung zertifizierter Stellen und müssen vor Inbetriebnahme von diesen geprüft werden.

Bei den meisten Bauvorhaben liegt der Planung und Ausschreibung ein Brandschutzkonzept zugrunde, das nach Nutzerbedarfen/-anforderungen die Baustoff- und Feuerwiderstandsklassen der Baustoffe und Bauteile sowie die zugehörigen Meldesysteme im Rahmen der Brandmeldezentrale (BMZ) festlegt. Nach Ausführung der Arbeiten ist hier die Abnahmebescheinigung des Brandschutzgutachters, der das Brandschutzkonzept erstellt hat, erforderlich, um die Funktionsfähigkeit des baulichen und anlagentechnischen Brandschutzes nachzuweisen.

Sprinkler-, Rauchmelde- und Brandmeldeanlagen erfordern zusätzlich zur Bauteilzulassung eine Abnahme nach den Vorschriften des Verbands Deutscher Sachversicherer (VDS). In vielen Bereichen gehen die Anforderungen der Versicherungsunternehmen über gesetzliche und sonstige Vorschriften hinaus.

Elektroanlagen müssen mit einer VDE-Bescheinigung (Verband der Elektrotechnik Elektronik und Informationstechnik e.V.) durch das ausführende Unternehmen als regelkonform nachgewiesen werden. Dies gilt insbesondere für Abschlussklemmen/-dosen auf Brennstellen und die Kennzeichnung von Potenzialausgleichen.

Einweisung von Personal

Um den möglichst störungsfreien und sicheren Betrieb von Gebäuden sicherzustellen, ist die Einweisung der Nutzer zum einen vorgeschrieben, zum anderen in allen Bereichen sinnvoll. Selbstverständlich müssen hierzu die entsprechenden Protokolle erstellt und von den Unterwiesenen wie dem Unterweisenden unterzeichnet werden. Gefordert wird die Einweisung bei Lüftungsanlagen gemäß DIN 18379:2016-09; das Protokoll der Einweisung ist Bestandteil der Dokumentation. Auch bei Heizungsanlagen muss das Bedienungspersonal bzw. das Wartungsunternehmen gemäß DIN 18380:2016-09 ebenso wie bei Gas-, Wasser- und Entwässerungsanlagen gemäß DIN 18381:2016-09 und RWA-Anlagen nach DIN 18279:2016-09 eingewiesen werden. Zur Vollständigkeit der Leistungserbringung sind auch Betriebs- und Wartungs- sowie Pflegeanleitungen erforderlich:

Tabelle 4: *Betriebs-, Wartungs- und Pflegeanleitung (Quelle: Ingrid Kaiser)*

Leistung	Betriebsanleitung/ -unterlagen	Wartungs-anleitung	Pflege-anleitung
Dränarbeiten	X	X	
Natursteinarbeiten		X	X
Betonwerkstein-arbeiten		X	X
Fliesen- und Plattenarbeiten		X	X
Tischlerarbeiten		X	X
Parkettarbeiten		X	X
Bodenbelagsar-beiten		X	X
Elektroinstallation – Leuchten	X		
Raumlufttechnische Anlage	X	X	
Gas-, Wasser-, Entwässerungs-anlagen	X	X	

Dokumentation

Über alle durchgeführten Prüfungen sind detaillierte Protokolle zu erstellen und von allen Beteiligten zu unterzeichnen. Werden geforderte Werte bei den jeweiligen Prüfungen nicht erreicht, muss nach Nachbesserung die Untersuchung wiederholt und natürlich ebenfalls dokumentiert werden. Können geforderte Werte aufgrund der jeweiligen Randbedingungen nicht erreicht werden, muss der Grad der Erreichung eindeutig festgeschrieben werden, um eine Basis der Bewertung des Mangels beim Recht des Auftraggebers auf Minderung des Preises zu erlangen. Eine lückenlose Zusammenstellung aller erforderlichen Prüfzeugnisse, Abnahmen durch zertifizierte Stellen und Nachweise der bauaufsichtlichen Zulassung oder Zulassung im Einzelfall von Baustoffen und Bauteilen nach Gewerken bzw. Auftragnehmern komplettiert die Prüfdokumentation. Viele Baustoffe können nur bei bestimmten Temperaturen mängelfrei eingebaut werden. Weist das Bautagebuch hier Lücken auf, ist eine Information über den Deutschen Wetterdienst (DWD) auch nachträglich möglich.

Insbesondere nach Beendigung von Leistungen, die durch nachfolgende Arbeiten verdeckt werden, ist zusätzlich eine Fotodokumentation empfehlenswert, um bei später auftretenden Mängeln die Ursachen klären zu können und langwierige Streitigkeiten der beteiligten Unternehmen zu vermeiden.

Management

Einholen und Prüfen von Genehmigungen

Regelmäßig übernimmt die Bauleitung mit ihrer Beauftragung diverse bereits vom Auftraggeber eingeholte Planungsleistungen (z. B. Baugenehmigung, Ausführungsplanung). Diese hat sie zu prüfen und zu klären, ob für das Bauvorhaben weitere Genehmigungen erforderlich sind. Ist die Bauleitung auch als Bauleitung nach Landesbaurecht benannt, treffen sie weitergehende Überwachungspflichten.

Prüfung der Auftraggeber-Unterlagen

Die Sichtung der Auftraggeber-Unterlagen (Gutachten, Genehmigungen, bereits abgeschlossene Lieferverträge) zum Bauvorhaben durch die Bauleitung dient dabei nicht nur zur Bestimmung des Leistungsumfangs und für die Erstellung des Bauzeitenplans. Die Bauleitung ist auch verpflichtet, die vom Auftraggeber übergebenen Genehmigungen und Ausführungsunterlagen auf Unstimmigkeiten, Mängel und Änderungen zu prüfen.

Ergeben sich Unklarheiten (z. B. unvollständige Ausführungsunterlagen und Pläne), sind diese dem Auftraggeber anzuzeigen und eine Klärung herbeizuführen.

Bestehen Anhaltspunkte für fachliche/inhaltliche Fehler, sollten entsprechende Bedenken in nachweisbarer Form angemeldet werden. Ergibt sich aus den Ausführungsunterlagen, dass eine von der Baugenehmigung abweichende Errichtung erfolgen soll, ist der Bauherr darauf hinzuweisen, rechtzeitig eine Tekturgenehmigung zu beantragen.

Hintergrund für die eingehende Prüfung der Auftraggeber-Unterlagen ist die Haftung der Bauleitung, falls die spätere Ausführung von der Baugenehmigung und deren Festlegungen abweicht. Die Bauleitung ist verpflichtet, die genehmigungskonforme Erstellung des Bauwerks zu überwachen, und wird sich nicht auf eine Verantwortlichkeit des ausführenden Unternehmers berufen können.

Es droht eine weitreichende Haftung, die sich von den Auftraggeber treffenden Bußgeldern über Verzögerungsschäden wegen Baueinstellung und nachträglicher Einholung einer Tekturgenehmigung bis hin zu Rück- und Umbaukosten erstrecken kann, falls die Abweichung von der Baugenehmigung nicht genehmigungsfähig ist.

Einholung weiterer Unterlagen/ Bescheinigungen

Soweit eine Planauskunft/Spartenauskunft noch nicht vom Auftraggeber eingeholt wurde, sollten für Bauwerkserrichtung und die Baustellenkoordination die entsprechenden Unterlagen eingeholt werden, aus denen sich ergibt, ob und auf welche unterirdisch verlegten Leitungen Rücksicht genommen werden muss (Strom-, Gas-, Wasser- oder Telefonleitungen, Abwasserkanal, Fernwärme).

Für die Bauwerkserrichtung sind diese insbesondere bei der Baugrubenerstellung, Spund- und Bohrarbeiten sowie Lagern von Material (Baucontainer, Baustoffe, Erdreich) zu berücksichtigen.

Im Rahmen der Baustellenkoordination ist erforderlichenfalls ein Plan der Baustelle zu erstellen, in dem nicht mit schwerem Gerät zu überfahrende bzw. nicht für das Errichten von Kränen zugelassene Flächen gekennzeichnet werden.

Der Plan sollte den am Bau Beteiligten dann jeweils beim Startgespräch gegen Quittierung des Erhalts übergeben werden.

Umfasst die Bauleitung auch den Abbruch eines Bestandsgebäudes, hat die Bauleitung ggf. dafür Sorge zu tragen, dass die Hausanschlussleitungen am Abgang der Versorgungsleitung zum betroffenen Gebäude stillgelegt werden. Zur haftungsmäßigen Absicherung sollte erforderlichenfalls auf eine schriftliche Bestätigung für die tatsächlich durchgeführten endgültigen Stilllegungen bestanden werden.

Straßenrechtliche, verkehrsrechtliche und lärmschutzrechtliche Genehmigungen

Soll für die Errichtung des Bauvorhabens oder den Baustellenbetrieb auf öffentlichen Wegen, Straßen oder Plätzen der Boden aufgegraben, etwas gelagert oder aufgestellt, ein Bereich abgesperrt oder im Luftraum eine Strom- oder Wasserleitung geführt werden, wird hierfür eine straßenrechtliche Sondernutzungserlaubnis und meistens auch eine Erlaubnis nach Verkehrsrecht benötigt.

Die Sondernutzungserlaubnis berechtigt zur besonderen Nutzung des öffentlichen Straßengrunds; die Erlaubnis nach Verkehrsrecht verbunden mit den erforderlichen verkehrsrechtlichen Anordnungen ist einzuholen, wenn der Straßenverkehr beeinträchtigt werden kann.

Der Antrag ist bei der nach Landesrecht jeweils zuständigen Straßenbaubehörde zu stellen. Da die Erlaubnis vor Nutzungsbeginn vorliegen muss, ist auf eine rechtzeitige Antragstellung (Bearbeitungsdauer abhängig von der Art der beabsichtigten Nutzung, meist zwischen zwei und vier Wochen) zu achten.

Eine Abschrift der verkehrsrechtlichen Genehmigung sollte auf der Baustelle vorliegen.

Eine nächtliche Durchführung von Bauarbeiten ist nur mit Ausnahmegenehmigung zulässig.

Diese kann erteilt werden, wenn Bauarbeiten

- aus wichtigen technischen Gründen nicht tagsüber durchgeführt werden können,
- aus wichtigen technischen Gründen in die Nacht hinein fortgeführt werden müssen oder
- im besonderen öffentlichen Interesse nicht tagsüber durchgeführt werden sollten (z. B. Vermeidung von Verkehrsbehinderungen bei Anlieferung großer Bauteile/Aufstellen eines Krans).

Die technische Notwendigkeit muss bei Beantragung erläutert und belegt werden; rein wirtschaftliche Interessen sind nicht ausreichend.

Für den Betrieb von Geräten und Maschinen in Wohn- und anderen besonders lärmschutzbedürftigen Gebieten innerhalb der Schutzzeiten[1] nach § 7 der Geräte- und Maschinenlärmschutzverordnung (32. BImSchV) ist zusätzlich eine Ausnahmegenehmigung zu beantragen.[2]

Anzeigen gegenüber Behörden

Gegenüber der zuständigen Behörde kann eine Vorankündigung der Baustelle erforderlich sein.[3] Diese hat vollständige Angaben über die Baustelle nach Anhang I zur BaustellV zu enthalten und ist rechtzeitig vor Einrichtung der Baustelle zu übermitteln.

Die nach den Landesbauordnungen erforderlichen Anzeigen können z. B. aufgrund einer Bestellung als Bauleitung nach Landesbauordnung in den Verantwortungsbereich der Bauleitung fallen. Die Bauleitung hat die Anzeigepflichtigkeit einzelner Maßnahmen (z. B. Baubeginn, Fertigstellung Rohbau, Nutzungsaufnahme) zu prüfen und die Anzeige rechtzeitig abzugeben.

Besondere Verantwortlichkeit als Bauleitung nach Landesbauordnung

Zusätzlich zur Objektüberwachung nach § 34 Abs. 3 Nr. 8 HOAI übernimmt die Bauleitung für ihren Auftraggeber häufig die Tätigkeit als Bauleitung nach der jeweiligen Landesbauordnung.

---

1 Werktags in der Zeit von 20:00 bis 07:00 Uhr, an Sonn- und Feiertagen ganztägig.

2 § 7 Abs. 2 der 32. BImSchV.

3 § 2 Abs. 2 Satz 1 BaustellV.

Hierbei handelt es sich um eine öffentlich-rechtliche Verpflichtung gegenüber der Bauaufsichtsbehörde, die genehmigungskonforme Ausführung der Arbeiten zu überwachen. Verstöße können Ordnungswidrigkeiten darstellen und zu Bußgeldern führen.

Die Bestellung einer Bauleitung ist nach den Landesbauordnungen derzeit in allen Bundesländern außer Bayern[4] zumindest für genehmigungspflichtige Bauvorhaben erforderlich.[5] Bei größeren Bauvorhaben kann es sich als sinnvoll erweisen, die Bauleitung nach Landesbauordnung getrennt von der Bauleitung nach HOAI zu bestellen.

4 Simon/Busse, BayBO Art. 79 Rn. 181.

5 Stand Oktober 2018. Baden-Württemberg: § 42 Abs. 3 LBO; Berlin: § 53 Abs. 1 BauO Bln; Brandenburg: § 53 Abs. 1 BbgBO; Bremen: § 53 Abs. 1 BremBO; Hamburg: § 54 Abs. 2 HBauO; Hessen: § 48 Abs. 4 HBO; Mecklenburg-Vorpommern: § 53 Abs. 1 LBauO M-V; Niedersachsen: § 52 Abs. 2 NBauO; Nordrhein-Westfalen: § 57 Abs. 1 BauO NRW; Rheinland-Pfalz: § 55 Abs. 1 LBauO; Saarland: § 53 Abs. 1 LBO; Sachsen: § 53 Abs. 1 SächsBO; Sachsen-Anhalt: § 52 Abs. 1 BauO LSA; Schleswig-Holstein: § 54 Abs. 1 LBO; Thüringen: § 53 Abs. 1 ThürBO.

Arbeits- und Gesundheitsschutz

Unter Arbeitsschutz versteht man

- zum einen die vertragliche Nebenpflicht eines Arbeitgebers, diejenigen, die für ihn eine Leistung erbringen, vor Schaden zu bewahren. Das beinhaltet die Arbeit selbst, das Arbeitsumfeld sowie die Arbeitsmittel, die er für die Arbeit zur Verfügung stellt, so zu gestalten, dass keine Arbeitsunfälle geschehen oder Krankheiten durch die Arbeit verursacht werden (§ 618 BGB – Bürgerliches Gesetzbuch);
- zum anderen aber auch die Kontrolle durch staatliche Aufsichtsbehörden wie Gewerbeaufsichtsämter, Ämter für Arbeitsschutz oder die Deutsche Gesetzliche Unfallversicherung (DGUV-Berufsgenossenschaften und Gemeindeunfallversicherungsverbände), die gewährleisten sollen, dass arbeitsschutzrechtliche Vorschriften eingehalten werden.

Beides gilt gleichermaßen auch für Baustellen.

Privatrechtlicher Arbeitsschutz

Gefährdungsbeurteilung

Jeder Arbeitgeber – und hat er auch nur einen Mitarbeiter – ist gehalten, seine „Arbeitsbedingungen" auf ihre Gefahren hin zu untersuchen und dafür Sorge zu tragen, dass sie möglichst unfall- und gefahrenfrei „funktionieren".

Gerade auf Baustellen lauern viele Gefahren. Diese können von der Baustelle selbst (z. B. Gruben, Gräben, Bodenverhältnisse), von den dort eingesetzten Arbeitsmitteln (Baumaschinen, Krane, Fahrzeuge, Gerüste etc.) oder den dort tätigen Personen ausgehen sowie aus dem Arbeitsumfeld (Wetterverhältnisse, Zusammenarbeit mehrerer Firmen usw.) resultieren.

Die Gefährdungsbeurteilung setzt sich aus mehreren Komponenten/Schritten zusammen:

1. Analyse der Arbeitsbedingungen
2. Beurteilung der Gefahren
3. Maßnahmen zur Vermeidung von Gefahren festsetzen

4. Durchsetzen der Maßnahmen
5. Kontrolle der Maßnahmen bezüglich Wirksamkeit/Einhaltung

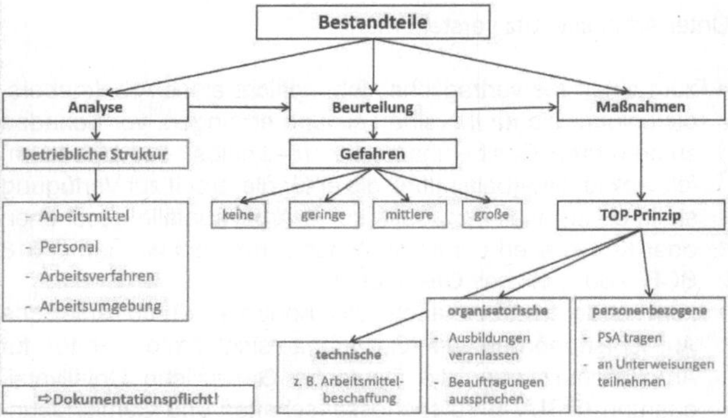

Bild 1: *Gefährdungsbeurteilung (Quelle: Bernd Zimmermann, IAG Mainz)*

Alle diese einzelnen Schritte sind vom Arbeitgeber sorgfältig zu dokumentieren.

Die Gefährdungsbeurteilung unterliegt einer ständigen Überprüfung – ebenfalls mit entsprechender Dokumentation. Auch wenn sich innerhalb der Komponenten 1–5 nichts geändert hat, ist dies zu dokumentieren.

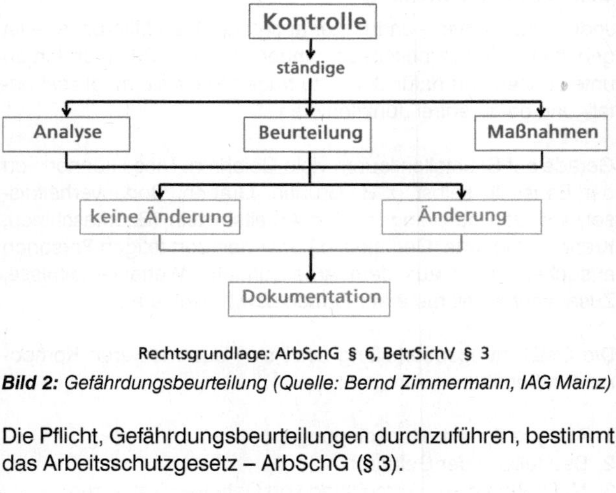

Bild 2: *Gefährdungsbeurteilung (Quelle: Bernd Zimmermann, IAG Mainz)*

Die Pflicht, Gefährdungsbeurteilungen durchzuführen, bestimmt das Arbeitsschutzgesetz – ArbSchG (§ 3).

Übrigens ist auch ein Einzelunternehmer, der keine Angestellten hat, verpflichtet, seine Arbeit hinsichtlich vorhandener Gefahren zu bewerten und entsprechend zu handeln, damit er weder sich noch andere gefährdet (Verkehrssicherungspflicht).

Betriebsanweisung

Jeder Unternehmer/Arbeitgeber ist gehalten, seinen Mitarbeitern geeignete Anweisungen in Bezug auf die Arbeit zu geben (§ 4 Nr. 7 ArbSchG). Dies ist die gesetzliche Grundlage für den Erlass von Betriebsanweisungen.

Grundlage für die Betriebsanweisungen sind die vom Unternehmer erstellten Gefährdungsbeurteilungen. Deren Inhalt muss er seinen Mitarbeitern klar und eindeutig vermitteln, und zwar schriftlich in verständlicher Form und Sprache an der Arbeitsstelle, z. B. für jedermann sichtbar durch Aushang in einem Baucontainer für die Mitarbeiter.

Viele Spezialvorschriften regeln den Erlass von Betriebsanweisungen, wie z. B. die Gefahrstoffverordnung – GefStoffV (§ 14), im Umgang mit Kranen die Vorschrift DGUV Vorschrift 52 (§ 34) oder für Abbrucharbeiten die sog. Abbruchanweisung, die schriftlich an der Baustelle vorliegen muss (§ 20 Abs. 3 DGUV V 38 „Bauarbeiten").

Unterweisung

Vor Aufnahme der Tätigkeit

Dies ist ein ganz entscheidender Gesichtspunkt für den Arbeitsschutz. Denn ohne Unterweisungen wäre der Arbeitsschutz nur eine „leere Hülle".

Analysiert und strukturiert der Arbeitgeber mit den Gefährdungsbeurteilungen und Betriebsanweisungen sein Unternehmen und die Arbeitsbedingungen, so wäre dies sinnlos, würden die Ergebnisse den Mitarbeitern nicht vermittelt werden – und dies hat durch Unterweisungen zu geschehen.

Dass dies zwingend zu erfolgen hat, ist in vielen Vorschriften explizit geregelt, sei es in Gesetzen (z. B. § 12 ArbSchG), in Verordnungen (z. B. § 12 BetrSichV – Betriebssicherheitsverordnung, § 5 BaustellV – Baustellenverordnung), in Unfallverhütungsvorschriften (z. B. § 4 DGUV V 1) oder auch in speziellen

Vorschriften, die z. B. arbeitsplatz- oder arbeitsmittelbezogen sind (z. B. § 14 GefStoffV) oder DGUV V 52 § 29 „Krane“.

Diese Unterweisungen haben vor Aufnahme der Tätigkeit zu erfolgen, also bevor sich der Mitarbeiter einer Gefahr aussetzt. Er ist also vor Kontakt mit dieser Gefahr auf diese hin zu unterweisen.

Es gibt viele unterschiedliche Arten von Unterweisungen.

Beispiel

Auf einer Baustelle werden Erdbaumaschinen eingesetzt, also z. B. Radlader oder Bagger. Dann muss bereits die Gefährdungsbeurteilung ergeben, dass die Bediener dieser Maschinen ausreichend bezogen auf den Betrieb dieser Fahrzeuge unterwiesen/ausgebildet sein müssen. Sonst dürfen sie gar nicht eingesetzt werden (siehe DGUV Regel 100-500 Kap. 2.12 „Betreiben von Erdbaumaschinen“ Punkt 3.2).

Geschieht ein Unfall aufgrund des Umstands, dass der Arbeitgeber Personal auf diesen Maschinen eingesetzt hat, das nicht (oder nicht ausreichend) qualifiziert ist, muss er sich u. U. den Vorwurf gefallen lassen, für den Unfall mitverantwortlich zu sein.

Beispiel

Auf der Baustelle sollen Aushub- oder Abrissarbeiten vorgenommen werden. Bei der Planung wurde ermittelt, dass dabei Gefahrstoffe freigesetzt werden können, z. B. Altlasten im Boden oder in Gebäuden wie beispielsweise Asbest. Dann müssen die Mitarbeiter vor der ersten möglichen Kontaktaufnahme dahin gehend unterwiesen und entsprechende Schulungsmaßnahmen veranlasst werden (siehe GefStoffV).

Beispiel

Auf einem Betriebsgelände sollen Bauarbeiten vorgenommen werden. Es bestehen Gefahren, die von diesem Firmengrundstück ausgehen (z. B. Hohlräume oder Leitungen im Boden).

Es ist daher zwingend erforderlich, dass ein verantwortlicher Mitarbeiter dieser Firma die Kollegen, die die Arbeiten vornehmen, bezüglich dieser Gefahren unterweist – und zwar vor Aufnahme ihrer Tätigkeit.

Es gilt folgender **Grundsatz**: Besteht eine Gefahr, dann muss vor Aufnahme einer Tätigkeit von demjenigen, von dem die Gefahr ausgeht, unterwiesen werden.

Regelmäßige Unterweisungen

Die BetrSichV (in § 12) sowie die Unfallverhütungsvorschrift – DGUV V 1 „Grundsätze der Prävention" (in § 4) bestimmen, dass jeder Arbeitnehmer einmal jährlich bezogen auf „seine Arbeit" zu unterweisen ist. Für Jugendliche gilt einmal halbjährlich (§ 29 Abs. 2 JArbSchG – Jugendarbeitsschutzgesetz).

Art, Inhalt, Umfang und Teilnehmer der Unterweisung sind zu dokumentieren (▶ Kap. „Dokumentation").

Wichtig ist, dass sich derjenige, der vom Unternehmer mit der Unterweisung beauftragt wird, vergewissert, dass der Inhalt seiner Unterweisung von den Teilnehmern verstanden wurde – ansonsten muss die Unterweisung wiederholt werden.

Den Nachweis so zu führen, dass die Teilnehmer schriftlich bestätigen, dass sie den Inhalt der Unterweisung verstanden haben, ist juristisch die schwächste und nicht zu empfehlende Art, denn im Zweifel wird diese Erklärung jeder Mitarbeiter abgeben, nur damit er mit der „Sache" nichts mehr zu tun hat – dies muss man so feststellen.

Am besten ist ein kleiner Erfolgstest nach durchgeführter Unterweisung. Damit hat der Unterweiser den eindeutigen Nachweis, dass seine Unterweisung bei den Teilnehmern „angekommen" ist. Zudem hat dieses Vorgehen auch psychologisch den Vorteil, dass die Teilnehmer der Unterweisung aufmerksam folgen und so der Inhalt eher „hängen" bleibt, als wenn sie nur ihre Zeit „absitzen".

Gezieltes Nachfragen des Unterweisers ist ebenfalls geeignet, den verstandenen Inhalt zu überprüfen.

Auch praktische regelmäßige Unterweisungen sind möglich, z. B. Arbeiten an und mit Arbeitsmitteln, Durchführung bestimmter Arbeitsspiele.

Unterweisung nach Sondervorschriften

Spezielle Vorschriften sehen vor, dass gezielt auf bestimmte Themen unterwiesen werden muss. Diese Unterweisungen muss der Unternehmer dann ggf. zusätzlich zu den regelmäßigen Unterweisungen vornehmen.

Beispiel

Einmal jährliche Unterweisung nach der GefStoffV (§ 14 Abs. 2 Satz 5) oder bei der Benutzung von persönlichen Schutzausrüstungen gegen Absturz (DGUV R 112-198 Punkt 7.2).

Unterweisung nach Änderungen (§ 12 ArbSchG)

Sobald sich auf der Baustelle etwas ändert – also vom bisherigen Ablauf abweicht –, z. B. neue Arbeitsmittel oder -verfahren eingesetzt werden, muss diesbezüglich vorab unterwiesen werden, bei mehrmaliger Änderung entsprechend mehrmals (§ 12 Abs. 1 ArbSchG § 12 Abs. 1).

Mit einer jährlichen Unterweisung ist es dann nicht getan.

Für alle Unterweisungen betreffend Fremdpersonal nach dem Arbeitnehmerüberlassungsgesetz trifft die Unterweisungspflicht den Entleiher (§ 12 Abs. 2 ArbSchG).

Aufsichtspflicht

Nicht zu verwechseln mit der regelmäßigen Unterweisung ist die vom Unternehmer wahrzunehmende Aufsichtspflicht.

Einmal den „richtigen" Mitarbeiter ausgewählt zu haben (Pflichtenübertragung) genügt nicht. Der Unternehmer oder der von ihm eingesetzte Verantwortliche auf der Baustelle muss auch Sorge dafür tragen, dass derjenige der „richtige" Mitarbeiter bleibt. Er ist deshalb „planmäßig" und nicht nur zufällig bei seiner Arbeit zu kontrollieren.

Geschieht dies nicht und es kommt zu Unfällen, kann dies zur Verantwortung des Unternehmers führen. Das bedeutet Haftung!

Die Intensität der Aufsichtspflicht richtet sich nach der zu beaufsichtigenden Person und der Tätigkeit, der sie nachgeht:

Je gefährlicher eine Arbeit ist, desto umfangreicher ist die Aufsichtspflicht.

Je „auffälliger" ein Mitarbeiter (geworden) ist, desto intensiver ist er zu kontrollieren.

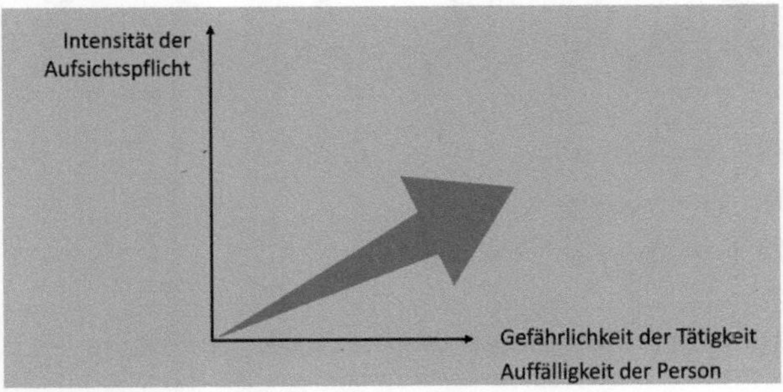

Bild 3: *Intensität der Aufsichtspflicht*
(Quelle: Bernd Zimmermann, IAG Mainz)

Dokumentation

Die vom Unternehmer vorzunehmenden Maßnahmen – sei es Gefährdungsbeurteilung, Unterweisung oder Aufsichtspflicht – sind zu dokumentieren.

Dies dient nicht zuletzt auch der Nachweispflicht, die der Unternehmer hat – z. B. gegenüber Aufsichtsbehörden.

Sie dient aber auch ihm als Nachweis, dass er genau nachvollziehen kann, was er veranlasst hat (und daraus resultierend, was er noch zu tun hat).

Besonders charakteristisch zeigt sich dies nach Arbeitsunfällen, nach denen der Unternehmer häufig lückenlos seine Arbeitsschutzpflichten nachzuweisen hat und welche Personen er mit welchen Tätigkeiten beauftragt hat, will er sich nicht in die Gefahr der Haftung begeben. Das gilt natürlich auch für die Vorgesetzten, die ihrerseits vom ranghöheren Vorgesetzten beauftragt wurden.

Ebenso gilt dies auch für die Nachweispflicht der Qualifizierungen von Personal auf Baustellen. Kann jemand eine Arbeit nicht machen (z. B. aufgrund fehlender Qualifikation), darf er sie nicht machen.

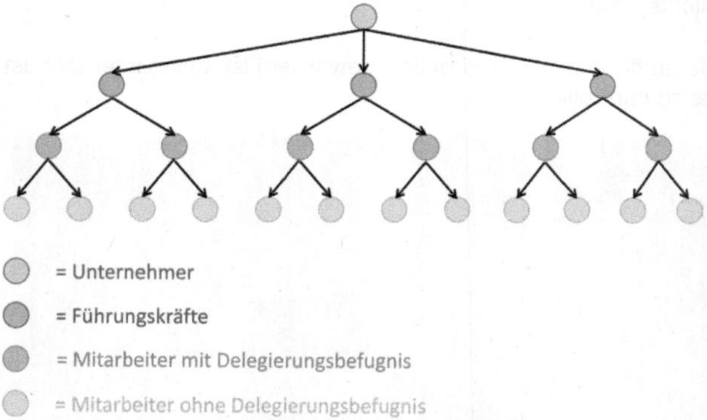

***Bild 4:** Zu dokumentierende Pflichtenübertragung im Unternehmen – auch auf Baustellen (Quelle: Bernd Zimmermann, IAG Mainz)*

Öffentlich-rechtlicher Arbeitsschutz

Neben dem Arbeitsschutz, den der Arbeitgeber seinen Mitarbeitern zukommen lassen muss, gibt es auch staatliche Institutionen, die die Einhaltung der Arbeits- und Gesundheitsschutzvorschriften kontrollieren. Das sind vor allem die Gewerbeaufsichtsämter, die Ämter für Arbeitsschutz sowie die Behörden der DGUV – Berufsgenossenschaften und Gemeindeunfallversicherungsverbände. Sie haben nicht nur Kontrollfunktionen, sondern können auch sanktionieren und eingreifen, z. B. durch Verhängung von Geldbußen.

So sehen beispielsweise Gesetze wie das ArbSchG, Verordnungen wie die BetrSichV, Unfallverhütungsvorschriften wie die DGUV Vorschrift 1 oder spezielle arbeitsmittelbezogene Vorschriften Ordnungswidrigkeitstatbestände vor, mit denen auf die Einhaltung gegen den Verstoß von Arbeits- und Gesundheitsschutzvergehen vorgegangen werden kann. Wird vorsätzlich oder ständig gegen Arbeitsschutzvorschriften verstoßen, kann dies sogar strafrechtliche Konsequenzen haben (siehe z. B. § 26 ArbSchG).

Erwähnt werden soll an dieser Stelle jedoch ausdrücklich, dass die staatlichen Arbeitsschutzbehörden auch beratende und unterstützende Aufgaben i. S. d. Arbeits- und Gesundheitsschutzes haben und die Unternehmen dies auch in Anspruch nehmen sollten.

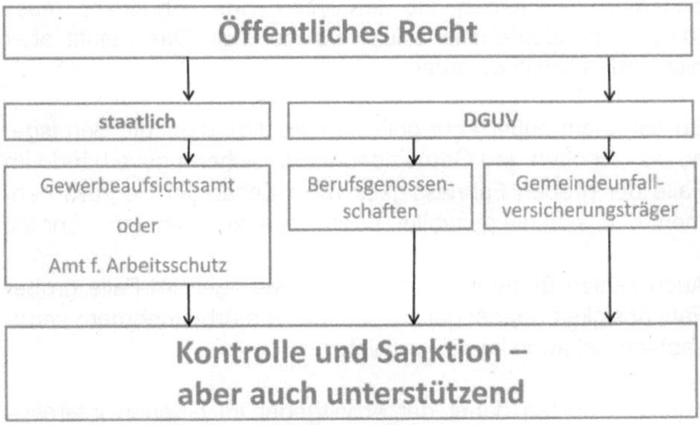

***Bild 5:** Öffentlich-rechtliche Arbeitsschutzbehörden*
(Quelle: Bernd Zimmermann, IAG Mainz)

Arbeitsschutz und Haftung

Dass Arbeitsschutzvorschriften im Falle des Verstoßes auch Ordnungswidrigkeitsvorschriften enthalten, ist schon erwähnt worden. Sogar strafrechtliche Vorschriften sind darin enthalten – für den Fall, dass vorsätzlich, d. h. bewusst und gewollt, gegen dort aufgeführte Vorschriften verstoßen wird. Aber auch im sog. „allgemeinen" Haftungsrecht spielen arbeitsschutzrechtliche Vorschriften eine Rolle.

Unter allgemeinem Haftungsrecht verstehen wir eine Haftung nach zivilrechtlichen oder strafrechtlichen Vorschriften, z. B. dem Bürgerlichen Gesetzbuch (BGB) oder dem Strafgesetzbuch (StGB) nach Arbeitsunfällen.

Der überwiegende Teil der Verstöße gegen Vorschriften des Arbeitsschutzes geschieht rechtswidrig und schuldhaft.

Zugegebenermaßen gibt es im Arbeitnehmer-Haftungsrecht Haftungserleichterungen und -privilegien wie z. B. eine Haftungsübernahme durch die DGUV (Berufsgenossenschaften oder Gemeindeunfallversicherungsverbände) im Falle fahrlässigen Verschuldens (§ 104 SGB VII – Sozialgesetzbuch).

Auch im Falle von Schadensersatzansprüchen nach Sachschäden gibt es Schäden, die der Unternehmer abdecken muss (bzw. seine Betriebshaftpflichtversicherung). Das betrifft aber nicht jeden Unfall/Schaden.

So darf nicht außer Acht gelassen werden, dass die Berufsgenossenschaften und Gemeindeunfallversicherungsverbände im Falle der groben Fahrlässigkeit beim Schädiger Regress nehmen, d. h. sich die gezahlten Leistungen „zurückholen“ können.

Auch zahlen Betriebshaftpflichtversicherungen im Falle grober Fahrlässigkeit oder sogar Vorsatz bei von Arbeitnehmern verursachten Schäden häufig gar nicht.

Tunlichst sollten daher der Arbeitgeber im eigenen Interesse sowie auch jeder Arbeitnehmer die Arbeitsschutzvorschriften einhalten.

Nicht zuletzt sollte sich aber jeder – ob Unternehmer oder Beschäftigter/Versicherter – vor Augen halten, dass Arbeitsschutzvorschriften von den staatlichen Institutionen nicht zum Selbstzweck oder als Schikane geschaffen worden sind, sondern zur Verhinderung von Arbeitsunfällen und zum Schutz vor Gefahren für die Gesundheit der Mitarbeiter. Es liegt also im Interesse eines jeden, die Vorschriften einzuhalten.

Exkurs: Verschulden, Fahrlässigkeit und Vorsatz

Arbeitnehmer-, aber auch Arbeitgeberhaftung ist grundsätzlich verschuldensabhängig, d. h., die fehlerhafte Handlung, der Verstoß gegen Vorschriften oder auch ein pflichtwidriges Unterlassen müssen dem Schädiger zurechenbar sein – er muss die Einsichtsfähigkeit haben, „falsch“ gehandelt oder etwas unterlassen zu haben, wo er als Verantwortlicher (Garant) hätte handeln müssen. Bei Erwachsenen ist dies regelmäßig der Fall.

Es gibt zwei Verschuldensstufen:

- Fahrlässigkeit und
- Vorsatz

Der Großteil der Unfälle/Schäden geschieht in der Verschuldensstufe der Fahrlässigkeit.

Einfach ausgedrückt, kann man die Verschuldensstufen wie folgt darstellen:

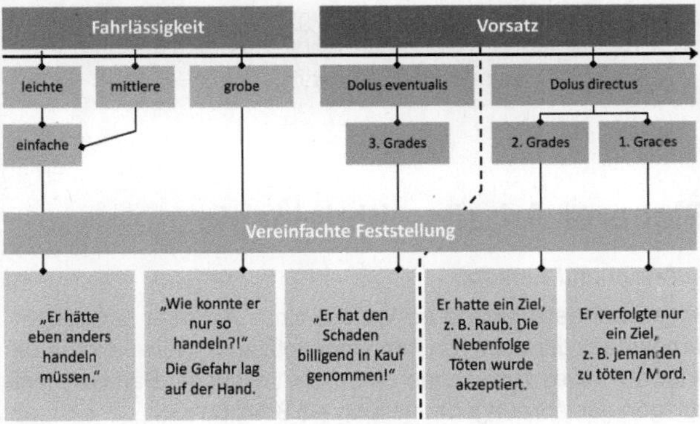

***Bild 6:** Verschuldensstufen (Quelle: Bernd Zimmermann, IAG Mainz)*

Definitionsgemäß liegt Fahrlässigkeit regelmäßig dann vor, wenn ein Schadensereignis/Unfall vorhersehbar und vermeidbar war.

Selbst wenn die absolut überwiegende Verschuldensform bei Arbeitsunfällen – auch auf Baustellen – die Fahrlässigkeit ist, sollte nicht außer Acht gelassen werden, dass die Vorsatzform des dolus eventualis (= sog. bedingter Vorsatz) bei den Fällen bedenklich nahe rückt, bei denen bewusst oder ständig gegen Arbeitsschutzvorschriften verstoßen wird. Auch bei der Eigengefährdung sollte darauf geachtet werden, denn das Entgeltfortzahlungsgesetz gibt dem Arbeitgeber die Möglichkeit, bei einer schuldhaften Herbeiführung eines Arbeitsunfalls die Lohnfortzahlung zu verweigern (§ 3 Entgeltfortzahlungsgesetz).

Beispiel

Aus der Rechtsprechung

Der Arbeitgeber verweigerte seinem Mitarbeiter die Entgeltfortzahlung nach einer Augenverletzung, bei der der Mitarbeiter keine Schutzbrille getragen hatte. Im Vorfeld des Unfalls wurde er mehrfach auf das Tragen hingewiesen und hatte wegen Nichttragens sogar eine Abmahnung erhalten. Der Arbeitgeber sah den darauffolgenden Arbeitsunfall als vom Mitarbeiter „billigend in Kauf genommen“, also vorsätzlich herbeigeführt, und zahlte nicht. Das wurde durch das Arbeitsgericht als rechtmäßig bestätigt.

Sicherer Arbeitsmitteleinsatz

Auswahl und Einsatz

Schon bei der Planung im Vorfeld eines Auftrags hat der Unternehmer oder sein von ihm eingesetzter Verantwortlicher die Auswahl der einzusetzenden Arbeitsmittel auf der Baustelle festzulegen (Gefährdungsbeurteilung – § 3 ArbSchG).

Es dürfen nur vorschriftsmäßige und sichere Arbeitsmittel eingesetzt werden. Das bestimmt nicht zuletzt eine spezielle Verordnung, die den Einsatz von Arbeitsmitteln regelt – die Betriebssicherheitsverordnung (BetrSichV).

Unter Arbeitsmitteln versteht man Werkzeuge, Geräte, Maschinen und Anlagen (§ 2 Abs. 1 BetrSichV).

Besonderes Augenmerk ist auf den Einsatz von Maschinen zu legen. Es sollten nur solche zum Einsatz kommen, die mit einem CE-Zeichen und einer Konformitätserklärung versehen sind. Nur dann kann der Betreiber sicher sein, dass der Hersteller auch die für den Bau existierenden Vorschriften (wie die Maschinenrichtlinie/Maschinenverordnung und Normen) eingehalten hat.

Vorsicht, wenn Maschinen verändert werden, nach dem Motto: „Was nicht passt, wird passend gemacht.“ Das kann schnell zum Erlöschen des CE-Zeichens und der Konformitätserklärung führen – mit der Konsequenz, dass die Herstellerhaftung erlischt und der „Veränderer" selbst neuer Hersteller wird. Geschieht dann nach dem „Eingriff" in die Maschine ein Unfall, der darauf zurückzuführen ist, dass die Maschine verändert wurde, kann der Verantwortliche bzw. „Veränderer" in der Haftung stehen.

Arbeitsmittel dürfen nur bestimmungsgemäß eingesetzt werden. Bestimmungsgemäß bedeutet, so wie es der Hersteller vorgesehen hat. Verfügt das Arbeitsmittel über eine Betriebsanleitung (= Gebrauchsanleitung, Bedienungsanleitung), sagt der Hersteller dies darin.

Wird ein Arbeitsmittel nicht bestimmungsgemäß eingesetzt – wir sprechen von bestimmungswidrig – und geschieht damit ein Unfall/Schaden, kann man dies nicht dem Hersteller anlasten, denn er hat diese Art des Einsatzes bzw. der Verwendung ja gerade als nicht bestimmungsgemäß ausgeschlossen.

Auf den bestimmungsgemäßen Einsatz hat der Arbeitgeber seine Mitarbeiter hinzuweisen, z. B. durch Betriebsanweisungen und Unterweisungen.

Beispiel für bestimmungsgemäßen und bestimmungswidrigen Einsatz von Arbeitsmitteln

Es müssen Bauarbeiten an einem Gebäude in mehreren Metern Höhe durchgeführt werden. Es steht dort kein Gerüst. Dann ist das „richtige" Arbeitsmittel zum Heben von Personen, die diese Arbeiten dort ausführen müssen, eine Hubarbeitsbühne – und zwar, wenn nur senkrecht zu heben ist, eine Scherenbühne. Damit kann bestimmungsgemäß gearbeitet werden.

Der Verantwortliche vor Ort nimmt einen auf der Baustelle eingesetzten Gabelstapler, stellt einen oder zwei Kollegen in eine Gitterbox und lässt sie hochfahren, um dort die Arbeiten zu verrichten, weil keine Arbeitsbühne vor Ort ist.

Eine Gitterbox ist kein bestimmungsgemäßes Lastaufnahmemittel zum Heben von Personen!

Dieser Einsatz ist bestimmungswidrig und im Übrigen auch verboten (nach BetrSichV und DGUV V 68 „Flurförderzeuge"). Stürzen die Kollegen aus der Gitterbox oder gleitet diese von den Gabelzinken ab und stürzt – samt Insassen – zu Boden und werden dabei die sich in der Box befindlichen Mitarbeiter verletzt oder gar getötet, ist derjenige Vorgesetzte, der diese Arbeit angeordnet hat, in der Haftung (z. B. durch § 229 StGB – fahrlässige Körperverletzung oder sogar § 222 StGB fahrlässige Tötung).

Im Übrigen wäre in diesem Beispielfall auch der Staplerfahrer verpflichtet gewesen, diese Arbeit abzulehnen, denn als ausgebildeter Staplerfahrer hätte er wissen müssen, dass diese Arbeit verboten ist!

Geprüfte Arbeitsmittel

Es sollen nur geprüfte Arbeitsmittel eingesetzt werden!

Regelmäßige Prüfung

Arbeitsmittel auf Baustellen, insbesondere Maschinen wie Erdbaumaschinen, Flurförderzeuge, Krane, sind regelmäßig von Sachkundigen/befähigten Personen zu prüfen (zu befähigten Personen siehe Technische Regel für Betriebssicherheit – TRBS 1203). Dies hat z. B. bei den sog. mobilen Arbeitsmitteln, die ständig auf Baustellen zum Einsatz kommen, mindestens einmal jährlich zu erfolgen. Diese Prüfungen sollen gewährleisten, dass nur intakte und nicht beschädigte Arbeitsmittel zum Einsatz kommen.

Die Prüfungen sind in Prüfprotokollen zu dokumentieren. Zu empfehlen sind Prüfbücher, in denen fortlaufend die jeweiligen Prüfungen aufgeführt sind. Mindestens bis zur nächsten Prüfung sind die Prüfprotokolle aufzubewahren. Insbesondere bei Mietgeräten sollte das letzte Prüfprotokoll (zumindest eine Kopie) am Gerät/Fahrzeug oder vor Ort sein. Bei Kranen sind alle Prüfprotokolle aufzubewahren (BetrSichV Anlage 3 Punkt 3.3).

Tägliche Prüfung

Jedes Arbeitsmittel sollte von den Mitarbeitern täglich vor dem Einsatz einer Sicht- und Kontrollprüfung unterzogen werden. Das dient der Arbeitssicherheit – auch der eigenen. Dies gilt insbesondere für Maschinen. Werden diese im Mehrschichtbetrieb eingesetzt, sollte auch mehrmals am Tag, z. B. vor jeder Schicht, eine Prüfung erfolgen.

Auch diese Prüfungen sollten dokumentiert werden, z. B. in Prüfbüchern. Das Prüfbuch sollte sich an oder bei der Maschine befinden, z. B. in der Fahrerkabine eines Baggers oder Laders.

Die tägliche Einsatzprüfung ist „kein großer Akt", aber i. S. d. Sicherheit sehr sinnvoll. Stellt der Mitarbeiter Mängel fest, hat er diese festzuhalten – z. B. im Prüfbuch. Bei wesentlichen Mängeln hat er diese zusätzlich seinen Vorgesetzten vor Ort zu melden und darf die Arbeit mit dem schadhaften Gerät nicht aufnehmen, bevor der Schaden behoben oder ein Ersatz beschafft wurde.

Sinnvoll bei der täglichen Prüfung sind Checklisten, dann vergisst man auch nichts. Gegebenenfalls können diese auch direkt am Gerät/Fahrzeug/an der Maschine angebracht sein.

Qualifiziertes Personal

Pflichtenübertragung

Auf Baustellen – wie auch in anderen Arbeitsbereichen – dürfen vom Unternehmer/Arbeitgeber nur Personen eingesetzt werden, die „befähigt" sind (§ 7 ArbSchG). Darunter versteht man persönlich, körperlich und geistig geeignete und ausreichend qualifizierte Mitarbeiter. Je nach Aufgabenbereich hat dies der Verantwortliche für die Pflichtenübertragung zu ermitteln (Gefährdungsbeurteilung).

Vor Aufnahme der Tätigkeit sind die entsprechenden Voraussetzungen zu schaffen, die ein Mitarbeiter erfüllen muss, um unfallsicher zu arbeiten (▶ Kap. „Unterweisung").

Die einmal eingesetzten Kollegen unterliegen nach der Pflichtenübertragung der Aufsichtspflicht (▶ Kap. „Aufsichtspflicht").

Qualifizierungsanforderungen

Je komplexer eine Tätigkeit ist oder der Umgang mit Arbeitsmitteln, desto höher sind die Voraussetzungen, die ein Mitarbeiter erfüllen muss. Man nennt dies Qualifizierungsanforderungen.

Eine Vielzahl von Vorschriften beschäftigt sich damit (ArbSchG, BetrSichV, DGUV V 1). In der Unfallverhütungsvorschrift DGUV Vorschrift 1 „Grundsätze der Prävention" steht im § 7 Abs. 1 Satz 2: *„Der Unternehmer hat die für bestimmte Bereiche vorgegebenen Qualifizierungsanforderungen zu berücksichtigen."*

Das heißt im Klartext: Gibt es Vorschriften, die sich mit den Voraussetzungen zum Betrieb von bestimmten Arbeitsmitteln beschäftigen, wie z. B. Unfallverhütungsvorschriften, ist das anzuwendendes Recht für den Unternehmer. Es ist keine bloße Empfehlung oder unverbindliche „Richtlinie", sondern geltendes Recht. Wir sprechen bei den Unfallverhütungsvorschriften vom sog. „autonomen" Satzungsrecht (SGB V § 9 – Sozialgesetzbuch).

Beispiel

Ein Turmdrehkran soll auf einer Baustelle zum Einsatz kommen. Dann hat der Verantwortliche vor Ort zu ermitteln, welche Voraussetzungen jemand zu erfüllen hat, der dieses Arbeitsmittel bedienen soll. Unweigerlich muss er zu dem Ergebnis kommen, dass nur ein ausreichend qualifizierter Kranführer dies tun darf.

Und zwar deshalb: Selbstfahrende mobile Arbeitsmittel dürfen nur von „ausreichend unterwiesenem Personal" bedient werden (BetrSichV Anhang 2 Punkt 2.4). Das bestimmt auch die Unfallverhütungsvorschrift „Krane" in § 29 DGUV Vorschrift 52: *„Der Unternehmer darf mit dem Bedienen eines Kranes nur Versicherte beauftragen, die ausreichend unterwiesen sind."*

Auf diesen Umstand weisen im Übrigen auch die Hersteller ausdrücklich in ihren Betriebsanleitungen hin.

Wie schon erwähnt, dürfen Arbeitsmittel nur bestimmungsgemäß eingesetzt werden – also so, wie es die Hersteller vorgeben (► Kap. „Sicherer Arbeitsmitteleinsatz"). Der Betreiber ist gehalten, diese Voraussetzungen einzuhalten.

Konkretisiert wird das „ausreichende Unterweisen" durch die Ausbildungsvorschrift DGUV Grundsatz 309-003 „Auswahl, Unterweisung und Befähigungsnachweis von Kranführern". Dort ist von einer theoretischen und praktischen Unterweisung/Ausbildung mit anschließenden Prüfungen die Rede und von der Dokumentation dieser Ausbildung nach Bestehen mit einem Befähigungsnachweis. Das ist sinnvollerweise ein Fahrausweis, der vom Kranführer jederzeit mitgeführt werden kann, wenn z. B. von einer Aufsichtsbehörde vor Ort entsprechende Qualifizierungen überprüft werden (► Kap. „Öffentlich-rechtlicher Arbeitsschutz").

Gleiche Anforderungen gibt es übrigens auch für die Arbeitsmittel, die auf Baustellen vielfach zum Einsatz kommen, wie

- Erdbaumaschinen (DGUV G 301-005),
- Hubarbeitsbühnen (DGUV G 309-008),
- Teleskopmaschinen (DGUV G 309-009) und
- Flurförderzeuge (DGUV G 308-001).

Auch die Technischen Regeln für die betriebliche Sicherheit – TRBS, die sog. Regeln der Technik darstellen, also vom Unternehmer eingehalten werden sollten – weisen an vielen Stellen immer wieder auf den Umstand hin, nur qualifiziertes Personal einzusetzen (z. B. TRBS 2111 und 2111 Teil 1). Nach einem Schaden/Unfall, insbesondere mit Personenbeteiligung, wird unweigerlich immer die Frage aufgeworfen: „War derjenige, der den Unfall verursacht hat, ausreichend qualifiziert und zudem regelmäßig unterwiesen?“ „Schlechte Karten“ hat der Unternehmer/Verantwortliche, der diesbezüglich keinen entsprechenden Nachweis führen kann oder sich nicht an die rechtlichen und von den Herstellern geforderten Vorgaben gehalten hat.

Fachkraft für Arbeitssicherheit und Sicherheitsbeauftragter

Nicht nur weil dies gefordert ist (ArbSchG, DGUV V 1), sondern im ureigenen und im Interesse der Mitarbeiter sollten Unternehmer die Einhaltung von Arbeits- und Gesundheitsschutzvorschriften durch spezielles Personal kontrollieren – durch die Fachkraft für Arbeitssicherheit (FaSi) und den Sicherheitsbeauftragten. Sie dienen der Beratung des Unternehmers (ebenso der Betriebsarzt, falls vorhanden) in Sachen Arbeitssicherheit, insbesondere deshalb, weil diese Personen vor Ort auf der Baustelle sind. Besonders die Sicherheitsbeauftragten haben einen hohen Stellenwert, denn sie sind die Ansprechpartner gegenüber den Kollegen.

- Sie sollten in jeder Schicht vorhanden sein und möglichst auf jeder (größeren) Baustelle.
- Sie sollten keine Weisungsbefugnis und Führungsverantwortung haben, denn gerade dies macht sie zu einem unabhängigen Berater und Helfer i. S. d. Arbeitssicherheit gegenüber Kollegen.

- Sie sollten räumlich, fachlich und zeitlich den Kollegen auf der Baustelle nahestehen. Nur so können sie aktiv am „Puls" der Baustelle mitwirken.

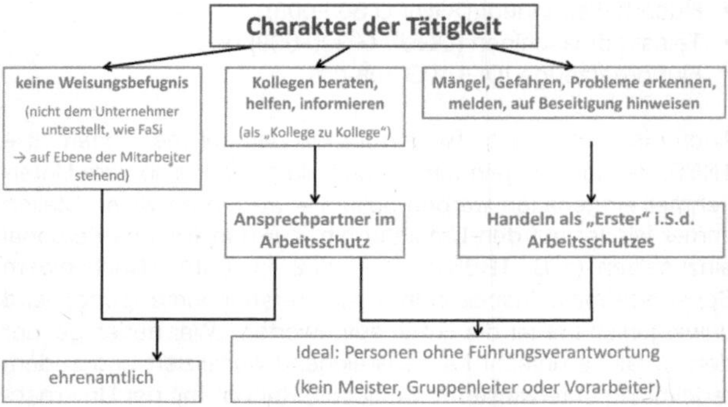

Bild 7: *Schaubild Sicherheitsbeauftragter (Quelle: Bernd Zimmermann, IAG Mainz)*

Ein wesentlicher Aufgabenbereich für den Sicherheitsbeauftragten auf Baustellen ist, auf das Tragen von PSA – Persönliche Schutzausrüstung – zu achten. Auch im Sommer ergibt das Tragen eines Schutzhelms auf der Baustelle Sinn, wenn z. B. nicht verhindert werden kann, dass mit einem Kran über Personen hinweggeschwenkt werden muss oder unter Gerüsten gearbeitet wird.

Auch, dass Sicherheitseinrichtungen funktionieren, Arbeitsmittel vor Arbeitsbeginn oder Tätigkeitsaufnahme mit Sicht- und Funktionsprüfung gecheckt werden, Pausen gemacht werden, keine defekten oder schadhaften Arbeitsmittel auf der Baustelle im Einsatz sind, sind Betätigungsfelder für die Sicherheitsbeauftragten. Sie sollten gegenüber den Kollegen als Unterstützer und Berater auftreten und nicht als „Oberlehrer". Sonst werden ihre Vorgaben erst recht nicht umgesetzt oder nur widerwillig – und das ist ein schlechter Ratgeber i. S. d. Arbeitsschutzes.

Fazit

Gemeinsam erlebter Arbeitsschutz – von den Führungskräften vorgelebt und den Mitarbeitern umgesetzt – gewährleistet Unfallfreiheit – und darauf kommt es an.

Verkehrssicherungspflichten

Was muss die Bauleitung bei Verkehrssicherungsarbeiten nach DIN 18329 beachten?

Zu Beginn ist ein immer noch verbreitetes Missverständnis auszuräumen: Die Vorschriften der ATV DIN 18329 beschreiben ausschließlich, wie die in der Vorschrift geregelten Verkehrssicherungsarbeiten auszuführen sind. Sie beschreiben weder Art noch Umfang der Verkehrssicherungspflichten noch klären sie deren Erfordernis oder Erfüllung. Seit der VOB Ausgabe 2016 und unverändert in der Ausgabe 2023 regelt die VOB/C ATV DIN 18329, wie der Ausführende Verkehrssicherungsarbeiten auszuführen hat.

Daraus entstehen die üblichen Überwachungs- und Kontrollpflichten für die vertragsgerechte Ausführung der Bauleistungen des Unternehmers, die die Bauleitung regelmäßig übernimmt. Sicherlich kommt damit zum existierenden, ausgedehnten Geflecht aus Vorschriften und Regelwerken ein weiteres Vertragswerk hinzu, mit dessen Einführung weitreichende Folgen für die Planung, Durchführung und Überwachung des überwiegenden Anteils oberirdischer Baumaßnahmen verbunden sind.

Integration in Standard-Leistungstexte

Wie alle anderen Regelungen der VOB/C beinhaltet die ATV DIN 18329 „Allgemeine Technische Vertragsbedingungen für Bauleistungen“ und bedient sich dazu der Struktur durch die Gliederung in die Abschnitte:

0 Hinweise für das Aufstellen der Leistungsbeschreibung
1 Geltungsbereich
2 Stoffe, Bauteile
3 Ausführung
4 Nebenleistungen, Besondere Leistungen
5 Abrechnung

Nach der Definition aus § 1 VOB/A (Stand 2019) versteht man unter Bauleistungen *„Arbeiten jeder Art, durch die eine bauliche Anlage hergestellt, instand gehalten, geändert oder beseitigt wird“*. Welche Leistungen zu den Bauarbeiten zu rechnen sind, ist im Einzelfall schon seit Langem streitig und sorgte für zahlreiche Entscheidungen. Verkehrssicherungsarbeiten gehören wie beispielsweise Kampfmittelräumarbeiten (ATV DIN 18323) eigentlich nur zu den Vorbereitungs- oder Begleitmaßnahmen einer Bauleistung.

Sie dienen der Bauwerkserrichtung nur mittelbar. Ihr eigentlicher Zweck sind Sicherungsmaßnahmen vom Beginn bis zum erfolgreichen Abschluss des Bauvorhabens im Geltungsbereich, der nach Abschnitt 1.1 *„das Aufbauen, Umsetzen, Vorhalten, Instandhalten, Betreiben sowie Abbauen* ***aller Verkehrssicherungseinrichtungen****, wie zum Beispiel Verkehrszeichen, Verkehrseinrichtungen und temporäre Schutzeinrichtungen, zur Regelung, Führung und Sicherung des öffentlichen Straßenverkehrs im Anwendungsbereich der Straßenverkehrsordnung (StVO), die für die* ***Ausführung von Bauarbeiten jeder Art benötigt*** *werden“* betrifft.

Ausgeschlossen ist ihre Anwendung nach Abschnitt 1.2 bei

- Leistungen zur Verkehrssicherung an Wasserstraßen, im Eisenbahn- und Flugverkehr,
- Behelfsbrücken, die über Grabenbrücken für Fußgänger hinausgehen,
- Hilfskonstruktionen, Schutzdächern und Durchlaufgerüsten (siehe ATV DIN 18451 „Gerüstarbeiten“),
- Bauzäunen und Schrammborden,
- Niederspannungsanlagen der Verkehrssicherheitseinrichtungen einschließlich aller Bauteile, ... (siehe ATV DIN 18382 „Elektro-, Sicherheits- und Informationstechnische Einrichtung“),
- Verbau als Absturzsicherung und Anprallschutz (siehe ATV DIN 18303 „Verbauarbeiten“) sowie
- Räumen von Schnee und Abstumpfen bei Glätte zur Aufrechterhaltung des Verkehrs.

Ihre Ausführungsbestimmungen unterscheiden zwischen zwei verschiedenen Aufgabenbereichen:

- **Im Verkehrsbereich** bezwecken sie den Schutz der Verkehrsteilnehmer.
- **Im Arbeitsbereich** sorgen sie für den Schutz der Arbeitskräfte sowie der Geräte und Maschinen unter Beachtung der besonderen Risiken des Leistungsorts.

Aus diesem Grund kommt ihr weiter eine besondere technische Bedeutung zu, die sog. Schnittstellenproblematik weiter einzudämmen. Im Zuge einer Baumaßnahme wird zwischen den Beteiligten – Auftraggeber, Planer, Bauleitung und Unternehmer – in vielen Fällen über die Zuständigkeiten und den jeweiligen Leistungsumfang gestritten. Das betrifft neben der Verantwortung für die Erstellung des Leistungsverzeichnisses häufig die Frage, was Planer und Bauleitung in die Ausführungsplanung aufzunehmen haben, die die zeichnerische Darstellung des Objekts mit allen für die Ausführung notwendigen Einzelangaben nach der HOAI umfasst im Unterschied zu den Details aus den Werkstatt- und Montageplänen ausführender Unternehmer. Soweit die VOB/B Bestandteil eines Werkvertrags ist, sind über § 1 Nr. 1 Satz 2 VOB/B die Regeln von ATV DIN 18299 ff. Vertragsbestandteil. Daran lässt sich messen und entscheiden, welche Planungsleistungen der Auftraggeberseite zuzuordnen sind und welche Auftragnehmer selbst erbringen müssen.

Es liegt zunächst am Auftraggeber, die Baumaßnahme umfassend zu beschreiben. Für das technische Verständnis genügt dabei häufig die wörtliche Beschreibung im Leistungsverzeichnis nicht den notwendigen Anforderungen. Deswegen bedarf es zeichnerischer Darstellungen, die die Beschreibung ergänzen oder verständlich machen, wie dies auch in § 7b Abs. 2 VOB/A gefordert wird.

Vor diesem Hintergrund wird verständlich, dass die Bedeutung der Aufnahme von Verkehrssicherungsarbeiten in den Kanon der Bauleistungen nach VOB/C dazu führt, dass die Anforderungen aus ATV DIN 18329 Eingang in die Standardleistungsbücher (STLB) und auch bereits in einheimische Ableger des „Building Information Management" (BIM) integriert wurden: Bereits mit Erlass vom 28.11.2016 *(Az. B I 7 – 81063.4/3-3)* teilte das Bundesministerium für Umwelt, Naturschutz, Bau und Reaktorsicherheit die Überarbeitung und Aktualisierung des STLB-Bau mit und wies ausdrücklich *„auf die im Leistungsbereich 000‚Sicherheitseinrichtungen, Baustelleneinrichtungen' neu aufgenommenen Leistungsbeschreibungen für das Aufbauen, Um-*

setzen, Vorhalten, Instandhalten, Betreiben sowie Abbauen von Verkehrssicherungseinrichtungen zur Regelung, Führung und Sicherung des öffentlichen Straßenverkehrs im Anwendungsbereich der Straßenverkehrs-Ordnung (StVO)" hin.

Checklistenfunktion Abschnitt 0

Wenn die Regelungen Eingang in das STLB-Bau fanden, ist das die Konsequenz aus den anzuwendenden Regelungen öffentlicher Ausschreibung nach VOB/A: § 7 Abs. 1 Nr. 7 VOB/A fordert vom öffentlichen Auftraggeber eine Leistungsbeschreibung, die die Hinweise für das Aufstellen der Leistungsbeschreibung in Abschnitt 0 der Allgemeinen Technischen Vertragsbedingungen für Bauleistungen, DIN 18299 ff., beachtet. Diese Hinweise werden zwar kein Vertragsbestandteil. Man darf sie dennoch weder überlesen noch übersehen oder missachten mit dem Argument: *Was nicht Vertragsbestandteil ist, interessiert für die Ausführung nicht!*

Abschnitt 0 gibt als Ausschreibungshilfe dem Ersteller des Leistungsverzeichnisses die regelmäßig zu beachtenden oder einzuhaltenden Vorgaben einer den Regeln der Technik entsprechenden Leistungsbeschreibung vor. Für die Bauleitung stellt diese Checkliste wiederum eine einfache Möglichkeit dar, die Planung und die ausgeführten Leistungen auf Vollständigkeit und regelgerechte Ausführung zu kontrollieren. Als „Bedienungsanleitung" dokumentiert sie allen Baubeteiligten, wie eine Ausschreibung hinsichtlich der vertraglich geschuldeten Leistung zu lesen ist.

Nicht zu vergessen ist der Hinweis zu Beginn von Abschnitt 0, dass die speziellen Hinweise von ATV DIN 18329 die generellen aus ATV DIN 18299 **ergänzen**. Deswegen sollten die darin enthaltenen Anforderungen als Grundlage stets mit beachtet und geprüft werden.

Für die Verkehrssicherungsarbeiten ist dabei schon am Beginn von Abschnitt 0.1 „Angaben zur Baustelle" zu erwähnen, dass eine Definition der „Baustelle" in allen Vorschriften fehlt. Lediglich der § 1 (3) der Baustellenverordnung (BaustellV, Stand Dezember 2022) definiert: *„Baustelle im Sinne dieser Verordnung ist der Ort, an dem ein Bauvorhaben ausgeführt wird. Ein Bau-*

vorhaben ist das Vorhaben, eine oder mehrere bauliche Anlagen zu errichten, zu ändern oder abzubrechen.“. Nach überwiegender Auffassung ist damit nicht der Bereich „Baustelle“ im technischen Sinne gemeint, sondern der gesamte Baubereich. Das umfasst örtlich wie logisch und theoretisch alle Gegebenheiten, die in irgendeiner Weise durch die Baumaßnahme betroffen werden oder durch die Art und Weise der Bauausführung beeinflusst werden können.

Das kann an den Abschnitten 0.1.4 und 0.1.6 beispielhaft aufgezeigt werden: Gefordert werden dort Angaben zum durchschnittlichen täglichen Verkehr (DTV) und zum (darin enthaltenen) Schwerverkehrsanteil; nach dem zuletzt erwähnten Abschnitt sind Angaben zum Anliegerverkehr (öffentlich/privat) durch Fußgänger und Fahrzeuge zu tätigen. Es ist logisch, dass diese Angaben in den überwiegenden Fällen nicht die Baustelle im technischen Sinn betreffen können, nachdem dort kein derartiges Verkehrsaufkommen auftreten kann – sonst könnte kaum gebaut werden.

Abschnitt 0.2 enthält zahlreiche Angaben zur Ausführung. Die Angaben beginnen bei der Benennung der für die verkehrsrechtliche Anordnung zuständigen Stelle, befassen sich mit den Vorgaben und Auflagen für die Verkehrssicherung, die sich aus der Vorabstimmung des Auftraggebers mit der anordnenden Behörde ergeben (Abschnitt 0.2.2), und weiteren Vorgaben und Auflagen, die andere betroffene Verkehrsträger wie ÖPNV, Wasserstraßen-, Bahn- und Flugverkehr sowie Träger öffentlicher Belange wie Polizei, Feuerwehr, Rettungsdienste u. Ä. (Abschnitt 0.2.3) betreffen. Besonders zu erwähnen bleibt neben den Besonderheiten der Sicherungsmaßnahmen, dass nach Abschnitt 0.2.6 „Leistungen und Dauer für Genehmigungen, Prüfungen, Feststellungen, Dokumentationen, Vollständigkeits- und Funktionsprüfungen sowie Abnahmen“ anzugeben sind. Damit wird der großen Bedeutung von öffentlich-rechtlichen Genehmigungen bei den Sicherungszwecken dieser Vertragsbedingungen Rechnung getragen.

Stoffe und Bauteile

Abschnitt 2 „Stoffe, Bauteile“ beruht weitgehend auf den Regelungen aus ATV DIN 18299. Auf die grundsätzliche Verpflichtung des ausführenden Unternehmens zur Lieferung von Stoffen und Bauteilen einschließlich des Abladens und der Lagerung auf der Baustelle sei kursorisch ebenso verwiesen wie auf die Verpflichtung, vom Auftraggeber beigestellte Stoffe und Bauteile nach gewerbeüblichen Methoden zu prüfen und Bedenken gegen deren Eignung unverzüglich dem Auftraggeber gegenüber schriftlich mitzuteilen. Abschnitt 2 enthält dazu zahlreiche Verweisungen auf andere technische Normen, die die Verwendung der sog. Verkehrsschrift nach DIN 1451-2 festlegen. Weitere Verweisungen betreffen z. B.:

- DIN 67520 – Retroreflektierende Materialien zur Verkehrssicherung
- DIN EN 1423 – Straßenmarkierungsmaterialien – Nachstreumittel – Markierungs-Glasperlen, Griffigkeitsmittel und Nachstreugemische
- DIN EN 12368 – Anlagen zur Verkehrssteuerung – Signalleuchten
- DIN EN 13422 – Straßenverkehrszeichen (vertikal) – Transportable Straßenverkehrszeichen – Leitkegel und Leitzylinder

Die DIN EN 12966 – Vertikale Verkehrszeichen – Wechselkennzeichen wird in der aktuellen Fassung 2023 nicht mehr erwähnt.

Ausführungen

Abschnitt 3 „Ausführungen“ beschreibt die maßgeblichen Regelungen, an denen sich die Frage der vertragsgerechten Herstellung der ausgeschriebenen Leistung korrigiert. Die in diesem Abschnitt beschriebene „Regelausführung“ legt eine den anerkannten Regeln der Technik entsprechende Ausführung fest, die der Besteller erwarten kann und demgemäß mindestens zu erbringen ist, wenn die Leistungsbeschreibung keine davon abweichende Ausführung vorgibt. Die Regelausführung ist demgemäß stets Maßstab, wenn keine weiteren detaillierten Vorgaben getroffen wurden.

Abschnitt 3 enthält deswegen zahlreiche weitere Vorschriften, wie Verkehrssicherungsarbeiten auszuführen sind. Von großer Bedeutung ist der in Abschnitt 3.1.1 stehende Verweis, der die RSA-21 „Richtlinien für die verkehrsrechtliche Sicherung von Arbeitsstellen an Straßen" einschließt und für die Ausführung deren Beachtung verlangt. Besonders zu beachten sind dort die Vorgaben aus Abschnitt 1 „Grundbegriffe und Grundsätze" und dort vor allem aus Abschnitt 1.2 „Planung der Arbeitsstellen" sowie Abschnitt 1.3 „Verkehrsrechtliche Grundsätze und Zuständigkeiten". Letzterer bestimmt als **maßgebende Rechtsgrundlage** für alle verkehrslenkenden, -beschränkenden oder -verbietenden **Maßnahmen auf öffentlichen Verkehrsflächen** oder auf **Privatgrund mit tatsächlich-öffentlichem Verkehr** aus Anlass von Arbeiten im Straßenraum die Straßenverkehrsordnung (StVO).

Gebote und Verbote

Abschnitt 1.3.2 der RSA-21 legt fest, dass Gebote und Verbote im Zusammenhang mit Verkehrszeichen durch weitere bauliche oder technische Maßnahmen unterstützt oder ergänzt werden können. Im folgenden Abschnitt 1.3.3 wird auf „Weitere Rechtsgrundsätze" verwiesen. Diese betreffen vor allem die Einbeziehung der Straßenverkehrs- und Straßenbaubehörden, von denen „die fehlerfreie Ermessensausübung" verlangt wird. Einbezogen werden die „Belange von Anliegern" und deren Recht, dass nach der Vorgabe des Verhältnismäßigkeitsgrundsatzes die am wenigsten belastende (aber noch wirksame) Eingriffsmöglichkeit genutzt wird. Zuletzt werden die Verkehrssicherungspflichten erwähnt, wobei betont wird, dass diese der Behörde ebenso wie dem Unternehmer obliegen.

Aus dem eigenen Katalog der Vorgaben weist ATV DIN 18329 Abschnitt 3.1.8 auf den besonderen Sachverhalt der ‚Gefahr von Verdrückungen in der Aufstandsfläche" hin, der zu einem Bedenkenhinweis des Ausführenden nach § 4 Abs. 3 VOB/B in Betracht kommt. Die Aufzählung möglicher Anlässe zur Äußerung von Bedenken ist jedoch an keiner Stelle der Vorschriften abschließend. Nach der Rechtsprechung ist der Auftragnehmer gehalten, alle zur Verfügung gestellten Lieferungen und Leistungen, von den Vorarbeiten über Stoffe und Bauteile sowie Planungen und weitere Vorgaben, zu prüfen, ob diese eine geeignete Grundlage für die Ausführung der beauftragten Leistungen bilden und keine Eigenschaften aufweisen, die den Erfolg der Arbeit infrage stellen können.

In Abschnitt 3.2 werden die besonderen Anforderungen an „Vorhalten, Instandhalten, Betreiben" ausführlich dargestellt und teilweise definiert: Nach Abschnitt 3.2.2. Satz 2 umfasst Instandhalten „Leistungen zur Kontrolle, Wartung und Instandsetzung".

Nebenleistungen und Besondere Leistungen

Bei Abschnitt 4 „Nebenleistungen, Besondere Leistungen" ist zu beachten, dass darin Nebenleistungen nicht abschließend aufgezählt werden, weil deren Umfang nach der gewerblichen Verkehrssitte nicht für alle Einzelfälle umfassend bestimmt werden kann. Für den Tatbestand der Nebenleistung ist es unerheblich, ob die Leistung besonders umfangreich und kostenintensiv ist. Deswegen kann eine nach Abschnitt 4.1.2 aufwendige Beweissicherung, Beschaffen von Typgenehmigungen, Zulassungen oder anderen Eignungsnachweisen die Kalkulation des Unternehmers belasten, wenn dies bei der Kalkulation nicht ausreichend bedacht und beachtet wurde: Sie sind im Vertragspreis enthalten, auch wenn sie nicht ausdrücklich im Leistungsverzeichnis oder an anderer Stelle erwähnt wurden.

Besondere Leistungen nach Abschnitt 4.2 sind dagegen zusätzlich zu vergüten, wenn sie nicht im Leistungsverzeichnis o. Ä. stehen, aber dann doch gefordert oder erforderlich werden. Dies kann z. B. die Gebühren für verkehrsrechtliche Anordnungen sowie sonstige anfallende Gebühren, z. B. Sondernutzungsgebühren nach Abschnitt 4.2.3, oder das Erstellen von Foto- oder Videodokumentationen für die Beweissicherung nach Abschnitt 4.2.4 betreffen.

Die umfangreichen Abrechnungsregeln nach Abschnitt 5 greifen nach überwiegender Rechtsauffassung nur dann, wenn die Parteien keine abweichende Vereinbarung getroffen haben (*OLG Braunschweig, Urt. v. 27.11.2008 – 8 U 58/07*). Es gilt der Grundsatz der Individualabrede vor der Geltung der VOB/C-Abrechnungsregeln, die wiederum im Falle einer fehlenden Vereinbarung auch beim reinen BGB-Werkvertrag – ohne Vereinbarung der VOB/B – angewendet werden.

Als Besonderheit ist bei Verkehrssicherungsarbeiten der Ermittlung der Leistung nach Abschnitt 5.1 die verkehrsrechtliche Anordnung zugrunde zu legen und dabei die Leistung aus Zeichnungen zu ermitteln, soweit die ausgeführte Leistung diesen Zeichnungen entspricht.

Hinweis

Abschließend bleibt der Hinweis, dass die ordnungsgemäße und vollständige, regelgerecht geplante Leistung von Verkehrssicherungsarbeiten keinen der Beteiligten von den ihm obliegenden Verkehrssicherungspflichten befreit.

Die geregelten Verkehrssicherungsarbeiten bilden nur einen kleinen Schutz bei der Erfüllung der Verkehrssicherungspflichten. Dies gilt gerade auch im Bereich der Bauleitung, weil die (allgemeinen) Überwachungspflichten vom Sachverhalt der Verkehrssicherungsarbeiten nur in geringem Umfang betroffen werden.

Brandschutz auf der Baustelle

Brandschutz spielt mittlerweile in der Genehmigungs- und Ausführungsphase von Bauvorhaben eine zentrale Rolle. Hierzu werden detaillierte Brandschutzkonzepte oder Brandschutznachweise erarbeitet, die während der Bauzeit umgesetzt werden. Die Brandschutzplanung hat dabei das fertiggestellte Objekt in seiner späteren Nutzung im Blick und nicht die Sicherheit auf der Baustelle während der Bauphase.

Für die Sicherheit auf der Baustelle und damit auch für den Brandschutz während der Bauphase ist die Bauleitung verantwortlich.

Besondere Risiken auf Baustellen

Ein besonderes Brandrisiko liegt immer dann vor, wenn:

- hohe Brandlasten vorhanden sind, z. B. durch Lagerung brennbarer Baustoffe oder Abfälle im Gebäude,
- Zündquellen vorhanden sind, z. B. durch feuergefährliche Arbeiten (Flexen, Schweißen, Dachabdichtungsarbeiten) oder defekte oder überlastete Elektroverkabelungen,
- anlagentechnische Brandschutzmaßnahmen wie Brandmeldeanlage oder Sprinkleranlagen noch nicht in Betrieb oder abgeschaltet sind und
- wertvolle Ausstattungsgegenstände und Einrichtungen bereits eingebaut worden sind.

In nahezu jeder Phase eines Bauvorhabens trifft mindestens eine der Bedingungen zu, sodass bei Baustellen i. d. R. von einem besonderen Brandrisiko ausgegangen werden muss.

Baustellen sind für lange Zeit für Unbefugte leicht zugänglich und gerade in der Nachtzeit nicht besetzt. Hierdurch besteht eine erhöhte Brandstiftungsgefahr, insbesondere wenn brennbare Baustoffe in großen Mengen in unmittelbarer Nähe zum Gebäude gelagert werden. Unabdingbar ist daher zumindest die lückenlose Sicherung der Baustelle durch einen Bauzaun und möglichst eine Beleuchtung in der Nacht.

Baustellen verändern sich täglich, und damit ändert sich auch die Risikosituation. In der Rohbauphase sind die Brandgefahren noch vergleichsweise klein. Die Zahl der anwesenden Personen ist gering, die verwendeten Baustoffe sind häufig nichtbrennbar, z. B. Beton oder Mauerwerk, und es gibt nur wenige Zündquellen. Die Gebäudehülle ist noch nicht geschlossen, sodass entstehender Rauch ungehindert abziehen kann.

Bild 1: *In der Rohbauphase kann Rauch ungehindert über die Gebäudehülle abgeführt werden. (Quelle: Bert Wieneke)*

Die Situation ändert sich mit zunehmendem Baufortschritt. In der Phase des Innenausbaus sind deutlich mehr Handwerker vor Ort, es werden vermehrt brennbare Baustoffe verwendet, und es gibt mehr potenzielle Zündquellen. Sowohl das Risiko, dass ein Brand entsteht, als auch die Folgen (Personenschäden, Sachschäden) steigen mit fortschreitender Fertigstellung sehr stark an.

Organisatorischer Brandschutz: Ordnung und Sauberkeit

Auf Baustellen führen die üblichen baulichen und anlagentechnischen Brandschutzmaßnahmen, wie sie in einem fertiggestellten Bauwerk angewendet werden, wegen der dynamisch sich ändernden Gegebenheiten und wegen des provisorischen Charakters einer Baustelle nicht zum Ziel. Während der Bauzeit ist das System der trennenden und abschottenden Bauteile (Wände und Decken etc.) durch die nicht verschlossenen Installationsdurchbrüche außer Kraft gesetzt. Installationsdurchführungen werden i. d. R. erst kurz vor Inbetriebnahme brandschutztechnisch verschlossen.

Bild 2: *Ungesicherte Installationsdurchbrüche führen bei einem Brand während der Bauzeit zu einer ungehinderten Ausbreitung von Feuer und Rauch. (Quelle: Bert Wieneke)*

Praxistipp

Installationsöffnungen in wichtigen, abschnittbildenden Bauteilen wie Geschossdecken, Treppenraumwänden oder Brandwänden müssen insbesondere bei Umbauten im Bestand auch während der Bauzeit ordnungsgemäß provisorisch verschlossen werden. Dies gilt besonders für Gebäude, die außerhalb des Umbaubereichs weiterhin genutzt werden.

Hierzu eigenen sich Brandschutzkissen, mit denen die Restöffnungen schnell und brandsicher verschlossen und die bei Nachinstallationen einfach und zerstörungsfrei wieder entfernt werden können. Die Brandschutzkissen lassen sich wiederverwenden, sodass der finanzielle Aufwand gering ist. Brandschutzkissen sind mit einem Stoff gefüllt, der im Brandfall aufschäumt und die Bauteilöffnung sicher verschließt.

Brandschutztüren werden zum Schutz vor Beschädigungen ebenfalls erst spät in das Gebäude eingebaut. Anlagentechnische Brandschutzmaßnahmen wie Brandmeldeanlagen etc. werden erst unmittelbar vor Aufnahme der Nutzung aktiviert.

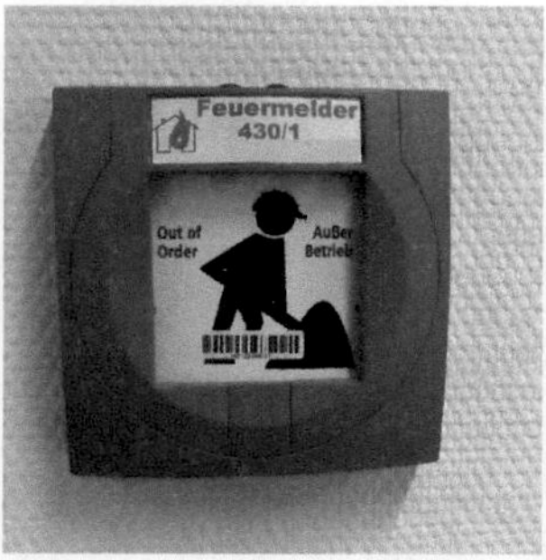

Bild 3: *Anlagentechnische Brandschutzeinrichtungen wie Brandmeldeanlagen sind während der Bauzeit noch nicht in Betrieb. (Quelle: Bert Wieneke)*

Auf Baustellen kommt daher dem organisatorischen Brandschutz besondere Bedeutung zu. Dies beginnt bereits mit der Absicherung der Baustelle vor unbefugtem Zutritt durch einen Bauzaun, insbesondere um Brandstiftung zu erschweren.

Auch wenn es selbstverständlich klingt: Ordnung und Sauberkeit reduzieren die Gefahr, dass ein Brand entstehen kann oder sich ausbreitet, erheblich. Für eine geordnete Baustelle ist es unabdingbar, dass ausreichend geeignete Lagerflächen für Baumaterialien zur Verfügung stehen. Hierzu sollte vor Baubeginn eine Baustelleneinrichtungsplanung durchgeführt werden, damit keine wilde, unkoordinierte Lagerung stattfindet und Rettungswege und Zugänglichkeit des Objekts sowie der Nachbarbebauung nicht beeinträchtigt werden. Das regelmäßige Aufräumen und Sauberhalten der Baustelle ist notwendig.

Brennbare Baustoffe, wie z. B. brennbare Fassadendämmung oder Holzbaustoffe, sollten weder in noch unmittelbar am Gebäude gelagert werden, sondern müssen mit einem Mindestabstand von 5 m abgestellt werden, damit ein möglicher Brand dieser Stoffe nicht auf das Gebäude übergreifen kann.

Bild 4: *Das Lagern brennbarer Baustoffe innerhalb des Gebäudes stellt ein erhöhtes Brandrisiko dar. (Quelle: Bert Wieneke)*

Brennbare Baustellenabfälle wie Folien, Holzreste, brennbare Dämmstoffe etc., brennbare Flüssigkeiten sowie brand- und explosionsgefährdete Stoffe sollten nicht in oder auf Gebäuden, sondern außerhalb des Gebäudes mit einem Abstand von mindestens 5 m gelagert werden. Empfehlenswert ist das Sammeln in nichtbrennbaren, abschließbaren Abfallcontainern.

Behelfsgebäude wie Bürocontainer oder Materiallagergebäude sollten möglichst aus nichtbrennbaren, mindestens schwerentflammbaren Baustoffen bestehen und mit einem Abstand von mindestens 5 m, besser 10 m zum Bauobjekt aufgestellt werden, um eine Brandübertragung zu verhindern und der Feuerwehr gute Angriffsmöglichkeiten zu bieten.

Rettungswege während der Bauzeit

Baustellen müssen bei Gefahr sicher und schnell verlassen werden können. Im Brandfall kommt, auch während der Bauphase, den Treppenräumen eine zentrale Bedeutung zu. Während der Bauphase handelt es sich aber häufig gar nicht um Treppenräume, da durch fehlende Türen und ungesicherte Installationsführungen und Installationsschächte der Treppenraum in offener Verbindung zu den Geschossen steht und so im Brandfall schnell unpassierbar wird.

Selbst wenn Türen bereits vorhanden sind, sind diese im Gefahrenfall oft ohne Wirkung, da Leitungen und Schläuche gerne durch Treppenhäuser verlegt werden und selbstschließende Türen verkeilt sind.

***Bild 5:** Treppenraum im Rohbau: Aufgrund der fehlenden Türabschlüsse und der unzureichenden Absturzsicherungen ist eine sichere Nutzung im Brandfall nicht gewährleistet. (Quelle: Bert Wieneke)*

Es ist daher sinnvoll, möglichst frühzeitig zumindest einen Treppenraum, der von allen Bereichen eines Geschosses erreichbar ist, wirksam abzuschotten und funktionsfähig zu halten, um einen gesicherten vertikalen Fluchtweg zur Verfügung zu haben. Dieser Treppenraum dient der Feuerwehr im Gefahrenfall als sicherer Angriffsweg. Zu einem funktionsfähigen Treppenraum gehören auch Geländer und Absturzsicherungen.

Alternativ können notwendige Rettungswege auch durch außen am Gebäude aufgestellte Treppentürme des Gerüstbauers sichergestellt werden.

***Bild 6:** Gerüsttreppe als vertikaler Rettungsweg, wenn der Treppenraum nicht nutzbar ist. (Quelle: Bert Wieneke)*

Die Wege innerhalb der Geschosse zu den vertikalen Rettungswegen (Treppenräume oder Außentreppen) müssen jederzeit nutzbar sein. Die Flure müssen soweit möglich freigehalten werden und dürfen nicht zur Lagerung von Baumaterialien genutzt werden, da ansonsten im Notfall ein sicheres Verlassen des Gebäudes nicht möglich ist.

Türen und Abschlüsse im Verlauf der Rettungswege müssen auch auf Baustellen jederzeit ohne Hilfsmittel geöffnet werden können.

Innerhalb der Rettungswege sollten keine Stolperstellen vorhanden sein. Diese Anforderung dürfte jedoch in der Praxis kaum zu erfüllen sein. Umso wichtiger ist es daher, zumindest die Hauptrettungswege (Flure und Treppenhäuser) mit einer ausreichenden Beleuchtung auszustatten.

***Bild 7:** Auf dem Boden geführte Installationen und gelagerte Baustoffe sind Stolperstellen und beeinträchtigen im Notfall die Rettungswege. (Quelle: Bert Wieneke)*

Gemäß den Vorgaben des Arbeitsstättenrechts ist eine Sicherheitsbeleuchtung erforderlich, wenn bei Ausfall der allgemeinen Stromversorgung ein sicheres Verlassen der Arbeitsplätze nicht gewährleistet ist. Bei planmäßiger Arbeit ohne ausreichendes Tageslicht (z. B. nachts) und bei innen liegenden Rettungswegen ist daher eine Sicherheitsbeleuchtung notwendig.

Feuerlöscher

Um Entstehungsbrände schnell und effektiv löschen zu können, müssen auf Baustellen geeignete Feuerlöscher vorgehalten werden, die sinnvollerweise in jeder Ebene in den Treppenräumen bereitgestellt werden. Leider gehört diese einfache und kostengünstige Maßnahme noch längst nicht zum Standard auf allen Baustellen. Während der Bauausführung stehen jedoch innerhalb der Geschosse keine funktionsfähigen Wasseranschlüsse zur Verfügung, sodass selbst ein frühzeitig erkannter Brand nicht gelöscht werden kann.

Auf Baustellen ist es empfehlenswert, wirksame, nicht frostempfindliche Feuerlöscher einzusetzen. Hierzu eignen sich insbesondere Pulverlöscher.

Feuergefährliche Arbeiten: Schweißen, Flexen

Schweißen, Löten, Flexen und andere Arbeiten, die hohe Temperaturen oder Funken erzeugen, gehören zu den feuergefährlichen Arbeiten, die regelmäßig Brände auf Baustellen verursachen. Um das Risiko einer Brandentstehung zu vermindern, müssen die einschlägigen Regelungen zum Brandschutz bei feuergefährlichen Arbeiten eingehalten werden. In der täglichen Baustellenpraxis ist hier häufig festzustellen, dass weder brennbare Materialien in der Nähe der Arbeiten entfernt oder abgedeckt werden, noch Brandwachen und Feuerlöscher bereitstehen. Neben Schlosserarbeiten sowie der Heizungs- und Sanitärinstallation stellen Dachabdichtungsarbeiten eine besondere Gefahr dar, da durch die hohen Temperaturen häufig unbemerkt in angrenzenden Räumen Brände entstehen.

Durch konsequent durchgeführte organisatorische Maßnahmen bei feuergefährlichen Arbeiten lässt sich bereits eine Vielzahl von Risiken minimieren.

Hierzu tragen Ordnung und Sauberkeit auf der Baustelle, geregelte Lagerräume und Plätze für Baumaterialien sowie Müllcontainer außerhalb der Gebäude ganz erheblich bei.

Da sich ein Brand jedoch niemals ausschließen lässt, muss sichergestellt werden, dass an der Baustelle eine Möglichkeit besteht, die Feuerwehr alarmieren zu können. Dies stellt angesichts der weiten Verbreitung von Mobiltelefonen technisch heute kein besonderes Problem mehr dar. Wichtig ist jedoch, dass die Telefonnummer der Feuerwehr, z. B. durch einen leicht auffindbaren Aushang, schnell griffbereit ist. In Notsituationen fallen den Betroffenen häufig die einfachsten Selbstverständlichkeiten nicht mehr ein. Ausländischen Mitarbeitern ist die Notrufnummer häufig nicht bekannt

Für einen Feuerwehreinsatz ist es unerlässlich, dass eine freie Zufahrt für die Feuerwehr bis zum Objekt besteht und eine ausreichende Menge an Löschwasser zur Verfügung steht.

***Bild 8:** Freie Feuerwehrzufahrt während der Baumaßnahme (Quelle: Bert Wieneke)*

Baumaßnahmen im genutzten Bestand

Bei Baumaßnahmen im genutzten Bestand, z. B. in Pflegeeinrichtungen oder Krankenhäusern, ist immer wieder festzustellen, dass der staubdichten Abtrennung zwischen Baustelle und genutztem Bereich hohe Aufmerksamkeit geschenkt wird.

Häufig wird dabei aber die brandschutztechnische Wirkung der Abtrennung völlig vergessen. Da bei Baustellen grundsätzlich von einer erhöhten Brandentstehungsgefahr ausgegangen werden muss, sollten die Abtrennungen mindestens feuerhemmend ausgebildet werden. Staubschutzwände mit OSB-Beplankung sind dabei weitaus wirksamer als Folienabtrennungen.

Durch Staubschutzwände werden oftmals notwendige Rettungswege versperrt. Ist z. B. die Sperrung eines Zugangs zum notwendigen Treppenraum unumgänglich, muss im konkreten Fall ein alternativer Rettungsweg zur Verfügung gestellt werden. Sofern hierfür keine Lösungsmöglichkeiten gefunden werden, darf auch eine vorübergehende Beschränkung der angrenzenden Nutzung nicht gescheut werden.

Bild 9: *Fehlende brandschutztechnische Abtrennung zwischen Baustelle und genutztem Gebäudebereich in einem Pflegeheim (Quelle: Bert Wieneke)*

Vorhandene automatische Feuerlösch- und Brandmeldeeinrichtungen (z. B. Sprinkler- oder Brandmeldeanlagen) dürfen nur vorübergehend im Bereich der Arbeitsstelle und nur nach Absprache mit dem Gebäudeeigentümer und der Feuerwehr außer Betrieb genommen werden. Nach Beendigung der Arbeit bzw. täglich nach Arbeitsschluss sind die Einrichtungen unverzüglich wieder einzuschalten.

Baustellenpraxis

Brandschutz während der Bauausführungsphase ist integraler Bestandteil einer vollständigen Sicherheits- und Gesundheitskoordination nach BaustellV und muss daher vom SiGeKo in Zusammenarbeit mit der Bauleitung und den ausführenden Betrieben erbracht werden. Allerdings spielt der Brandschutz während der Bauphase derzeit in der Baustellenpraxis nur eine untergeordnete Rolle. Angesichts der weiter ansteigenden Zahl von Sanierungen im Bestand und des damit verbundenen großen Schadensrisikos ist eine verstärkte Berücksichtigung der Belange des Brandschutzes während der Bauzeit dringend notwendig.

Folgende Brandschutzmaßnahmen sollten in einem Sicherheitskonzept mindestens berücksichtigt werden:

- ☐ Zugänglichkeit des Objekts für die Feuerwehr
- ☐ ausreichende Löschwasserversorgung
- ☐ Benennen eines für den Brandschutz in der Bauphase Verantwortlichen
- ☐ Ordnung auf der Baustelle
- ☐ konsequente Einhaltung der aus arbeitsschutzrechtlichen Gründen geforderten Maßnahmen bei feuergefährlichen Arbeiten
- ☐ Vorhalten von Handfeuerlöschern
- ☐ Lagerung von brennbaren Baustoffe und brennbarem Verpackungsmaterial außerhalb des Gebäudes mit ausreichendem Sicherheitsabstand
- ☐ Treppenhäuser müssen im Rohbau sofort geschossweise mit ausgeführt werden, damit Fluchtwege und der Zugang zur Brandbekämpfung im Brandfall sichergestellt sind.
- ☐ Treppenhäuser und Rettungswege müssen freigehalten und dürfen nicht als Lager- und Abstellflächen genutzt werden.
- ☐ Brandwände müssen geschossweise mit errichtet werden, Öffnungen müssen konsequent verschlossen oder geschottet werden.
- ☐ Deckenöffnungen und durchgehende Installations- oder Aufzugsschächte müssen schon in der Bauphase brandschutztechnisch gesichert werden.

Bei Umbauten im Bestand müssen zusätzlich die Abtrennung der Baustelle zum genutzten Gebäudebereich sowie die Aufrechterhaltung der erforderlichen Flucht- und Rettungswege beachtet werden. Bei besonders sensiblen Bauvorhaben, z. B. bei Umbaumaßnahmen in Krankenhäusern oder Senioreneinrichtungen bei laufendem Betrieb, kann es erforderlich sein, dass ein eigenes Brandschutzkonzept für die Umbauzeit erarbeitet werden muss.

Brandschutz auf Baustellen ist vor allem organisatorischer Brandschutz. Eine ungeordnete Baustelle ist daher immer ein Zeichen für ungenügenden Brandschutz. Gemäß den Vorgaben der Landesbauordnung ist die Bauleitung für die Sicherheit auf der Baustelle und damit auch für den Brandschutz während der Ausführungsphase verantwortlich.

Die Einhaltung der erforderlichen Maßnahmen zum Brandschutz während der Bauausführung muss regelmäßig und unabhängig überprüft werden, da die Sensibilität angesichts des heute auf Baustellen üblichen Termin- und Kostendrucks für derartige Themen nicht sehr ausgeprägt ist. Regelmäßige Baustellentermine sind somit unverzichtbar.

Baubesprechungsprotokolle, Baustellendokumentation und Beweissicherung

Baubesprechungsprotokolle

Eine der zentralen Aufgaben jeder Bauleitung ist die zielführende Koordinierung und Kontrolle der einzelnen Planungs- und Bauleistungen, sodass das vom Auftraggeber gewünschte Gebäude hinsichtlich Qualität, Bauzeit und Budget erstellt wird. Hierzu sind häufige Absprachen mit allen am Projekt Beteiligten notwendig. Diese sind zeitnah schriftlich festzuhalten, zu verteilen und auch für Dritte nachvollziehbar abzulegen. Nur so lässt sich später nachvollziehen, wann, wer welche Vereinbarungen im Bauablauf getroffen hat, welche Fristen gesetzt wurden, welche Bedenken oder Behinderungen durch die Unternehmer angezeigt wurden, wie hierauf vonseiten des Auftraggebers eingegangen wurde. Dies dient neben der Steuerung und Dokumentation der Realisierung sowohl der Abwehr unberechtigter Ansprüche durch Unternehmer gegenüber dem Auftraggeber als auch der Verfolgung von Ansprüchen des Auftraggebers gegen die Unternehmer. Zugleich verringert eine saubere Dokumentation das Haftungsrisiko der Bauleitung selber, weil diese hilft nachzuweisen, dass sie ihre Aufgaben rechtzeitig und ordnungsgemäß erfüllt hat.

Protokolle sollte die Bauleitung grundsätzlich über jede Besprechung verfassen. Selbstverständlich kommt es für den Umfang darauf an, ob ein mehrstündiger Jour-fixe-Termin mit zehn Beteiligten oder nur eine kurze Abstimmung mit dem Rohbauunternehmen über eine Verschiebung der zu betonierenden Bauteile am nächsten Tag erfolgt. Jedes Protokoll sollte aber einen Mindestinhalt haben. Es muss erkennbar sein, wer an der Besprechung teilgenommen hat, wann die Besprechung stattgefunden hat, was das Thema und was das Ergebnis war. Außerdem ist ein Protokoll fast wertlos, wenn es mit zu großem zeitlichen Abstand erstellt und vor allem, wenn es der Gegenseite nicht zeitnah überlassen wird. Größere und regelmäßige Baubesprechungen sollten von der Bauleitung nicht nur inhaltlich und zeitlich vorbereitet, sondern auch strukturiert geleitet werden.

Die Vorbereitung der Besprechung

Muster:

Da die Bauleitung häufig zu regelmäßigen Baubesprechungen (Jour fixe) im Namen des Auftraggebers einlädt, ist es ihre Aufgabe zu klären, wer, wann, wo das Gespräch führt und welche Themen abgehandelt werden sollen. Es ist dringend zu empfehlen, das Protokoll vorzubereiten. Gerade für einen Jour fixe sollte das Protokoll immer den gleichen Aufbau haben. Nichts spricht dagegen, ein Muster zu benutzen, welches in der Besprechung lediglich noch ausgefüllt wird.

Teilnehmer und Einladung:

Zur Vorbereitung gehört die Einladung der richtigen Teilnehmer. Nicht zu jeder Baustellenbesprechung müssen Vertreter aller an Planung und Ausführung beteiligten Unternehmen und Büros eingeladen werden. Da Besprechungen zeitintensiv sind, sollten nur die Beteiligten eingeladen werden, die auch an dem konkreten Besprechungsinhalt Interesse haben. Es kann außerdem sinnvoll sein, Besprechungsteilnehmer gestaffelt zu einzelnen Punkten einzuladen und für die einzelnen Besprechungspunkte Zeitfenster vorzusehen. Nicht jedes Gewerk muss während einer längeren Besprechung permanent anwesend sein. Die Bauleitung sollte immer darauf achten, aktuelle Adressen aller Beteiligten zu haben. Es sollte vereinbart werden, dass die Einladungen per E-Mail verschickt werden können. Die Möglichkeit, internetbasierte Datenräume zu nutzen, nimmt zu. In den Verträgen sollte vereinbart werden, dass Einladungen zu Besprechungen ebenso wie die Zusendung der Besprechungsprotokolle nur noch durch Ablage im Datenraum erfolgen. Schließlich sollte die Bauleitung darauf achten, dass nur Personen eingeladen werden, die bevollmächtigt und entscheidungsbefugt sind. Auch dies sollte bereits in den Verträgen vereinbart werden. Soweit die Bauleitung nur mit Leistungen der Leistungsphase 8 beauftragt ist, muss sie dies bei Aufnahme ihrer eigenen Vertragsleistungen prüfen.

Termine:

Wann und wie oft eine Besprechung durchzuführen ist, kommt sicherlich auf die Größe der Baustelle an. Bei jedem Bauvorhaben empfiehlt es sich aber, von vornherein regelmäßige, wöchentliche oder 14-tägliche Besprechungen vorzusehen. Diese sollten immer zum selben Zeitpunkt stattfinden, damit sich alle Beteiligten auch langfristig darauf einstellen können.

Vorsorglich sollte am Ende jeder Besprechung festgehalten werden, wann die nächste Besprechung stattfindet.

Zeitlicher Vorlauf und Inhalt:

Besprechungen sollten einen ausreichenden Vorlauf haben, damit sich jeder auf die Punkte der Tagesordnung vorbereiten kann. Die Einladung sollte die zu besprechenden Punkte zumindest stichwortartig auflisten damit die Besprechung strukturiert ablaufen kann. Auch hier hilft ein vorbereitetes Protokoll. Neben der Feststellung von Zeit, Ort und den Teilnehmern können die meisten Tagesordnungspunkte regelmäßig nacheinander in der gleichen Reihenfolge abgehandelt werden. Da fast auf jeder Baustelle immer wieder dieselben Gewerke, Probleme und Fragen zu behandeln sind, führt eine vorgegebene Struktur dazu, dass nichts vergessen wird. Ein gleichmäßiger Ablauf erleichtert auch die möglicherweise zeitlich gestaffelte Einladung der Beteiligten. Außerdem ist es so möglich, z. B. zunächst Planungsfragen und Entscheidungen des Auftraggebers mit den Planern und Fachplanern zu klären, bevor dann die ausführenden Unternehmen zur Besprechung dazukommen. Zudem hilft auch ein inhaltlich vorbereitetes Protokoll, offene Fragen wegen Nachträgen, Bedenkenanmeldungen, Behinderungsanzeigen nicht zu vergessen.

Ort:

Vorsorglich sollte genau angegeben werden, wo die Besprechung stattfindet. Je größer die Baustelle, desto häufiger wird es vorkommen, dass zu besonders wichtigen Themen leitende Mitarbeiter erscheinen, die üblicherweise nicht an den regelmäßigen Baubesprechungen teilnehmen. Es ist ärgerlich, wenn dann Zeit verlorengeht, weil diese Personen nicht wissen, wo die Besprechung stattfindet.

Die eigene Vorbereitung:

Es ist eine Selbstverständlichkeit, sich auf Besprechungen vorzubereiten. Dies kommt in der Praxis leider manchmal zu kurz. Die Bauleitung als Vertreter des Auftraggebers sollte in der Lage sein, auf Fragen, Anregungen, Behinderungsanzeigen, Bedenkenanmeldungen, Nachträge inhaltlich mit Kenntnis der vertraglichen Regelungen und möglicherweise auch schon in Abstimmung mit anderen Beteiligten sowohl gegenüber dem Auftraggeber als auch gegenüber dem jeweiligen Vertragspartner zu antworten und zu argumentieren. Da der Aufwand einer Besprechung für alle Beteiligten erheblich ist, ist es ärgerlich, wenn aufgrund fehlender Unterlagen oder Kenntnis der vertraglichen Regelungen, des Planungstands oder der Abstimmungen mit anderen Beteiligten eine inhaltliche Befassung mit Besprechungspunkten nicht möglich ist. Damit muss dieses Thema ein zweites oder drittes Mal angesprochen und eine Lösung vertagt werden. Dies ist grundsätzlich nie im Interesse des Auftraggebers oder des jeweiligen Vertragspartners. Die eigene Vorbereitung dient auch dazu, sich einen Standpunkt zu erarbeiten, der dann vertreten werden kann. Vor einer Besprechung mit Planung und ausführenden Unternehmen wird daher häufig eine Vorbesprechung mit dem Auftraggeber sinnvoll sein.

Die Protokollierung der Besprechung

Wer:

Häufig ist vertraglich geregelt, dass der Bauüberwacher die Besprechungsprotokolle erstellt. Gleiches wird aber auch immer wieder in einzelnen Bauverträgen geregelt. Um zu vermeiden, dass für eine Besprechung unterschiedliche Protokolle angefertigt werden, die erfahrungsgemäß nicht übereinstimmen, sollte am Anfang einer Besprechung eindeutig geklärt werden, dass ein Protokoll geführt wird und wer dieses führt. Der Bauüberwacher sollte im Interesse des Auftraggebers immer das Protokoll führen. Derjenige, der den Ablauf der Besprechung, die Behandlung der Tagesordnungspunkte und insbesondere die Ergebnisse protokolliert, bestimmt ganz wesentlich die Aussagekraft des Protokolls. Dies bedeutet nicht, dass die Protokollführung dazu genutzt werden soll Ergebnisse zu verfälschen oder Punkte zu protokollieren, die gar nicht Thema waren. Trotzdem wird ein Ergebnis durch den Protokollführer so dargestellt werden, wie er dies verstanden hat. Die Erfahrung zeigt, dass Protokolle verschiedener Personen für dieselbe Besprechung inhaltlich teilweise stark abweichen. Wie in jedem Gespräch kann die Bedeutung der Gesprächsinhalte zwischen Sender und Empfänger extrem unterschiedlich wahrgenommen werden.

Gesprächsleitung:

Ob der Protokollführer auch derjenige ist, der die Besprechung leitet, hängt häufig von den Teilnehmern und insbesondere von der Bedeutung der Besprechung ab. Je mehr Teilnehmer und je wichtiger oder zeitintensiver einzelne Besprechungspunkte sind, desto eher wird sich der jeweilige Verhandlungsführer aufseiten des Auftraggebers oder der Auftragnehmer auf das Gespräch selber konzentrieren wollen. In diesen Fällen wird die Führung des Protokolls einem anderen überlassen. Geht es um eher normale Baustellenbesprechungen, kann der Bauüberwacher nicht nur das Protokoll führen, sondern auch für den möglicherweise gar nicht anwesenden Auftraggeber die Besprechung leiten.

Was:

Ob das Protokoll ein reines Ergebnisprotokoll ist oder ob auch der Ablauf der Verhandlung detaillierter festgehalten wird, hängt von vielen Überlegungen ab. Es gibt keine grundsätzlich richtige oder falsche Art und Weise, ein Protokoll zu führen. Entscheidend ist, dass es vollständig, verständlich und – zumindest aus Sicht des Protokollführenden – richtig ist.

Der Protokollführer sollte darauf dringen, dass die Tagesordnung vollständig, möglichst in der vorgegebenen Reihenfolge abgearbeitet wird. Er ist dafür verantwortlich, dass alle Tagesordnungspunkte (TOP), die von den Gesprächsteilnehmern – warum auch immer – übergangen wurden, nicht vergessen werden. Wenn ein TOP nicht behandelt werden soll, ist dies zu protokollieren. Ist ein TOP behandelt, sollte das Ergebnis laut und für alle am Besprechungstisch verständlich mitgeteilt und wie mitgeteilt protokolliert werden. Der Protokollführer muss nachfassen, wenn er Gesprächsbeiträge nicht verstanden hat oder wenn für ihn Gesprächsergebnisse nicht eindeutig sind. Es empfiehlt sich in diesen Fällen, allen Teilnehmern offen mitzuteilen, welches Ergebnis im Protokoll festgehalten wird.

Ebenso wie am Anfang einer regelmäßigen Baubesprechung festgehalten werden sollte, ob gegen das Protokoll der zeitlich vorherigen Baubesprechungen Einwendungen oder Widersprüche bestehen, sollte am Ende einer jeden Besprechung nachgefragt werden, ob von den Teilnehmern noch irgendwelche zusätzlich zu klärenden Fragen besprochen werden müssen. Auch dies sollte protokolliert werden.

Wie:

Teilweise wird in Verträgen detailliert festgelegt, wie das Protokoll aufgebaut sein muss. Dies betrifft in aller Regel Zeit, Ort und Anlass, die Teilnehmer und die Tagesordnung gemäß Einladung. In jedem Fall sollte ein Protokoll vom Ersteller unterschrieben werden. Es ist daher zu empfehlen, ein Protokoll, welches am Computer erstellt wurde, auszudrucken und zu unterschreiben, dann einzuscannen und zu verschicken.

Damit der Inhalt der Besprechung richtig protokolliert werden kann, muss er während der Besprechung festgehalten werden. Dies geschieht in der weit überwiegenden Anzahl der Fälle schriftlich durch den Protokollführenden. Alternativ kann ein Diktiergerät benutzt und das Protokoll später geschrieben werden. Wenn die gesamte Besprechung vollständig aufgenommen werden soll, müssen die Teilnehmer vorher ausdrücklich zustimmen. Die Zustimmung muss eindeutig und offen protokolliert werden.

Geht es um besonders wichtige oder streitige Punkte, z. B. einen Nachtrag, der zwischen Auftraggeber und Auftragnehmer möglicherweise stundenlang verhandelt wurde, empfiehlt es sich aus Sicherheitsgründen, den gefundenen Vergleich laut vorzulesen und zu protokollieren, dass mit diesem Text von beiden Seiten Einverständnis besteht.

Heimliche Mitschnitte von Besprechungen, die technisch mit einem handelsüblichen Smartphone möglich sind, können strafrechtlich relevant sein und aufgrund eines Beweisverwertungsverbots in einem Zivilverfahren nicht beachtet werden. Man sollte dies unterlassen.

Die zeitnahe Erstellung und Verteilung

Besprechungsprotokolle sind kein Selbstzweck. Sie sind ein Mittel für die Bauleitung, Standpunkte und Lösungen für Themen wie Leistung, Vergütung, Nachträge, Bauzeit, geänderte und zusätzliche Leistungen, Entscheidungen des Auftraggebers, Behinderungen usw. zu dokumentieren. Damit alle Beteiligten, auch diejenigen, die an einer Besprechung nicht teilnehmen konnten, aber von dieser betroffen sind, die Ergebnisse und Informationen erhalten oder nachprüfen und diese der weiteren Abwicklung zugrunde legen können, müssen die Protokolle zeitnah erstellt und verteilt werden.

Häufig wird bereits vertraglich vereinbart, innerhalb welcher Frist Protokolle nach der Besprechung zu verteilen sind.

Wenn nichts vereinbart ist, sollten Protokolle längstens innerhalb von einer Woche erstellt werden. Hierfür gibt es rechtliche und praktische Gründe. Die Ergebnisse der Baustellenbesprechungen sollen von allen beachtet werden. Wenn diese nicht schriftlich mitgeteilt werden, werden sie häufig vergessen oder falsch interpretiert. Auch tut sich die Bauleitung bei der Kontrolle und Koordinierung der Leistungen im nächsten Zeitabschnitt leichter, wenn sie auf der Grundlage nachlesbarer Ergebnisse sicher ist, welche Leistung wann, wo und wie zu erbringen ist.

Damit Protokollen eine rechtliche relevante Bedeutung zukommen kann, müssen sie den Teilnehmern, aber auch den übrigen Betroffenen überlassen werden. Es empfiehlt sich, Protokolle vorab als PDF-Datei per E-Mail zu verschicken. So ist es auch möglich, alle Teilnehmer und mögliche interessierte Nichtteilnehmer der Besprechung gleichzeitig anzuschreiben. Damit kann auch bewiesen werden, dass die Mail mit dem angehängten Besprechungsprotokoll verschickt wurde. Dies ist zwar immer noch kein sicherer Beweis für den jeweiligen Zugang. Sollte sich ein Empfänger aber damit verteidigen, dass er das Protokoll nicht erhalten habe, wird sich die Beweislast wohl zu seinen Lasten verändern, wenn die Mail alle anderen erreicht hat.

Die rechtliche Bedeutung von Absprachen in der Baubesprechung

Festlegungen, Vertragsänderungen, Fristsetzungen, Verzichte oder Zahlungszusagen können im Rahmen einer Baubesprechung rechtsverbindlich erklärt werden. Erforderlich ist dann, dass bevollmächtigte Personen anwesend sind; daher u. a. die Protokollierung der anwesenden Besprechungsteilnehmer.

Außerdem können für Besprechungsprotokolle die Grundsätze des kaufmännischen Bestätigungsschreibens Anwendung finden. So hat das KG Berlin am 08.09.2012, 7 U 227/11 entschieden, dass die Grundsätze über das kaufmännische Bestätigungsschreiben auf (Baustellen-)Protokolle entsprechend anwendbar sind. Das Protokoll muss daher unverzüglich, spätestens nach fünf Tagen zugegangen sein. Der Empfänger muss dem Inhalt eines zugesandten Protokolls unverzüglich widersprechen, wenn er verhindern will, dass sein Schweigen sonst wie eine Genehmigung behandelt wird. Ein Baustellenprotokoll sollte daher innerhalb von zwei Arbeitstagen sorgfältig geprüft werden. Ist der Empfänger mit dem Inhalt nicht einverstanden, muss er innerhalb dieser zwei Arbeitstage einen schriftlichen Widerspruch erklären und den Inhalt aus seiner Sicht richtigstellen. Es ist zu empfehlen, eine Richtigstellung nicht nur an den Protokollschreiber zu schicken, sondern an alle Teilnehmer der Besprechung.

Für die unverzügliche Zustellung dieses Widerspruchs gelten dieselben Probleme wie auch für die ordnungsgemäße Zustellung des Protokolls. Wird später darüber gestritten, muss derjenige, der den Widerspruch erklärt hat beweisen, dass sein Widerspruch auch innerhalb der sehr knappen Frist bei der Gegenseite zugegangen ist.

Baustellendokumentation

Die Dokumentation der Abläufe auf der Baustelle ist vielfältig. Sie umfasst die zeitlich und sachlich nachvollziehbare geordnete Entwicklung der Baustellendokumentation.

Struktur in der Dokumentation

Die Baustellendokumentation erfolgt aus verschiedensten Gründen. Einer der wichtigsten ist es, dass Dritte, die die Baustelle nicht so intensiv erlebt haben wie die Bauleitung, nachvollziehen können, wie Abläufe waren und Entscheidungen erfolgten. Jede Dokumentation sollte daher so angelegt sein, dass ein Dritter in der Lage ist, mit vernünftigem Aufwand die Baustelle, insbesondere die Entwicklung der einzelnen Vertragsverhältnisse, nachvollziehen zu können. Hierzu gehört eine Ablagestruktur. Es ist zu empfehlen, Vorgänge für die einzelnen Vertragsverhältnisse oder sonstige Beteiligte (z. B. Nachbarn) getrennt anzulegen und diese in jedem Fall zeitlich zu organisieren. Auch eine Trennung nach verschiedenen Bereichen wie Vertragsunterlagen, Nachträge, Rechnungen und Aufmaße, Besprechungsprotokolle, zu überlassende Unterlagen wie Fachunternehmererklärungen, Prüfzeugnisse, Lieferscheine sollten getrennt voneinander geführt werden. Natürlich muss es auch einen eigenen Bereich für den allgemeinen Schriftverkehr geben.

Die Struktur sollte möglichst auf jeder Baustelle gleich sein. Dies erleichtert es Vertretungen oder Nachfolgern, sich einzuarbeiten. Auch ist der Zeitaufwand bei der Suche geringer, wenn man weiß, wo etwas abgelegt worden sein sollte.

Besondere Schwerpunkte

Vertragsunterlagen:

Die Bauleitung muss darauf achten, dass sie die vollständigen vertraglichen Grundlagen mit sämtlichen Unternehmen, möglichst aber auch sämtlicher Planer und Fachplaner hat. Es reicht nicht, nur den Vertrag zu haben. Sie benötigt auch sämtliche Anlagen, insbesondere Baubeschreibung und Pläne zum Zeitpunkt des Vertragsabschlusses auf der Baustelle. Wie sonst will sie prüfen, ob neue Planungen des Architekten Veränderungen gegenüber ursprünglichen Leistungsvereinbarungen aufweisen? Wie sonst will sie feststellen, ob Nachträge, die der Unternehmer anmeldet, berechtigt sind oder nicht? Umgekehrt kann die Bauleitung, der für einen Generalunternehmer tätig ist, gar nicht überprüfen, ob mit einer überlassenen Werkplanung nicht gleichzeitig auch eine Leistungsänderung verbunden ist.

Bautagebuch:

Das Führen des Bautagebuchs sollte für jede Bauleitung eine Selbstverständlichkeit sein. Die Leistung ist so wichtig, dass sie als Grundleistung der Leistungsphase 8 HOAI ausdrücklich aufgeführt ist. Es ist zu empfehlen, immer ein Bautagebuch zu führen, auch wenn dies mit dem Auftraggeber nicht ausdrücklich vereinbart wurde. Die Bauleitung muss das Rad nicht neu erfinden. Es gibt genügend Muster für ein Bautagebuch. Das Tagebuch dient nicht nur der Dokumentation des Baustellenablaufs. Es begründet i. d. R. einen Vergütungsanspruch der Bauleitung und ist ein Beweismittel, das bei Gericht immer wieder gerne herangezogen wird.

Nachträge und Behinderung:

Der Schrift- und Mailverkehr zu den Themen Nachträge und Behinderungen ist zum einen für die Beratung und Entscheidung des Auftraggebers interessant. Sehr häufig führen Ansprüche wegen Nachträgen oder Behinderungen und Verzügen auch zu gerichtlichen Auseinandersetzungen. Da Gerichtsverfahren meist erst geführt werden, wenn die Baustelle schon Monate oder Jahre beendet ist, benötigen beide Seiten die Dokumentation, um ihre Ansprüche gegenüber dem Gericht darlegen und beweisen bzw. die entsprechenden Ansprüche fundiert ablehnen zu können. Zwar steht auch die Bauleitung als Zeuge zur Verfügung. Wenn sie aber konkret danach gefragt wird, ob sie sich noch an Vorgänge eines bestimmten Tages erinnern kann, der möglicherweise schon Jahre zurückliegt, wird sie ehrlicherweise nur allgemein, aber nicht im Detail antworten können. Schriftverkehr mit dem Unternehmer oder dem Auftraggeber kann sie aber vorlegen, insbesondere auch Besprechungsprotokolle oder das Bautagebuch.

Beweissicherung

Der Schriftverkehr und dessen Dokumentation ist Teil einer allgemeinen Beweissicherung, die die Bauleitung im Interesse seines Auftraggebers erstellt. Die Beweissicherung umfasst aber mehr.

Fotografische Dokumentation

Auch aufgrund der zur Verfügung stehenden Technik sollte die Bauleitung regelmäßig die Entwicklung der Baustelle fotografisch dokumentieren. Dazu gehört insbesondere die Dokumentation der Bewehrung vor Beginn der Betonierarbeiten, die Schleifen der Fußbodenheizung vor Estricheinbau oder der chronologische Einbau der Materialien im Abdichtungsbereich. Grundsätzlich sollten alle Leistungen, die bei der Abnahme nicht mehr kontrolliert werden können oder erfahrungsgemäß schadensträchtig sind, bildlich dokumentiert werden. Die bildliche Sicherung erleichtert auch die Prüfung eines Aufmaßes.

Gemeinsame Feststellungen

Eine besondere Qualität hat eine Beweissicherung, wenn sie nicht einseitig erfolgt, sondern der Vertragspartner oder der Betroffene der anderen Seite daran teilnimmt. Bei Baustellen kommt es immer wieder vor, dass Nachbarn betroffen sind, wenn z. B. Zäune zurückgebaut werden müssen, die Baustraße an der Grundstücksgrenze entlangführt oder bei Abbrucharbeiten eine erhebliche Staubentwicklung zu erwarten ist. Hier empfiehlt es sich, mit dem betroffenen Nachbarn den Zustand der Örtlichkeiten vor Beginn der Arbeitsaufnahme gemeinsam zu dokumentieren.

Aufgrund dieser Dokumentation können dann Beschädigungen und Verschmutzungen, die durch die Baustelle verursacht wurden, ohne großen Streit auch gemeinsam festgestellt werden.

Gemeinsame Feststellungen empfehlen sich auch als Teil der Dokumentation für den Zustand von Gewerken, wenn diese fertiggestellt sind – egal ob sie abgenommen sind oder nicht –, aber das Risiko ist groß, dass Nachfolgegewerke die Vorleistung schädigen. Dies ist häufig der Fall, wenn z. B. der Bodenleger fertig ist, dann aber noch Gewerke in den Räumlichkeiten tätig werden, die zu Verschmutzungen führen, oder aufgrund von Maschineneinsatz oder Transporten über den frisch verlegten Boden hinweg diesen schädigen können. Ist die Vorleistung abgenommen, muss der Zustand festgehalten werden, damit der Auftraggeber Schäden, die durch die Inanspruchnahme entstehen, einfach nachweisen kann. Wenn die Abnahme im Interesse des Auftraggebers verschoben wurde, sollte der Zustand der Vorleistungen trotzdem gemeinsam festgestellt werden. Für spätere Beschädigungen muss das Unternehmen, welches die fertiggestellte, aber noch nicht abgenommen Vorleistung geschädigt hat, dann Schadensersatz leisten.

Bauzeitenplan und Terminfortschreibung

Fast alle Bauvorhaben stehen unter starkem Termindruck, der sich gegen Ende teilweise dramatisch verschärft. Hierunter leidet nicht nur die Qualität, auch die Kosten, die ebenfalls einzuhalten sind, steigen durch kurzfristige Entscheidungen, deren Folgen im Moment nicht absehbar waren.

Darüber steigen die Komplexität der Abläufe und die Zahl der Schnittstellen stetig an, sodass es wichtig ist, bereits in einem möglichst frühen (Planungs-)Stadium eine Terminplanung aufzustellen, die flexibel an alle Ereignisse im Bauablauf angepasst werden kann.

Aufstellen des Bauzeitenplans

Auch wenn bei vielen Projekten zu Beginn die personelle Besetzung noch stark eingeschränkt ist, wird hier der Grundstein für die weitere termin-, kosten- und qualitätsgerechte Erstellung des Gesamtprojekts gelegt.

Die erste grobe Gliederung beinhaltet die Gesamtphasen Projektvorbereitung, Projektdurchführung und Projektabschluss, die in die Einzelphasen weiter gegliedert werden.

Projektstrukturplan

Grundlage des Projektstrukturplans (PSP) sind die Projektziele, die in Teilziele gegliedert werden. Hieraus ergeben sich die Arbeitspakete (Tätigkeitsgruppen), die zur Erreichung der Teilziele führen. Diese Arbeitspakte wiederum werden in Einzelschritte zerlegt, d. h. einzelne Tätigkeiten und ggf. Informationserfordernisse, die zum Teilziel dieses Pakets führen und als Vorgangsliste dargestellt werden. Damit ist der Projektstrukturplan als hierarchische Gliederung die Basis für die weitere Planung der Termine, Kosten und Kapazitäten, enthält also hierzu noch keine Angaben.

Nach der Ausrichtung werden verschiedene Arten von PSP unterschieden. Der objektorientierte PSP zielt auf Gegenstände, z. B. Bauteile, diese wiederum gegliedert in die einzelnen Gewerke ab, während der funktionsorientierte PSP sich nach den einzelnen Tätigkeiten innerhalb des Prozesses orientiert. In der Praxis sind dies beispielsweise die Planungstätigkeiten nach ihren Phasen, untergliedert in die Planerstellung für die konkreten Abläufe auf der Baustelle. Diese Orientierung beinhaltet Überschneidungen zum phasenorientierten PSP, der die Tätigkeiten in ihrer Reihenfolge abbildet. Gerade in der Gebäudeerstellung ist eine eindeutige Zuordnung bzw. Orientierung aufgrund der Komplexität der Zusammenhänge kaum möglich. Daher sind hier die meisten PSP kombiniert orientiert, also in den einzelnen Ebenen jeweils einer Orientierung zugeordnet.

Arten von Bauzeitenplänen

Im Balkenterminplan werden Beginn und Ende und die Dauer von einzelnen Phasen/Leistungen kalendarisch, z. B. nach Kalenderwochen, dargestellt, dies war lange Zeit der klassische Bauzeiten- oder Bauablaufplan. Er bietet allerdings eine eher grobe Übersicht über den zeitlichen Projektverlauf und kann für komplexe Vorhaben daher nicht verwendet werden.

Wie der Balkenplan stellt das GANTT-Diagramm die Phasen kalendarisch dar, zeigt darüber hinaus Abhängigkeiten und Meilensteine analog zur Netzplantechnik. Häufig wird es bereits gekoppelt mit dem Kapazitäten-(= Ressourcen)plan, sodass Auslastung bzw. eventuelle Überlastungen von Mitarbeitern, Material und Maschinen deutlich werden.

Netzpläne werden aus den Projektstrukturplänen entwickelt und schreiben zusätzlich die Abhängigkeiten der einzelnen Vorgänge (Arbeitsschritte) voneinander fest. Bei größeren Vorhaben können Teil-Netzpläne erstellt werden, die mit ihren Haupt-Vorgängen zum Gesamt-Netzplan zusammengefügt werden, was die Übersichtlichkeit des gesamten Projekts erleichtert. Hierzu steht Software zur allgemeinen Planung wie auch zur spezifischen für die Bauabläufe zur Verfügung.

Über die reine Terminplanung hinaus stellt der Netzplan sämtliche Abhängigkeiten der einzelnen Vorgänge inklusive der Kosten und benötigten Ressourcen dar. Durch stetige Fortschreibung ermöglicht er jederzeit einen exakten Überblick über den Projektstand.

Generell wird jeder Vorgang = Aktivität mit seinem Beginn und Ende und der daraus resultierenden Dauer dargestellt. Gleichzeitig hat fast jeder Vorgang einen oder mehrere Vorgänger, d. h. er kann erst nach diesem/diesen beginnen. Diese Beziehung der Vorgänge untereinander wird als Anordnungsbeziehung bezeichnet. Ereignisse ohne Dauer heißen Meilensteine, die einen definierten, zu erreichenden Zustand darstellen.

Die Vorgänge werden aus dem Projektstrukturplan entnommen. Da sich einzelne Vorgänge verzögern können, werden für Beginn und Ende zusätzlich jeweils früheste und späteste Zeitpunkte festgelegt, ggf. ergänzt durch Minimal- und Maximalabstände zwischen den einzelnen Vorgängen, z. B. bei erforderlichen Trocknungszeiten.

Beginnt ein Vorgang exakt nach Beendigung seines Vorgängers wird diese Anordnungsbeziehung als Normalfolge NF oder E(nde)/A(nfang)-Folge bezeichnet. Die Abfolge der einzelnen Vorgänge findet i. d. R. nicht unbedingt nacheinander statt, sondern mit bestimmten Überschneidungen. Sollen beispielsweise zwei Vorgänge gleichzeitig beginnen, entsteht die Anfangsfolge AF = A/A-Beziehung und analog bei gleichzeitigem Ende von zwei Vorgängen die Endfolge EF = E/E-Beziehung. Eine Umkehrung der Normalfolge ist die Sprungfolge SF, d. h. der Nachfolger ist beendet, wenn der Vorgang beginnt.

Anordnungsbeziehungen im Netzplan

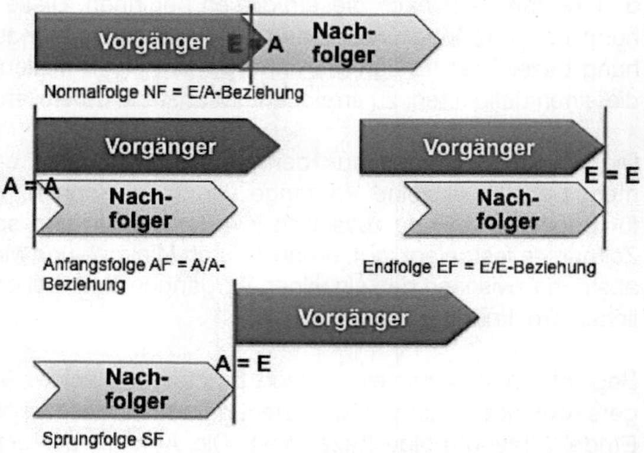

***Bild 1:** Anordnungsbeziehungen der Vorgänge in Netzplänen (Quelle: Ingrid Kaiser)*

Aus der Dauer der einzelnen Vorgänge, den ggf. verbindlichen Abständen (Warte-, Trocknungszeiten) und den Anordnungsbeziehungen ergibt sich in Summe die Gesamtdauer des Projekts. Zur Berechnung dieser Gesamtdauer steht in Form der Vorwärtsrechnung die Möglichkeit der Berechnung des Endzeitpunkts von einem vorgegebenen Startzeitpunkt zur Verfügung. Umgekehrt wird bei einem einzuhaltenden Endzeitpunkt des Projekts, wie im Bauwesen häufig gegeben, die Rückwärtsrechnung angewandt, woraus sich der notwendige Startzeitpunkt für den ersten Vorgang ergibt.

Als kritischen Weg oder Pfad (engl.: Critical Path) innerhalb eines Netzplans werden alle die Vorgänge und Anordnungsbeziehungen bezeichnet, bei denen sowohl frühester und spätester Anfangs- wie Endzeitpunkt identisch sind. Hierbei wirkt sich eine Verzögerung innerhalb eines einzigen Vorgangs auf den Endzeitpunkt des gesamten Projekts aus.

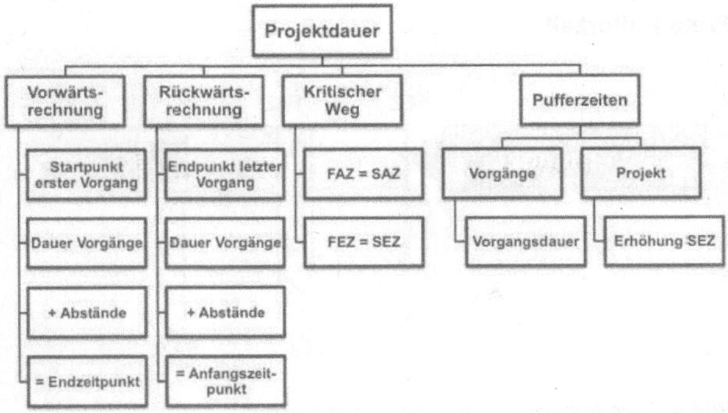

***Bild 2:** FAZ = frühester Anfangszeitpunkt, SAZ = spätester Anfangszeitpunkt, FEZ = frühester Endzeitpunkt, SEZ = spätester Endzeitpunkt; Elemente zur Ermittlung der Projektdauer (Quelle: Ingrid Kaiser)*

Um die Verschiebung des Fertigstellungstermins aller Leistungen zu vermeiden, empfiehlt es sich, für jedes Projekt Pufferzeiten einzubauen. Dies erfolgt entweder innerhalb der Vorgänge oder der Anordnungsbeziehungen. Durch das Festsetzen frühester und spätester Anfangs- bzw. Endzeitpunkte entsteht über das ganze Projekt die Gesamtpufferzeit GP aller dieser unkritischen Vorgänge. Die freie Pufferzeit FP ergibt sich aus den Abständen der Vorgänge zueinander, der Differenz zwischen dem frühesten Endzeitpunkt des Vorgängers und dem frühesten Anfangszeitpunkt des Nachfolgers. Ebenfalls aus den Abständen entsteht die unabhängige Pufferzeit UP als Differenz aus dem frühesten Endzeitpunkt des Vorgängers und dem spätesten Anfangszeitpunkt des Nachfolgers.

Gesamtpufferzeit

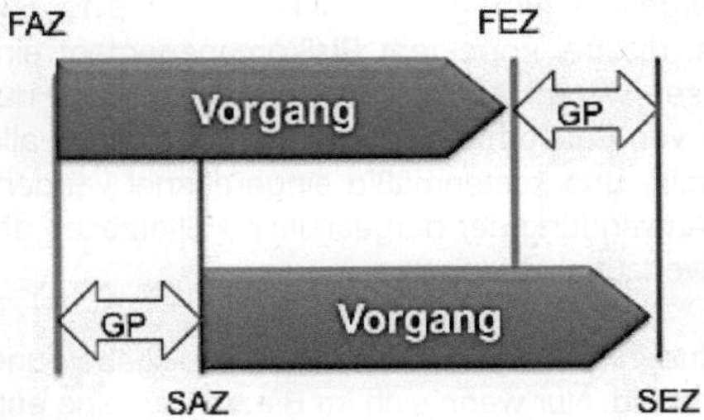

***Bild 3:** Gesamtpufferzeit GP (Quelle: Ingrid Kaiser)*

Freie Pufferzeit

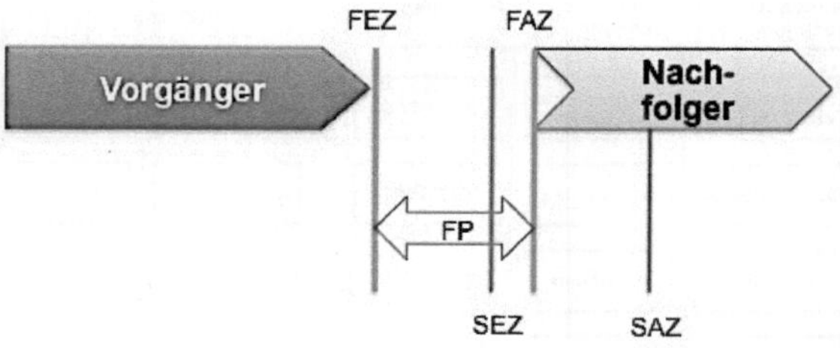

***Bild 4:** Freie Pufferzeit FP (Quelle: Ingrid Kaiser)*

Unabhängige Pufferzeit

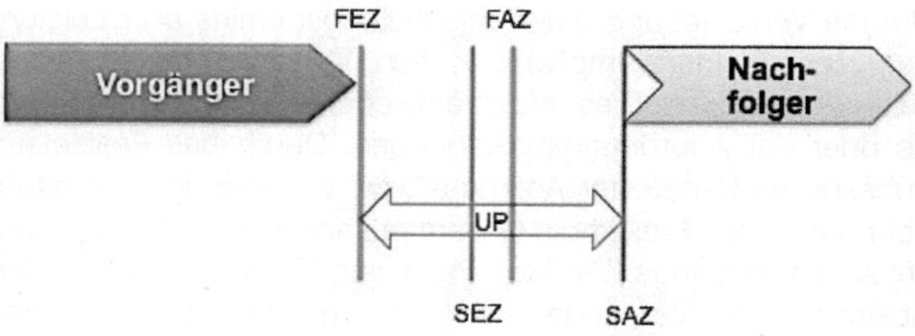

***Bild 5:** Unabhängige Pufferzeit UP (Quelle: Ingrid Kaiser)*

Terminplanung im Bauverlauf

Auch bei detaillierter Planung des Ablaufs treten immer wieder Hindernisse auf, die zu Bauablaufstörungen führen. Häufig wird von „Unvorhergesehenem" gesprochen – i. d. R. sind dies jedoch Ereignisse, die bei korrektem Risikomanagement einkalkulierbar gewesen wären. Auf der anderen Seite käme nur ein geringer Anteil von Bauvorhaben zur Ausführung, wenn alle Eventualitäten termin- und kostenmäßig eingerechnet würden. Daher sind unter Anwendung der dargestellten Pufferzeiten die Störungen im Bauverlauf abzufangen.

Bauzeitenpläne sind nicht automatisch für Auftraggeber und Auftragnehmer bindend. Nur wenn sich im Bauvertrag eine entsprechende Formulierung findet, dass die dargestellten Fristen verbindliche Vertragsfristen mit den entsprechenden Konsequenzen für beide Vertragsparteien sind (§ 5 Abs. 1 VOB/B). Weiterhin ist entscheidend, ob die Fertigstellung kalendarisch, also zu einem bestimmten Datum, festgelegt ist. Der Auftragnehmer gerät mit Ablauf dieser Frist automatisch in Verzug, bei fehlender Festlegung des Datums muss der Auftraggeber zunächst mahnen.

Ist absehbar, dass Fertigstellungstermine nicht eingehalten werden können, steht dem Auftraggeber das Mittel der Abhilfeanordnung zur Verfügung. Er kann hierdurch den Auftragnehmer verpflichten, seine Leistungen so weit zu verstärken, z. B. durch zusätzliches Personal, zusätzliche oder leistungsfähigere Maschinen, dass der geplante Termin doch noch eingehalten werden kann. Weiterhin kann der Auftraggeber den Auftragnehmer in Verzug setzen, i. d. R. mit Ankündigung der Vertragsstrafe, Kündigung und/oder Schadensersatz.

Ist der Auftraggeber für Verzögerungen verantwortlich – sei es, dass er erforderliche Unterlagen nicht zur Verfügung stellt oder den Ablauf beeinflussende Entscheidungen (Lieferzeiten) nicht fällt, sei es, dass Vorleistungen nicht ordnungsgemäß ausgeführt wurden, hat der Auftraggeber gem. § 6 Abs. 4 VOB/B die Möglichkeit, Behinderung anzumelden, um die Verlängerung seiner Ausführungsfristen zu erwirken. Hierbei ist es unerheblich, ob die behindernden Umstände tatsächlich eintreten, allein die Gefahr ist rechtfertigend, und der Auftragnehmer gerät nicht in Verzug. Den Verantwortlichen bietet sie jedoch die Möglichkeit, auch bei Verdachtsmomenten rechtzeitig steuernd einzugreifen.

Umgang mit Bauablaufstörungen und Baubehinderungen

Kaum ein größeres Bauvorhaben lässt sich ohne Bauablaufstörungen und Behinderungen umsetzen. Die Bauleitung hat hierauf rechtzeitig und sachgerecht zu reagieren, um den wirtschaftlichen Erfolg der Baumaßnahme für das eigene Unternehmen sicherzustellen. Es sind gewissermaßen „Pflöcke einzuschlagen“, damit später Ansprüche geltend gemacht und bei Bedarf auch erfolgreich durchgesetzt werden können.

Dazu muss die Systematik der Bauablaufstörungen und Baubehinderungen bekannt sein. Die Bauleitung muss wissen, was sie zu dokumentieren, zu belegen und gegenüber Nachunternehmern zu prüfen hat. Hierbei sind die Abläufe letztlich immer gleich – unabhängig davon, ob man Auftragnehmer oder Auftraggeber ist. Viele Unternehmen sind in mehr oder weniger lange Vertragsketten eingebunden und damit ohnehin in beiden Positionen. Sie müssen dann auch in beide Richtungen argumentieren können.

Wann liegt eine Bauablaufstörung oder Baubehinderung im rechtlichen Sinne vor?

Bevor „juristisch“ gedacht wird, sollte zunächst „unjuristisch“ geprüft werden, ob überhaupt eine Bauablaufstörung oder Baubehinderung im rechtlichen Sinne vorliegt und ob der Vertragspartner die Folgen zu tragen hat.

Wie und was soll nach dem Vertrag ursprünglich geleistet werden? („Bau-Soll“)

In einem ersten Schritt wird das vertragliche „Bau-Soll“ geprüft. Hierzu ist der Vertrag mit allen Vertragsbestandteilen daraufhin zu untersuchen, welche Leistung ursprünglich erbracht werden sollte. Welche Gutachten, Pläne (Plandatum!), Baubeschreibungen und Qualitätsstandards sind zugrunde gelegt worden? Gibt es noch weitere zu berücksichtigende Absprachen oder Verträge? Welche Erschwernisse mussten z. B. nach den Ausschreibungsunterlagen vom Auftragnehmer einkalkuliert werden? Bei der Auslegung hilft auch ein Blick in die Vergabe- und Vertragsordnung für Bauleistungen Teil C (VOB/C). Für jedes Gewerk ist dort in gleichartig aufgebauten DIN-Normen geregelt, wie eine Leistung auszuschreiben ist und auf welche

Besonderheiten bei der Ausschreibung hinzuweisen und was damit vom Auftragnehmer einzukalkulieren ist und was nicht (Abschnitt 0), wie eine Leistung auszuführen ist (Abschnitte 2 und 3) und welche Leistungen als „Nebenleistungen" ohne zusätzliche Vergütung mit zu erbringen und welche Leistungen als „Besondere Leistungen" vergütungspflichtig sind (Abschnitt 4). Nicht angegebene Erschwernisse sind nicht einzukalkulieren. Treten sie später gleichwohl auf, kann das zu Behinderungen, Bauablaufstörungen und Nachträgen führen. Der Auftragnehmer hat auch über den Vertragstext hinaus u. a. allgemein anerkannte Regeln der Technik, DIN-Normen, Herstellerrichtlinien und öffentlich-rechtliche Vorschriften einzuhalten, selbst wenn das im Vertrag nicht ausdrücklich erwähnt wird. Das ist in den Vertragspreis einzukalkulieren.

Zu dem Bau-Soll gehört auch die vertraglich vorgesehene Leistungszeit. In welchem Zeitraum hätte die Leistung erbracht werden sollen? Ist z. B. bei Vertragsschluss klar, dass im Winter gebaut werden soll, oder hat sich die Bauzeit nach dem Vertragsschluss verschoben oder verlängert?

Hinzu gehört auch die baubetriebliche und technologische Seite. Der Auftragnehmer hat grundsätzlich eine Dispositionsfreiheit: Er darf in diesem Rahmen entscheiden, wie und wann er die Bauleistung erbringen will. Begrenzt wird diese Dispositionsfreiheit durch den Vertrag. Wird die Dispositionsfreiheit aber nachträglich durch den Auftraggeber weiter eingeschränkt, weil die Ausführung nunmehr in kleinteiligen Bauabschnitten, in einer bestimmten Reihenfolge, mit einer bestimmten Technologie oder zu bestimmten Zeiten ausgeführt werden soll, ist das vom ursprünglichen Bau-Soll nicht mehr gedeckt.

Weicht die tatsächliche Bauausführung vom Bau-Soll ab?

In einem zweiten Schritt ist zu prüfen, ob die tatsächliche Bauausführung vom Bau-Soll abweicht und worin diese Abweichung ganz konkret liegt. Die Abweichung kann viele Gründe haben, z. B. technischer Natur sein, die Bauzeit betreffen, das Material, die Kosten für Material, Löhne oder Nachunternehmer oder zusätzliche Kosten oder Leistungen, die nicht einkalkuliert waren. Die konkrete Abweichung muss im Detail dargestellt und belegt werden.

Welche Voraussetzungen müssen vorliegen, damit Ansprüche bei Bauablaufstörungen und Baubehinderungen gestellt werden können?

In einem letzten Schritt muss dargestellt werden, warum

- der Vertragspartner für die Änderung verantwortlich ist oder
- sie in seinem Risikobereich liegt und
- er für die Folgen einzustehen hat.

Das kann zunächst „unjuristisch" geschehen. Kann man das sachgerecht begründen, findet sich auch eine juristische Anspruchsgrundlage. Weicht die tatsächliche Bauausführung von dem Bau-Soll ab und ist geklärt, warum der Vertragspartner für die Folgen aufkommen muss, geht es danach darum, den Anspruch geltend zu machen.

Anspruchsgrundlagen für den Umgang mit Bauablaufstörungen und Baubehinderungen findet man im Vertrag, im Bürgerlichen Gesetzbuch (BGB) und in der Vergabe- und Vertragsordnung für Bauleistungen Teil B (VOB/B). Soweit im Vertrag wirksam vereinbarte Regelungen getroffen worden sind, gehen diese vor.

Regelungen im BGB-Werkvertragsrecht

Im BGB sind die Anspruchsgrundlagen auch nach Einführung des Bauvertragsrechts zum 01.01.2018 sehr dürftig. Das neue Bauvertragsrecht enthält auf den ersten Blick keine neuen Regelungen zu Behinderungen und Bauablaufstörungen.

Aus den unveränderten §§ 642, 304 BGB ergeben sich auf den zweiten Blick nur verschuldensunabhängige Entschädigungs- und Aufwendungsersatzansprüche.

Gesetz

§ 642 BGB: Mitwirkung des Bestellers

(1) Ist bei der Herstellung des Werkes eine Handlung des Bestellers erforderlich, so kann der Unternehmer, wenn der Besteller durch das Unterlassen der Handlung in Verzug der Annahme kommt, eine angemessene Entschädigung verlangen.

(2) Die Höhe der Entschädigung bestimmt sich einerseits nach der Dauer des Verzugs und der Höhe der vereinbarten Vergütung, andererseits nach demjenigen, was der Unternehmer infolge des Verzugs an Aufwendungen erspart oder durch anderweitige Verwendung seiner Arbeitskraft erwerben kann.

Gesetz

§ 304 BGB: Ersatz von Mehraufwendungen

Der Schuldner kann im Falle des Verzugs des Gläubigers Ersatz der Mehraufwendungen verlangen, die er für das erfolglose Angebot sowie für die Aufbewahrung und Erhaltung des geschuldeten Gegenstands machen musste.

§ 642 BGB regelt den Umgang mit Stillstandskosten des Auftragnehmers, also wartendes Personal oder nutzlos vorgehaltene Produktionsmittel wie Maschinen, Gerüste usw. Die Rechtsprechung verlangt bei § 642 BGB über den Wortlaut hinaus eine Behinderungsanzeige oder die Offensichtlichkeit der Behinderung. Nicht erstattet werden nach dieser Regelung später entstehende Mehrkosten – z. B., weil Material- oder Energiepreise zu einem späteren Zeitpunkt gestiegen sind. Zudem muss der Auftraggeber im Annahmeverzug sein, also sich im weiteren Sinne vertragswidrig verhalten haben: Ist die Behinderung z. B. durch Schlechtwetter entstanden, hat das der Auftraggeber nicht zu vertreten: Er muss nicht für gutes Wetter auf der Baustelle sorgen. Dann hat der Auftragnehmer auch keinen Anspruch aus § 642 BGB.

§ 304 BGB regelt den Aufwand des Auftragnehmers für das Angebot, Aufbewahrungs- und Erhaltungskosten wie Schutz vor Witterung etc.

Die klassischen Probleme der Verlängerung von Vertragsfristen, Vergütungsänderungen bei typischen Baustörungs- und Behinderungssituationen sind also nicht bzw. nur unbefriedigend geregelt. Eine Lösung liegt darin, dem Auftraggeber gegenüber die Behinderung schriftlich anzuzeigen, auch wenn das im BGB nicht ausdrücklich vorgesehen oder geregelt ist.

Reagiert der Auftraggeber auf Behinderungsanzeigen z. B. mit der Anordnung, zunächst die Arbeiten einzustellen und auf die Fertigstellung der Vorunternehmerleistungen zu warten, liegt hierin eine Änderungsanordnung i. S. d. § 650b BGB vor. Nach dieser Regelung des Bauvertragsrechts 2018 darf der Auftraggeber nun auch nach Vertragsschluss einseitig mit Anordnungen in das Leistungsziel eingreifen. Das entspricht in etwa den bisherigen Regelungen in § 1 Abs. 3 und 4 VOB/B. Solche Anordnungen haben Vergütungsfolgen, die in § 650c BGB geregelt sind. Damit lässt sich die Vergütung in Behinderungssituationen anpassen: Der Auftraggeber hat dann alle Mehrkosten zu erstatten, die durch die Anordnung entstehen.

Musteranschreiben: Behinderungsanzeige des Auftragnehmers gegenüber dem Auftraggeber

Guten Tag ... *(Auftraggeber)*

Beim Bauvorhaben ...

sind wir durch folgende Umstände/Anordnungen: ...

in folgenden Bereichen: ...

in der Ausführung unserer vertragsgemäßen Leistung behindert. Wir weisen darauf hin, dass die Behinderung eine Fristverlängerung bewirkt, welche auch die Ausführung nachfolgender Leistungen beeinflussen kann.

Die terminlichen Folgen der Behinderung sind: ...

(Soweit schon absehbar) Die Vergütungsfolgen der Behinderung sind: ...

(Sofern möglich) Wir schlagen vor, eine entsprechende Änderungsvereinbarung zu schließen, und bitten hierzu um Ihre Zustimmung auf der beigefügten Zweitschrift.

Mit freundlichen Grüßen *(Auftragnehmer)*

Helfen Schadensersatzansprüche?

Schadensersatzansprüche können helfen, setzen aber ein meist nicht vorliegendes Verschulden des Auftraggebers voraus. Hierbei wird dem Auftraggeber ein Verschulden seiner Planer zugerechnet; nicht jedoch das Verschulden von Vorunternehmern. Stillstandskosten durch ein fehlerhaftes Bodengutachten werden z. B. daher nach § 280 BGB zu ersetzen sein (*BGH Beschl. v. 12.05.2005, Az. VII ZR 181/04*). Stillstandskosten aufgrund fehlender oder mangelhafter Vorunternehmerleistungen hingegen sind im BGB-Vertrag regelmäßig nur über §§ 642 oder 650c BGB durchsetzbar; nur schwer über Schadensersatzansprüche. Schadensersatzansprüche helfen daher in der Praxis meist nur dem Auftraggeber, der gegen einen zögerlich arbeitenden Auftragnehmer vorgehen muss.

Voraussetzung für einen Schadensersatzanspruch nach § 280 BGB ist, dass der Auftraggeber über den behindernden Umstand unverzüglich informiert wird. So sollte ihm die Behinderung unverzüglich schriftlich angezeigt werden, es sei denn, der behindernde Umstand und die behindernde Wirkung sind für ihn offenkundig. So hat er die Möglichkeit der Abhilfe. Der Auftraggeber muss außerdem mit der Annahme der Leistung des Auftragnehmers in Verzug gekommen sein.

Ein Schadensersatzanspruch setzt voraus, dass der Auftragnehmer folgende Umstände beweisen kann:

- Über welchen Zeitraum hat eine Behinderung vorgelegen?
- Hat diese Behinderung eine Verzögerung der Arbeiten des Auftragnehmers bewirkt? Hierzu müssen nicht nur Behinderungsursachen, sondern auch Behinderungswirkungen erfasst und dokumentiert werden. Dies gilt auch für innerbetriebliche Wirkungen.
- Ist die Behinderung vom Auftragnehmer unverzüglich schriftlich angezeigt worden oder war sie dem Auftraggeber offenkundig bekannt?
- Sind die hindernden Umstände vom Auftraggeber zu vertreten?
- Der Auftraggeber hat eine verzögerte Planübergabe oder Planänderung zu vertreten; nicht ohne Weiteres bei Verzögerungen des Vorgewerks, es sei denn, den Auftraggeber trifft ein Koordinierungsverschulden. Mengenmehrungen, die Anordnung geänderter oder zusätzlicher Leistungen sind zulässig; ein Ausgleich erfolgt in diesen Fällen über §§ 650b und 650c BGB. Dort ist für vom 01.01.2018 an geschlossene Verträge geregelt, dass der Auftraggeber nachträglich das Leistungsziel ändern darf und wie dann die Vergütung anzupassen ist. Aus Sicht des Auftragnehmers ist eine vertragliche Regelung sinnvoll, mit der sich der Bauherr die Termingerechtigkeit des Voruntemehmers zurechnen lassen

muss. Aus Sicht des Auftraggebers kann es sinnvoll sein zu vereinbaren, dass der Auftragnehmer eine bestimmte Anzahl von Behinderungstagen einzukalkulieren hat.

- Hat die Behinderung einen Schaden beim Auftragnehmer verursacht?
  Denkbar sind Stillstandskosten, beispielsweise:
  - Baustellensicherung
  - Ab- und Antransport von Material und Gerät
  - Kosten für nicht anderweitig einsetzbares Personal

  Bauzeitbedingte Mehrkosten, beispielsweise
  - Vorhaltekosten für Geräte
  - Gerüste
  - Preiserhöhungen für Material
  - Subunternehmerleistungen
  - zusätzliche allgemeine Kosten
  - Beschleunigungskosten
  - Bei fehlenden Vorunternehmerleistungen ist es wichtig, den Auftraggeber in Annahmeverzug zu setzen. Hierzu genügt neben einer Behinderungsanzeige gem. § 295 BGB ein wörtliches Angebot der Leistung. Für ein solches Angebot reicht es aus, dass der Auftragnehmer seine Mitarbeiter auf der Baustelle zur Verfügung hält und zu erkennen gibt, dass er bereit und in der Lage ist, seine Leistung zu erbringen.

Kündigungsrecht des Auftragnehmers

§ 643 BGB gibt dem Auftragnehmer ein Kündigungsrecht, wenn die Voraussetzungen des § 642 BGB vorliegen. Danach kann der Auftragnehmer den Vertrag kündigen, wenn der Auftraggeber eine Mitwirkungshandlung unterlässt und der Auftragnehmer deshalb seine Leistung nicht erbringen kann. Das kann helfen, wenn der Auftraggeber erforderliche Ausführungspläne nicht liefert, die Baustelle nicht zugänglich macht, Vorunternehmerleistungen nicht fertigstellt oder Mängel daran nicht beseitigen lässt. Auch bei fehlenden Bemusterungen oder anderen Mitwirkungspflichten hilft diese Regelung weiter.

Gesetz

§ 643 BGB: Kündigung bei unterlassener Mitwirkung

Der Unternehmer ist im Falle des § 642 berechtigt, dem Besteller zur Nachholung der Handlung eine angemessene Frist mit der Erklärung zu bestimmen, dass er den Vertrag kündige, wenn die Handlung nicht bis zum Ablauf der Frist vorgenommen werde. Der Vertrag gilt als aufgehoben, wenn nicht die Nachholung bis zum Ablauf der Frist erfolgt.

Erforderlich ist damit das Setzen einer angemessenen Frist. Das kann wie folgt geschehen:

Musterschreiben: Kündigungsandrohung des Auftragnehmers gegenüber dem Auftraggeber

Guten Tag ... *(Auftraggeber)*

Bitte stellen Sie die Ausführungspläne *(fehlende Pläne genau bezeichnen)* nunmehr bis zum *(konkretes Datum)* zur Verfügung. Sollten Sie die gesetzte Frist fruchtlos verstreichen lassen, werden wir den Vertrag kündigen.

Mit freundlichen Grüßen *(Auftragnehmer)*

Nach Fristablauf gilt der BGB-Vertrag ohne Weiteres als aufgehoben. Entsprechende Regelungen im VOB/B-Vertrag sehen hingegen vor, dass nach fruchtlosem Fristablauf noch eine schriftliche Kündigung zu erklären ist. Dies sollte beachtet werden, wenn ein VOB/B-Vertrag geschlossen wurde.

Regelungen in der VOB/B

Die VOB/B enthält deutlich praxisgerechtere Regelungen für den Umgang mit Baubehinderungen und Bauablaufstörungen.

Bauablaufstörungen durch zögerlich arbeitende Auftragnehmer regeln § 5 und § 6 Abs. 6 VOB/B

Ausführungsfristen bezeichnen den Zeitraum zwischen Beginn und Fertigstellung der Leistung. Vertragsfristen sind Fristen, die im Vertrag ausdrücklich als verbindlich fixiert sind (§ 5 Abs. 1 VOB/B). § 5 VOB/B regelt den Umgang mit solchen ausdrücklich vereinbarten Vertragsfristen.

Gesetz

§ 5 VOB/B: Ausführungsfristen

(1) Die Ausführung ist nach den verbindlichen Fristen (Vertragsfristen) zu beginnen, angemessen zu fördern und zu vollenden. In einem Bauzeitenplan enthaltene Einzelfristen gelten nur dann als Vertragsfristen, wenn dies im Vertrag ausdrücklich vereinbart ist.

(2) Ist für den Beginn der Ausführung keine Frist vereinbart, so hat der Auftraggeber dem Auftragnehmer auf Verlangen Auskunft über den voraussichtlichen Beginn zu erteilen. Der Auftragnehmer hat innerhalb von 12 Werktagen nach Aufforderung zu beginnen. Der Beginn der Ausführung ist dem Auftraggeber anzuzeigen.

(3) Wenn Arbeitskräfte, Geräte, Gerüste, Stoffe oder Bauteile so unzureichend sind, dass die Ausführungsfristen offenbar nicht eingehalten werden können, muss der Auftragnehmer auf Verlangen unverzüglich Abhilfe schaffen.

(4) Verzögert der Auftragnehmer den Beginn der Ausführung, gerät er mit der Vollendung in Verzug, oder kommt er der in Absatz 3 erwähnten Verpflichtung nicht nach, so kann der Auftraggeber bei Aufrechterhaltung des Vertrages Schadensersatz nach § 6 Absatz 6 verlangen oder dem Auftragnehmer eine angemessene Frist zur Vertragserfüllung setzen und erklären, dass er ihm nach fruchtlosem Ablauf der Frist den Vertrag kündigen werde (§ 8 Absatz 3).

Verbindliche Fristen sind also nur solche, die im Vertrag ausdrücklich so vereinbart werden.

Im Bauzeitenplan enthaltene Fristen sind nur dann verbindlich, wenn dies im Vertrag ausdrücklich vereinbart ist. Im Übrigen dient der Bauzeitenplan der Koordinierung des Auftraggebers. Gleichwohl sind die Bauzeitenpläne nicht ohne Bedeutung: Soweit der Bauzeitenplan Vertragsbestandteil ist, kann der Auftraggeber den Auftragnehmer auffordern, die darin vorgesehenen Fristen einzuhalten. Er muss das aber mit gesondertem

Schreiben tun; einen „automatischen" Verzug erzeugen nur im Vertrag ausdrücklich als solche vereinbarte Vertragsfristen.

Die Ausführung hat gem. § 5 Abs. 1 VOB/B nach den Vertragsfristen zu erfolgen: Die Ausführung ist danach zu beginnen, zu fördern und zu beenden.

Ist für den Baubeginn keine Frist vereinbart, gilt § 5 Abs. 2 VOB/B. Der Auftragnehmer hat einen Auskunftsanspruch über den Baubeginn und hat die Leistung innerhalb einer Zwölf- Werktagefrist nach Aufforderung durch den Auftraggeber zu beginnen.

§ 5 Abs. 3 und 4 VOB/B enthalten Ansprüche des Auftraggebers auf Einhaltung der Fristen:

- Anspruch auf Beginn der Ausführung: § 5 Abs. 2 und 4 VOB/B
- Anspruch auf Beschleunigung: § 5 Abs. 3 VOB/B
- Anspruch auf Fertigstellung: § 5 Abs. 4 VOB/B

Mit diesem Instrumentarium kann der Auftraggeber auch nicht als Vertragsfristen anzusehende Fristen durchsetzen. Sie geben einen Überblick über den Bauablauf, anhand dessen der Auftraggeber erkennen kann, ob die Vertragsfristen voraussichtlich eingehalten werden. Er kann dann frühzeitig mit § 5 Abs. 3 VOB/B einen Anspruch auf Beschleunigung durchsetzen, um die Vertragsfristen zu schützen. Der Auftragnehmer hat alles zu tun, um den zeitlich vor-gesehenen Ablauf der Arbeiten einzuhalten *(BGH, Urt. v. 08.03.2001, Az. VII ZR 427/98, BauR 2001, 946).*

Die Rechtsprechung nimmt an, dass die Ausführungsfrist dann nicht eingehalten werden kann, wenn der Auftragnehmer mit seinen bisherigen Mitteln bis zum Ablauf der Vertragsfrist wahrscheinlich nicht fertig wird. Hierbei wird der bisherige Stand der Leistung mit dem noch zu erledigenden Teil der Leistung sowie der bisher benötigten und der noch zur Verfügung stehenden Zeit ins Verhältnis gesetzt *(BGH, Urt. v. 04.05.2000, Az. VII ZR 53/99, BauR 2000, 1182)*.

Auch bei fehlender Vertragsfrist besteht eine Abhilfepflicht des Auftragnehmers nach § 5 Abs. 3 VOB/B. Die Rechtsprechung wendet diese Regelung über ihren Wortlaut hinaus auch dann an, wenn keine Vertragsfristen vereinbart worden sind, aber der Auftragnehmer einer Beschleunigungsaufforderung nicht nachkommt. Das OLG Hamm entschied, dass dann, wenn keine Fristen vereinbart worden sind, diese Regelung entsprechende Anwendung finde. Die Regelung entspreche dem aus den §§ 271, 242 BGB folgenden allgemeinen Rechtsgedanken, dass eine Leistung nach Beginn mit dem jeweils gebotenen Einsatz unverzüglich durchzuführen und zu beenden sei. Daher sei es unerheblich, ob eine Vertragsfrist vereinbart worden sei oder nicht *(OLG Hamm, Urt. v. 11.11.2009 – Az. 12 U 49/09- BauR 2011, 1169).*

Zögerlich arbeitende Auftragnehmer können also unter Fristsetzung zum Beginn, zur Förderung oder Fertigstellung aufgefordert werden. Die Fristsetzung kann mit einer Kündigungsandrohung versehen werden. Dann kann nach Fristablauf gekündigt werden. Der Auftraggeber kann auch Schadensersatz verlangen; hierzu wird auf § 6 Abs. 6 VOB/B verwiesen:

Gesetz

§ 6 Abs. 6 VOB/B

(6) Sind die hindernden Umstände von einem Vertragsteil zu vertreten, so hat der andere Teil Anspruch auf Ersatz des nachweislich entstandenen Schadens, des entgangenen Gewinns aber nur bei Vorsatz oder grober Fahrlässigkeit.

Wie gehe ich mit Baubehinderungen durch den Auftraggeber, Dritte oder sonstige Umstände um?

Der Auftragnehmer ist grundsätzlich verpflichtet, jede Behinderung unverzüglich schriftlich anzuzeigen, damit der Auftraggeber Abhilfe schaffen kann. Unverzüglich bedeutet sofort, nicht erst Tage später oder gar erst mit der Rechnung.

Behinderungsanzeige oder Offenkundigkeit

§ 6 VOB/B begründet für den Auftragnehmer die grundsätzliche Verpflichtung, die Behinderung unverzüglich schriftlich anzuzeigen, damit der Auftraggeber Abhilfe schaffen kann.

Gesetz

§ 6 VOB/B: Behinderung und Unterbrechung der Ausführung

Glaubt sich der Auftragnehmer in der ordnungsgemäßen Ausführung der Leistung behindert, so hat er es dem Auftraggeber unverzüglich schriftlich anzuzeigen. Unterlässt er die Anzeige, so hat er nur dann Anspruch auf Berücksichtigung der hindernden Umstände, wenn dem Auftraggeber offenkundig die Tatsache und deren hindernde Wirkung bekannt waren.

Eine Behinderung liegt vor, wenn auf den vom Auftragnehmer geplanten Bauablauf unplanmäßig eingewirkt wird und das negative (zeitliche oder wirtschaftliche) Folgen für den Auftragnehmer hat oder haben kann. Dabei ist unerheblich, auf welche Weise in das Bau-Soll eingegriffen wird – ob es sich um eine technologische, räumliche, sachliche oder zeitliche Behinderung handelt. Nur dann, wenn die Behinderung und deren hindernde Wirkung (!) offenkundig bekannt waren, kann auf eine Behinderungsanzeige verzichtet werden, um sinnlosen Formalismus zu vermeiden. Die konkreten Auswirkungen der Behinderung sind aber oft nur dem Auftragnehmer bekannt, sodass vorsorglich jede Behinderung angezeigt werden sollte. Die Bauleitung hat sodann die Behinderungsfolgen und deren betriebliche Auswirkung für den Bauablauf zu dokumentieren, weil die Ansprüche dann detailliert und bauablaufbezogen dargestellt werden müssen, wenn sie mit Erfolg durchgesetzt werden sollen.

Typische Behinderungssituationen sind fehlende, unvollständige oder mangelhafte vom Auftraggeber beigestellte Baustoffe, Planungsleistungen oder Vorunternehmerleistungen; Diebstahl von Maschinen oder Baustoffen, Beschädigung der Werkleistung oder Schlechtwetter. Hierzu gehören aber auch Anordnungen des Auftraggebers zu Leistungsänderungen, zur Bauzeit oder zur geänderten Technologie, die zu verwenden ist.

Die Behinderungen sind dann anzuzeigen und die Auswirkungen und Folgen sind zu dokumentieren, damit später Ansprüche auf mehr Zeit oder eine Vergütungsanpassung durchsetzbar sind.

Folgen der Bauablaufstörung

Den Umgang mit der Behinderung und die terminlichen Folgen regeln die folgenden Absätze des § 6 VOB/B. Sie geben einen Anspruch auf eine Verlängerung der Ausführungsfristen. § 6 Abs. 7 und § 9 Abs. 1 VOB/B regeln die Möglichkeiten zur Kündigung des Vertrags.

Gesetz

§ 6 Abs. 2 bis Abs. 5 VOB/B

(2) 1. Ausführungsfristen werden verlängert, soweit die Behinderung verursacht ist:

a) durch einen Umstand aus dem Risikobereich des Auftraggebers,
b) durch Streik oder eine von der Berufsvertretung der Arbeiteber angeordnete Aussperrung im Betrieb des Auftragnehmers oder in einem unmittelbar für ihn arbeitenden Betrieb,
c) durch höhere Gewalt oder andere für den Auftragnehmer unabwendbare Umstände.

2. Witterungseinflüsse während der Ausführungszeit, mit denen bei Abgabe des Angebots normalerweise gerechnet werden musste, gelten nicht als Behinderung.

(3) Der Auftragnehmer hat alles zu tun, was ihm billigerweise zugemutet werden kann, um die Weiterführung der Arbeiten zu ermöglichen. Sobald die hindernden Umstände wegfallen, hat er ohne weiteres und unverzüglich die Arbeiten wiederaufzunehmen und den Auftraggeber davon zu benachrichtigen.

(4) Die Fristverlängerung wird berechnet nach der Dauer der Behinderung mit einem Zuschlag für die Wiederaufnahme der Arbeiten und die etwaige Verschiebung in eine ungünstigere Jahreszeit.

(5) Wird die Ausführung für voraussichtlich längere Dauer unterbrochen, ohne dass die Leistung dauernd unmöglich wird, so sind die ausgeführten Leistungen nach den Vertragspreisen abzurechnen und außerdem die Kosten zu vergüten, die dem Auftragnehmer bereits entstanden und in den Vertragspreisen des nicht ausgeführten Teils der Leistung enthalten sind.

Verlängerung der Ausführungsfristen

Die Ausführungsfristen werden nicht nur bei schuldhaften Eingriffen des Auftraggebers in den Bauablauf verlängert, sondern schon dann, wenn die Behinderung in seinen Risikobereich fällt. Hierzu gehören z. B. rechtzeitige und mangelfreie Vorunternehmerleistungen ebenso wie rechtzeitige Planlieferungen, Bemusterungen durch den Auftraggeber oder die Anordnung von zusätzlichen oder geänderten Leistungen.

Die Fristverlängerung wird in § 6 Abs. 4 VOB/B nach der Dauer der Behinderung mit einem Zuschlag für die Wiederaufnahme der Arbeit und die etwaige Verschiebung in eine ungünstigere Jahreszeit berechnet. Die Fristverlängerung bedarf weder eines Antrags noch einer gesonderten Vereinbarung. Wichtig ist gleichwohl die Behinderungsanzeige und sorgfältige Dokumentation von Behinderungsursache und Behinderungswirkung.

Höhere Gewalt sind vor allem Schlechtwetter, Sachbeschädigung und Diebstahl von Baumaterial. Witterungsbedingte Einflüsse, mit denen bei Angebotsabgabe gerechnet werden muss, gelten aber nicht als Behinderung. Maßgeblich ist als Prognosezeitpunkt der Zeitpunkt der Angebotsabgabe. Maßgeblich ist dann der allgemein vorauszusehende Witterungsverlauf für den Ort der Bauausführung zum Zeitpunkt der Bauausführung, wobei es auf die vorgesehene Bauausführung bei Angebotsabgabe ankommt. Nur außergewöhnliche Witterungsereignisse können sonst im Ausnahmefall zu einer Verlängerung der Ausführungszeit wegen höherer Gewalt und unabwendbarer Umstände führen. Lieferengpässe sind nur dann auf höhere Gewalt zurückzuführen, wenn sie für den Auftragnehmer unvorhersehbar gewesen und nicht durch rechtzeitige Materialbeschaffung vermeidbar waren.

Vergütungsanpassung und Schadensersatz

Behinderungen führen auch zu einem Anspruch auf Vergütungsanpassung. Im VOB-Vertrag kann eine Vergütungsanpassung oft über § 2 Abs. 5 und Abs. 6 VOB/B verlangt werden, weil der Auftraggeber auf die Behinderungsanzeige oft mit der Anordnung reagiert, zunächst abzuwarten, bis Vorunternehmerleistungen oder vorzulegende Pläne eine Weiterarbeit ermöglichen. Solche Anordnungen sind regelmäßig Anordnungen i. S. d. § 1 Abs. 3 oder des § 1 Abs. 4 VOB/B. Daneben gelten die Anspruchsgrundlagen des BGB, soweit die VOB/B nichts anderes regelt.

Wird vom Auftraggeber eine Vertragspflicht schuldhaft verletzt, kann der Auftragnehmer nach § 6 Abs. 6 VOB/B Schadensersatz verlangen.

Kündigung des Vertrags

Der Auftragnehmer kann den Vertrag nach § 9 Abs. 1 VOB/B kündigen, wenn der Auftraggeber eine ihm obliegende Handlung unterlässt und dadurch den Auftragnehmer außerstande setzt, die Leistung auszuführen (Annahmeverzug nach §§ 293 ff. BGB).

Voraussetzung ist, dass bei der Herstellung eines Werks die Mitwirkung des Auftraggebers erforderlich ist und der Auftraggeber trotz Aufforderung und Fristsetzung mit Kündigungsandrohung diese Mitwirkung nicht fristgerecht erbringt.

Beim BGB-Vertrag gilt der Vertrag nach fruchtlosem Fristablauf als aufgehoben, beim VOB-Vertrag muss der Auftragnehmer den Vertrag nach fruchtlosem Fristablauf ausdrücklich schriftlich kündigen (§ 8 Abs. 6 VOB/B).

Nach § 6 Abs. 7 VOB/B steht beiden Parteien ein Kündigungsrecht zu, wenn eine Unterbrechung von mehr als drei Monaten vorliegt. Eine Unterbrechung setzt voraus, dass die Arbeiten nicht nur behindert, sondern dadurch auch vollständig eingestellt worden sind.

Mengenänderungen

Wenn sich die im Vertrag zugrunde gelegten Mengen ändern, liegt es nahe, dass sich auch die Preise ändern. Es kann dabei auch ein Bedürfnis entstehen, die Einheitspreise für die betreffenden Positionen oder den Pauschalpreis insgesamt anzupassen. Entsprechende Regelungen zum Umgang mit Mengenänderungen können im Bauwerkvertrag vorgesehen sein. Ansonsten gilt das BGB oder im VOB-Vertrag die VOB/B.

Regelungen im BGB-Werkvertragsrecht

Erhöhen sich die Mengen oder Massen „zufällig" bei identischer Leistung (und nicht durch Mehrleistung infolge zusätzlicher oder geänderter Aufträge), kann beim BGB-Vertrag nur über die Regelungen zur Störung der Geschäftsgrundlage eine Änderung der Einheitspreise bei Mengenänderungen herbeigeführt werden (§ 313 BGB). Wenn sich Umstände, die zur Grundlage des Vertrags geworden sind, schwerwiegend geändert haben und die Parteien den Vertrag sonst nicht oder mit anderem Inhalt geschlossen hätten, besteht nach § 313 BGB ein Anspruch auf Anpassung des Vertrags, wenn die unveränderte Vertragsfortsetzung unzumutbar ist. Ist eine Vertragsanpassung unmöglich oder unzumutbar, besteht ein Rücktrittsrecht. Im Ergebnis werden die Mehrkosten also bestenfalls auf mehrere Schultern verteilt. Ein Anspruch auf vollständige Kostenübernahme durch den Auftraggeber besteht nicht.

Gesetz

§ 313 BGB

(1) Haben sich Umstände, die zur Grundlage des Vertrags geworden sind, nach Vertragsschluß schwerwiegend verändert und hätten die Parteien den Vertrag nicht oder mit anderem Inhalt geschlossen, wenn sie diese Veränderung vorausgesehen hätten, so kann Anpassung des Vertrages verlangt werden, soweit einem Teil unter Berücksichtigung aller Umstände des Einzelfalles, insbesondere der vertraglichen oder gesetzlichen Risikoverteilung, das Festhalten am unveränderten Vertrag nicht zugemutet werden kann.

(2) Einer Veränderung steht es gleich, wenn wesentliche Vorstellungen, die zur Grundlage des Vertrages geworden sind, sich als falsch herausstellen.

(3) Ist eine Anpassung des Vertrages nicht möglich oder einem Teil nicht zumutbar, so kann der benachteiligte Teil vom Vertrag zurücktreten. An die Stelle des Rücktritts tritt bei Dauerschuldverhältnissen das Recht zur Kündigung.

Greift der Auftraggeber hingegen in das Leistungsziel ein und ändern sich durch seine Anordnung zusätzlicher oder geänderter Leistungen die Mengen, ist das Nachtragsrecht der §§ 650b und 650c BGB einschlägig: Dann sind alle Mehrkosten in voller Höhe zu erstatten.

Regelungen in der VOB/B

Die VOB differenziert für VOB-Verträge zwischen dem Einheitspreisvertrag und dem Pauschalpreisvertrag. Mengenänderungen werden für den Einheitspreisvertrag in § 2 Abs. 3 VOB/B und für den Pauschalpreisvertrag in § 2 Abs. 7 VOB/B geregelt.

Es geht auch hier nur um Mengenänderungen bei identischer Leistung, nicht um Mengenänderungen durch zusätzliche oder geänderte Aufträge. § 2 Abs. 3 VOB/B findet also nur dann direkte Anwendung, wenn sich Mengen im Verlauf der Bauausführung ändern, ohne dass dies auf einer nachträglichen Anordnung des Auftraggebers beruht und ohne dass sich die Leistung ihrem ursprünglichen Leistungsziel nach ändert. Dies ist meistens bei einer falschen Mengenermittlung in der Planung und in der Folge im Leistungsverzeichnis der Fall.

Ein im Vertrag vorgesehenes Leistungsziel soll erreicht werden, aber die dafür erforderliche Masse erhöht sich.

Beispiel

Es soll eine 3 m tiefe Baugrube über eine bestimmte Breite und Länge mit waagerechter Sohle entstehen: Ausschreibungsmasse: 1.000 m³. Tatsächlich ist es aufgrund der Geländeoberfläche (Hügel im Baubereich) erforderlich, 1.500 m³ zu bewegen.

Greift der Auftraggeber hingegen in das Leistungsziel ein und erhöht sich dadurch die ausgeführte Menge, ist nicht § 2 Abs. 3 anwendbar, sondern § 1 Abs. 3 VOB/B mit § 2 Abs. 5 VOB/B für geänderte Leistungen. Für zusätzliche Leistungen ist § 1 Abs. 4 VOB/B mit § 2 Abs. 6 VOB/B anzuwenden.

Beispiel

Fortsetzung: Die Ausschreibungsmasse erhöht sich, da die Baugrube statt 3 m nun 4 m tief aufgehoben werden soll.

Diese Unterscheidung führt insoweit zu anderen Ergebnissen, als dass bei „zufälligen" Mengenänderungen eine Preisanpassung erst bei einer mehr als zehnprozentigen Mengenänderung erfolgt und bei einer angeordneten Mengenänderung alle dadurch entstehenden Mehrkosten zu erstatten sind.

Einheitspreisvertrag

Für den VOB-Einheitspreisvertrag ist bei Mengenabweichungen § 2 Abs. 3 abschließend, d. h. auf die Grundsätze der Änderung der Geschäftsgrundlage kann hier nicht zurückgegriffen werden.

Um die möglichen Auswirkungen der Mengenänderungen auf den Einheitspreis nachvollziehen zu können, muss man die Kalkulation des Einheitspreises bedenken.

Zu den Einzelkosten der Teilleistung (Lohnkosten, Geräte, Baustoffe, Nachunternehmer usw.) kommen die Gemeinkosten. Sie können der konkreten Baustelle zugeordnet sein (dann sind das Baustellengemeinkosten [BGK]) oder dem Bauunternehmen insgesamt (Büromiete, Sekretariat etc.) – dann sind das Allgemeine Geschäftskosten (AGK).

Die Baustellengemeinkosten werden prozentual mit Zuschlägen auf die einzelnen Positionen umgelegt. Die umzulegenden Allgemeinen Geschäftskosten des Jahres werden üblicherweise im Verhältnis zum Umsatz des Jahres ebenfalls als prozentualer Zuschlag verteilt, wobei z. B. auf der Grundlage der Vorjahresergebnisse Prognosen zugrunde gelegt werden müssen. Zudem sind **Wagnis** und **Gewinn** auf die Kosten aufzuschlagen.

Beim Wagnis geht es um mögliche Kosten für das Risiko, dass

- die tatsächlichen Kosten höher sind als die für den Vertragspreis kalkulierten Kosten und diese Mehrkosten selbst zu tragen sind,
- Kosten für eine Mangelbeseitigung entstehen,
- die vereinbarte Vergütung erst spät oder gar nicht beigetrieben werden kann (z. B. Zinskosten bei Zahlungsverzögerungen oder gänzlicher Ausfall der Werklohnforderung bei der Insolvenz des Auftraggebers).

Das Wagnis ist Bestandteil des Gewinns und erhöht ihn, wenn es sich nicht realisiert. Daneben soll natürlich ein Gewinn erzielt werden. Sodann sind einmalige Kosten und zeitabhängige Kosten zu unterscheiden.

Einmalige Kosten sind z. B. solche wie An- und Abtransport von Geräten, Baustelleneinrichtung und -räumung. **Zeitabhängig** sind Kosten wie Personalkosten, Gerätekosten, Mietkosten für Bauzaun, Baucontainer, Baubüro, Bautoiletten usw.

Auf dieser Grundlage wird der Angebotspreis kalkuliert.

Ändern sich die Abrechnungsmengen im Verlauf der Ausführung, so hat das Auswirkungen auf die Kosten. Den Umgang damit regelt § 2 Abs. 3 VOB/B.

§ Gesetz

§ 2 Abs. 3 VOB/B

(1) Weicht die ausgeführte Menge der unter einem Einheitspreis erfaßten Leistung oder Teilleistung um nicht mehr als 10 v. H. von dem im Vertrag vorgesehenen Umfang ab, so gilt der vertragliche Einheitspreis.

(2) Für die über 10 v.H. hinausgehende Überschreitung des Mengenansatzes ist auf Verlangen ein neuer Preis unter Berücksichtigung der Mehr- oder Minderkosten zu vereinbaren.

(3) Bei einer über 10 v.H. hinausgehenden Unterschreitung des Mengenansatzes ist auf Verlangen der Einheitspreis für die tatsächlich ausgeführte Menge der Leistung oder Teilleistung zu erhöhen, soweit der Auftragnehmer nicht durch Erhöhung der Mengen bei anderen Ordnungszahlen (Positionen)

oder in anderer Weise einen Ausgleich erhält. Die Erhöhung des Einheitspreises soll im Wesentlichen dem Mehrbetrag entsprechen, der sich durch Verteilung der Baustelleneinrichtungs- und Baustellengemeinkosten und der Allgemeinen Geschäftskosten auf die verringerte Menge ergibt. Die Umsatzsteuer wird entsprechend dem neuen Preis vergütet.

(4) Sind von der unter einem Einheitspreis erfassten Leistung oder Teilleistung andere Leistungen abhängig, für die eine Pauschalsumme vereinbart ist, so kann mit der Änderung des Einheitspreises auch eine angemessene Änderung der Pauschalsumme gefordert werden.

Keine Preisanpassung bei Mengenänderungen bis +/- 10 %

Keine Preisanpassung erfolgt bei Mengenänderungen bis +/- 10 %. Der vertraglich vereinbarte Einheitspreis gilt nach § 2 Abs. 3 Nr. 1 VOB/B bei Mengenänderungen von +/- 10 % der im Leistungsverzeichnis für die einzelne Position geplanten Menge weiter. Diese Leistungen werden daher mit dem unveränderten Einheitspreis abgegolten. Die Anpassung des Preises erfolgt allein über die abzurechnende Masse. Die tatsächliche Menge multipliziert mit dem ursprünglich im Vertrag vereinbarten Einheitspreis ergibt den neuen Positionspreis.

Preisanpassung bei Mehrmengen von mehr als 10 %

Nach § 2 Abs. 3 Nr. 2 VOB/B ist bei einer Mengenmehrung von über 10 % auf Verlangen ein neuer Einheitspreis zu bilden. Hierbei sind nicht nur Mehr- und Minderkosten bei der betroffenen Position zu berücksichtigen, sondern auch etwaige Veränderungen bei anderen Positionen.

Mehrmengen führen i. d. R. dazu, dass der Auftraggeber an der günstigeren Verteilung der Kosten teilhaben will. Der neue Preis gilt für die Menge ab 110 %.

In Ausnahmefällen kann jedoch auch eine umgekehrte Interessenlage gegeben sein, etwa, weil die teure Nachproduktion und Anlieferung von weiteren Baustoffen erforderlich werden.

Beispiel

Teppichboden muss teuer in einer kleinen Menge nachproduziert und angeliefert werden. Dann hat der Auftragnehmer ein Interesse an einer Preisanpassung.

Im Detail verhalten sich die Kosten wie folgt:

Die Kosten der Einzelleistung steigen regelmäßig im gleichen Verhältnis wie die steigende Menge. Insoweit bleibt der Einheitspreis als solcher also unverändert. Durch die geänderte Menge ändert sich nur der Positionspreis.

Die Mengenmehrung wirkt sich aber z. T. auf die Gemeinkosten aus.

Im Regelfall erhöhen sich die Baustellengemeinkosten (BGK) durch die vergrößerte Menge nicht. Etwas anderes gilt dann, wenn die Mehrmengen Auswirkungen auf die Bauzeit haben (bauzeitabhängige BGK steigen) oder mengenabhängige BGK aufgrund der Mehrmenge tatsächlich steigen.

Der Auftraggeber wird i. d. R. einwenden, der Auftragnehmer habe seine BGK schon durch die vertraglich vereinbarten Einheitspreise – und erst recht nach Abrechnung der um 10 % erhöhten Massen – erhalten. Durch die günstigere Verteilung müssten die BGK – auf die einzelne Einheit bezogen – sinken.

Mehr kann der Auftragnehmer jedoch dann verlangen, wenn er tatsächlich einen Mehraufwand hat und diesen auch belegen kann.

Die Allgemeinen Geschäftskosten (AGK) stehen im Zusammenhang mit dem Umsatz und sind daher auch in den neuen Einheitspreis einzurechnen. Der kalkulierte Zuschlagssatz kann daher ab 110 % eingerechnet werden: Jede Leistung muss ihren Beitrag zur Kostendeckung leisten.

Auch den kalkulierten Zuschlag für Wagnis und Gewinn kann der Auftragnehmer auf den neuen Einheitspreis aufschlagen, weil er die Mehrmenge nicht ohne Wagnis- und Gewinnzuschlag erbringen muss. Je größer die erbrachte Menge ist, desto größer ist ja auch sein unternehmerisches Risiko.

Preisanpassung bei Mindermengen von mehr als 10 %

Mindermengen von mehr als 10 % führen dazu, dass der Auftragnehmer einen neuen Einheitspreis für die ganze Leistung verlangen kann. Die Änderungen bei den Einzelkosten sind ohne Weiteres nachvollziehbar und zurechenbar; sie müssen auf Verlangen dargelegt und daher wie die gesamte Kalkulation sorgfältig dokumentiert werden. Die Einzelkosten der Teilleistung verhalten sich meistens proportional zur Menge und sinken im gleichen Verhältnis wie die Mengenminderung.

Die Allgemeinen Geschäftskosten des Auftragnehmers und seine Baustelleneinrichtungskosten sowie die Baustellengemeinkosten müssen nunmehr aber von einer kleineren Masse gedeckt werden. Baustellengemeinkosten sinken bei kleinerer Menge regelmäßig nicht. Auch der Deckungsbedarf für Allgemeine Geschäftskosten, Wagnis und Gewinn bleibt gleich.

Auch das Wagnis wird meistens nicht besonderen Positionen zugerechnet, sondern gleichmäßig über alle Positionen verteilt. Daher sinkt es nicht bei sinkender Ausführungsmenge. Auch der kalkulierte Gewinn bleibt dem Auftragnehmer erhalten.

Die VOB/B sieht vor, dass der Unternehmer seine gesamten Gemeinkosten (AGK, BGK und Wagnis/Gewinn) weiterleiten kann und keinen Eigenanteil von 10 % tragen muss.

Der ungedeckte Anteil aus der Mindermenge ist daher dem Einheitspreis hinzuzurechnen.

Die VOB/B sieht hierzu aber vor, dass der Unternehmer keinen Ausgleich für die Mindermenge durch eine Mengenerhöhung bei anderen Positionen erhalten darf. Das hat zur Folge, dass ggf. eine Ausgleichsberechnung über alle Positionen durchgeführt werden muss.

Dieser Vergleich setzt voraus, dass von den Mindermengen die Umlagenunterdeckung und von den Mehrmengen der Umlagenüberschuss ermittelt wird. Hierbei hat der BGH entschieden, dass dem Wortlaut des § 2 Abs. 3 VOB/B entsprechend nur die über 10 % hinausgehende Überschreitung für die Vereinbarung neuer Preise zur Verfügung steht *(BGH, BauR 1987, 217)*. Das bedeutet, dass von den Mindermengen die Umlagenunterdeckung von 100 % und von den Mehrmengen der Umlagenüberschuss von 110 % ausgeht. Ein nach der VOB auch zu berücksichtigender Ausgleich „auf sonstige Weise“ kann auch durch Nachträge erfolgen. Regelmäßig werden daher auch geänderte und zusätzliche Leistungen berücksichtigt. Ist für die Mehrmenge über 110 % hinaus z. B. in einer Nachtragsvereinbarung aber bereits ein neuer Preis vereinbart worden, kann dieselbe Mehrmenge nicht anschließend auch noch als Ausgleich berücksichtigt werden *(BGH, BauR 1987, 217)*.

Auswirkungen auf die Pauschalsumme

Mit der Änderung des Einheitspreises kann nach § 2 Abs. 3 Nr. 4 VOB/B auch eine angemessene Änderung einer Pauschalsumme verlangt werden, wenn von der Leistung eine andere Leistung abhängig ist, für die ein Pauschalpreis vereinbart ist (z. B. Baustelleneinrichtung). Diese Regelung betrifft aber nur den gemischten Vertrag, nicht den Vertrag, der ohnehin Pauschalpreisvertrag ist. Im Individualvertrag ist es möglich, durch entsprechende Klauseln („Mengenänderungen führen nicht zu Änderungen von Einheitspreisen“) eine Änderung des Einheitspreises bei Mengenabweichungen auszuschließen. Bei AGB-Regelungen dieses Inhalts bestehen Bedenken; diese sind nicht immer ohne Weiteres wirksam. Der BGH hält eine Änderung der Preisanpassung mittels AGB dann für wirksam, wenn sowohl Mengenminderungen als auch Mengenmehrungen betroffen sind. Eine solche AGB-Regelung, wonach das Preisanpassungsverlangen nach § 2 Abs. 3 VOB/B ausgeschlossen ist, verstößt nicht gegen § 307 Abs. 1 BGB und ist damit wirksam *(BGH, Urt. v. 08.07.1993 – VII ZR 79/92 – BauR 1993, 723, 725 noch zu § 9 AGBG)*.

Durch derartige Eingriffe ist aber die VOB nicht mehr als Ganzes vereinbart. Ist eine solche Vereinbarung vorhanden, kann ggf. im Einzelfall noch versucht werden, über die Grundsätze des Wegfalls der Geschäftsgrundlage eine Änderung nach den Grundsätzen des § 2 Abs. 3 VOB/B durchzusetzen. Ferner kommen Schadensersatzansprüche nach den Grundsätzen des Verschuldens bei Vertragsschluss oder positiver Forderungsverletzung in Betracht, welche jedoch ein Verschulden des Auftraggebers voraussetzen. Der Nachweis bewusst unrichtiger Massenangaben im Leistungsverzeichnis wird jedoch in der Praxis sehr schwerfallen.

Pauschalpreisvertrag

Die bisherigen Ausführungen betrafen nur den Einheitspreisvertrag. § 2 Abs. 7 VOB/B regelt den Umgang mit dem VOB-Pauschalpreisvertrag. § 2 Abs. 7 VOB/B trägt dem Grundsatz Rechnung, dass in einem Pauschalpreisvertrag die Vergütung grundsätzlich unverändert bleiben soll. Sie soll nur in besonderen Fällen geändert werden. Für Mengenänderungen gilt § 2 Abs. 7 Nummer 1 VOB/B:

Gesetz

§ 2 Abs. 7 VOB/B

1. Ist als Vergütung der Leistung eine Pauschalsumme vereinbart, so bleibt die Vergütung unverändert. Weicht jedoch die ausgeführte Leistung von der vertraglich vorgesehenen Leistung so erheblich ab, dass ein Festhalten an der Pauschalsumme nicht zumutbar ist (§ 313 BGB), so ist auf Verlangen ein Ausgleich unter Berücksichtigung der Mehr- oder Minderkosten zu gewähren. Für die Bemessung des Ausgleichs ist von den Grundlagen der Preisermittlung auszugehen.

Voraussetzung ist zunächst, dass es in dem Vertrag keine Regelung darüber gibt, wie mit diesem Fall umzugehen ist:

- Es kann wirksam vereinbart sein, dass dann, wenn sich Teile der Leistung ändern, dies auch preisändernd zu berücksichtigen ist *(OLG Zweibrücken, Urt. v. 10.03.1994, Az. 4 U 143/93, BauR 1994, 509)*.
- Außerdem können schon konkrete Vereinbarungen dazu getroffen werden, wie mit noch fehlenden Informationen, z. B. dem Ergebnis der noch laufenden Änderung der Statik, umzugehen ist (Mehr- oder Mindervergütung von x Euro pro t Bewehrungsstahl).

Hauptanwendungsfall der Nummer 1 werden Mengenmehrungen oder -minderungen durch falsche Massenangaben im Leistungsverzeichnis sein, zumal § 2 Abs. 3 VOB/B keine Anwendung auf Pauschalpreisverträge findet. Naturgemäß wird es schwer, in einem Pauschalpreisvertrag die Änderung oder den Wegfall der Geschäftsgrundlage anzunehmen. Anders als beim Einheitspreisvertrag ist nicht die einzelne Position zu bewerten, sondern der gesamte Vertrag. Auch bei erheblichen Änderungen in einer Position wird daher der Auftragnehmer

i. d. R. dieselbe Vergütung erhalten; die Grenze bildet allein der schon aufgeführte § 313 BGB. Hierbei ist stets eine Bewertung des Einzelfalls erforderlich. Es gibt daher keine festen und allgemeingültigen Prozentsätze für die Beurteilung, ob eine Änderung oder der Wegfall der Geschäftsgrundlage vorliegt. Die Risikogrenze wird i. d. R. jedoch bei 20 % der gesamten Auftragssumme erreicht sein, wobei das OLG Düsseldorf *(IBR 1995, 507)* und das OLG Stuttgart *(IBR 2000, 593)* das als „Toleranzgrenze" sehen und der BGH eine starre Grenzziehung ablehnt *(BGH, Urt. v. 30.06.2011, Az. VII ZR 13/10, BauR 2011, 1646; Urt. v. 02.11.1995, Az. VII ZR 29/95 – BauR 1996, 250; Urt. v. 27.11.2003, Az. VII ZR 53/03 – BauR 2004, 488)*. Bis zur Opfergrenze ist daher ein Selbstbehalt anzunehmen; darüber eine Preisanpassung *(Kimmich, BauR 2011, 171 [177] m. w. N.)*.

Hat der Auftraggeber in der Ausschreibung keine Mengenangaben gemacht und auch keine Mengenermittlungskriterien genannt, muss der Auftragnehmer vom Auftraggeber die Vorlage von Mengenermittlungskriterien verlangen, bevor er sein Pauschalpreisangebot abgibt. Unterlässt er das, übernimmt er ein meist nicht kalkulierbares Risiko. Dasselbe gilt, wenn er sich trotz unvollständiger oder vorläufiger Pläne oder aufgrund noch vorzunehmender eigener oder gar fremder Planungsleistungen auf eine Pauschalierung einlässt. Auch dann wird allenfalls eine Risikobegrenzung nach § 313 BGB in Betracht kommen; die Durchsetzung wird in der Praxis aber schwer bis unmöglich. Eine Vereinfachung ist möglich, wenn in Besonderen Vertragsbedingungen vereinbart wird, dass bei Mengenabweichungen von mehr als 5 % ein neuer Pauschalpreis vereinbart werden muss. Dann ist für die gesamte Masse eine neue Vergütung geschuldet, nicht nur für diejenige, die 5 % überschreitet. Wegen dieser Folge ist es gerade auch im Pauschalpreisvertrag von großer Bedeutung, zwischen einer falschen Mengenermittlung (kein Eingriff des Auftraggebers in das Leistungsziel) und einer angeordneten Leistungsänderung zu unterscheiden *(zur Abgrenzung siehe auch OLG Koblenz, Urt. v. 13.04.2005, Az. 1 U 530/04, Nichtzulassungsbeschwerde zurückgewiesen – BauR 2006, 852; BGH, IBR 2004, 124)*.

Denn auch im Pauschalpreisvertrag gilt: Ordnet der Auftraggeber eine geänderte oder zusätzliche Leistung an, sind alle dadurch entstehenden Mehrkosten von ihm zu tragen.

Das Wichtigste in Kürze

- Bei Mengenänderungen muss unterschieden werden zwischen
  - Mengenänderung aufgrund falscher Mengenermittlung bei identischer Leistung („zufälliger" Mengenänderung) und
  - Mengenänderung durch angeordnete Leistungsänderung (zusätzliche Leistung oder geänderte Leistung).
- Ändern sich die Abrechnungsmengen im Verlauf der Ausführung, sind die Folgen beim Einheitspreisvertrag anders als beim Pauschalpreisvertrag.
  - Beim Einheitspreisvertrag hat die Mengenänderung Auswirkungen auf die Kosten der betroffenen Einzelposition.
  - Beim Pauschalpreisvertrag ist die Vergütung als Pauschalsumme vereinbart. Der Preis für die gesamte Leistung wird bei „zufälligen" Mengenänderungen nur angepasst, wenn die ausgeführte Leistung so erheblich von der vereinbarten abweicht, dass das Festhalten an der Pauschalsumme nicht mehr zumutbar ist. Bei angeordneten Leistungsänderungen hingegen sind alle Mehrkosten zu erstatten.

Kostenfortschreibung

Neben der Terminüberwachung sind die Kostenkontrolle und -steuerung wesentliche Elemente, Bauprojekte erfolgreich durchzuführen. In den frühen Planungsphasen stehen aufgrund der noch nicht detaillierten Festlegung des Bau-Solls lediglich Kennwerte zur Verfügung. Bereits hier muss die aktuelle Marktsituation berücksichtigt werden, um das Risiko einer zu geringen Budgetierung und damit Kostenüberschreitung auszuschließen. Häufig werden hier Werte herangezogen, die aus Projekten mit geringer Nachfrage nach Bauleistungen stammen und damit nicht den Preisen der zzt. hohen Nachfrage entsprechen.

DIN 276 als Grundlage

Wesentliche Änderungen der DIN 276:2018-12 sind die Auslagerung der Finanzierungskosten aus der Kostengruppe 700 in die neue Kostengruppe 800 und die Erweiterung der Anwendung auf Ingenieurbauwerke, weshalb einige Bezeichnungen in der 2. und 3. Ebene angepasst wurden. Sie stellt sich somit in der 1. Ebene wie folgt dar:

- KG 100 Grundstück
- KG 200 Vorbereitende Maßnahmen
- KG 300 Bauwerk – Baukonstruktionen
- KG 400 Bauwerk – Technische Anlagen
- KG 500 Außenanlagen
- KG 600 Ausstattung und Kunstwerke
- KG 700 Baunebenkosten
- KG 800 Finanzierung

Phasen der Kostenermittlung

Die Ermittlung der Baukosten wird zum einen nach der Gliederung der DIN 276 stufenweise von ersten groben Werten bis zur Feststellung der tatsächlichen Kosten nach Fertigstellung vorgenommen, zum anderen als Leistungsbestandteile der einzelnen Leistungsphasen (LPH) der HOAI 2021-11 beschrieben, wobei die Phasen nicht komplett übereinstimmen.

Tabelle 1: *Vergleich der Kostenermittlungsphasen von HOAI und DIN 276 (Quelle: Ingrid Kaiser)*

<table>
<tr><th>Bezeichnung</th><th>HOAI</th><th>DIN 276</th><th>Detaillierungsgrad nach DIN 276</th></tr>
<tr><td>Kostenrahmen</td><td></td><td>Ermittlung der Kosten auf der Grundlage der Bedarfsplanung</td><td>1. Ebene</td></tr>
<tr><td>Kostenschätzung</td><td>LPH 2 – Vorplanung
Kontrolle: Vergleich finanzielle Rahmenbedingungen</td><td>Ermittlung der Kosten auf Grundlage der Vorplanung</td><td>2. Ebene</td></tr>
<tr><td>Kostenberechnung</td><td>LPH 3 – Entwurfsplanung
Kontrolle: Vergleich Kostenschätzung</td><td>Ermittlung der Kosten auf Grundlage der Entwurfsplanung</td><td>3. Ebene</td></tr>
<tr><td>Kostenermittlung</td><td>LPH 6 – Vorbereitung der Vergabe auf Grundlage selbst bepreister Leistungsverzeichnisse
Kontrolle: Vergleich Kostenberechnung</td><td rowspan="2"></td><td rowspan="5">3. Ebene + Leistungsbereiche o. ä.</td></tr>
<tr><td>Kostenkontrolle</td><td>LPH 7 – Mitwirkung bei der Vergabe
Vergleich Ausschreibungsergebnisse mit selbst bepreisten Leistungsverzeichnissen</td></tr>
<tr><td>Kostenvoranschlag</td><td rowspan="2"></td><td>Ermittlung der Kosten auf Grundlage der Ausführungsplanung und Vorbereitung der Vergabe</td></tr>
<tr><td>Kostenanschlag</td><td>Ermittlung der Kosten auf Grundlage der Vergabe und Ausführung (dynamischer Prozess)</td></tr>
<tr><td>Kostenfeststellung</td><td>LPH 8 – Objektüberwachung
Kontrolle: Vergleich Leistungsabrechnung mit Vertragspreisen</td><td>Ermittlung der entstandenen Kosten</td></tr>
</table>

Kostenrahmen

In dieser frühen Phase können nur grobe Bedarfsangaben des Auftraggebers in Verbindung mit Kostenkennwerten herangezogen werden. Nutzungseinheiten, z. B. Anzahl der Arbeitsplätze, Tiefgaragenstellplätze, Wohneinheiten, und Festlegungen von Funktionsanforderungen und Ausstattungsstandards stellen die Mindestanforderungen an die erste Kostenermittlung dar. Kennwerte hierzu können aus dem eigenen Erfahrungsbereich oder aus Datensammlungen, katalogisiert nach Gebäudegröße, Nutzungsart, geografischer und topologischer Lage etc., herangezogen werden.

Zu diesem Zeitpunkt fällt häufig die Entscheidung des Auftraggebers, ob das Projekt überhaupt durchgeführt werden soll; aus den ermittelten Werten wird die Kostenobergrenze festgelegt, ggf. mit Konsequenzen zu Kostenüberschreitungen (siehe Bonus-Malus-Regelung § 7 Abs. 6 HOAI).

Kostenschätzung

In dieser Phase werden ebenfalls Kennwerte verwendet, es liegen bereits Raumprogramm und/oder Flächenangaben zu Funktionsbereichen vor, sodass für die Mengenermittlung die Flächenarten nach DIN 277-1:2021-08 wie Bruttogrundfläche (BGF), Netto-Raumfläche (NRF), Netto-Grundfläche (NGF) oder Nutzungsfläche (NUF) (Achtung: Die Bezeichnungen und zugehörigen Definitionen wurden in der gültigen Fassung gegenüber den vorherigen der DIN geändert!) zugrunde gelegt werden.

Kostenberechnung

Da in dieser Phase bereits die (endgültige) Entwurfsplanung vorliegt, können die tatsächlichen Kosten berechnet werden.

Tabelle 2: *Mengenermittlung der Gebäudeelemente (Quelle: Ingrid Kaiser)*

Gebäude-element	KG nach DIN 276	Mengen	Mengengrundlage
Baugrube	310	m^3 BG	Rauminhalt Baugrube
Gründung	320	m^2 GRF	Gründungsfläche
Außenwände	330	m^2 AWF	Außenwandfläche
Innenwände	340	m^2 IWF	Innenwandfläche
Decken inkl. Treppen	350	m^2 DEF	Deckenflächen mit Treppen in Projektion
Dächer	360	m^2 DAF	Dachflächen

Kostenermittlung und -kontrolle – LPH 6 und 7

Ab dieser Phase erfolgt ein Wechsel der Darstellung bzw. Zuordnung der Kosten. Die KG-Elemente werden nach Leistungsbereichen/Gewerken aufgeteilt, um die Grundlage der Erstellung der Leistungsverzeichnisse zur Ausschreibung zu erhalten. Damit ergibt sich eine Vielzahl von Überschneidungen. AVA-Software ist i. d. R. geeignet, diese Zuordnungen in beide Richtungen vorzunehmen.

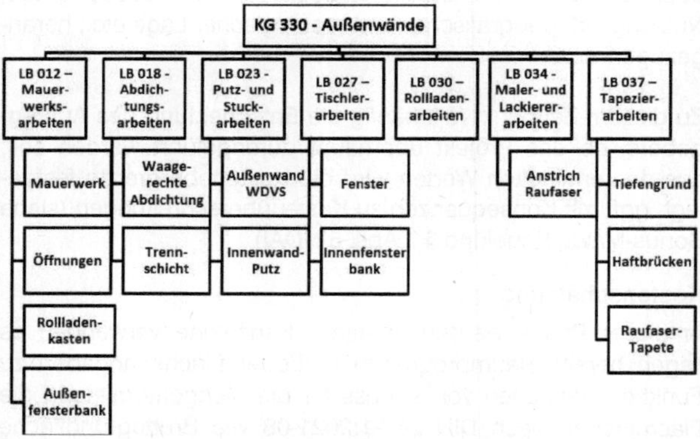

Bild 1: Beispiel zur Verteilung der Bestandteile der Gebäudeelemente auf die Leistungsbereiche (LB) (Quelle: Ingrid Kaiser)

Teile dieser Leistungsbereiche finden sich entsprechend auch bei anderen Kostengruppen, z. B. Mauerwerksarbeiten, Putz etc. auch bei Innenwandflächen.

Die Forderung selbst bepreister Leistungsverzeichnisse ist in der HOAI erst seit der letzten Änderung enthalten. Die Kontrolle erfolgt dann im Vergleich zur Auswertung der Einheitspreise der eingehenden Angebote.

Kostenvoranschlag und -anschlag

Der Kostenvoranschlag nach DIN 276 entspricht der Kostenermittlung in Leistungsphase 6. Der Kostenanschlag wertet die Preise analog zur Kostenkontrolle in Leistungsphase 7 anhand der Angebotspreise aus.

Kostenfeststellung

Alle Schlussrechnungen gehen in die Kostenfeststellung, d. h. die Ermittlung der tatsächlichen Kosten, ohne Skonti und Sicherheitseinbehalte, ein. Bei der Zusammenstellung der Kostenfeststellung – sowohl nach Kostengruppen als auch nach Leistungsbereichen – müssen Eigenleistungen (des Auftraggebers) ausgewiesen und alle Änderungen im Bauverlauf dokumentiert werden.

Kostenkontrolle und -steuerung im Bauablauf

Soll-Ist-Vergleich

Der in der HOAI wie auch der DIN 276 geforderte Vergleich der Ergebnisse einer Kostenermittlungsphase mit denen der vorhergehenden ist Grundlage der Kontrolle, für Steuerungsmaßnahmen jedoch nicht ausreichend. Das bedeutet, die Abweichungen müssen konkret benannt und analysiert werden. Im nächsten Schritt müssen zunächst mögliche Folgekosten ermittelt und dann Gegenmaßnahmen ergriffen werden, beispielsweise Planungsänderungen in Form von Reduzierung des Standards. Hier fällt der Bauleitung die Rolle des Projektsteuerers zu, der zusammenfasst, untersucht, Lösungsansätze findet und dem Auftraggeber zur Entscheidung vorlegt.

Soll-Ist-Vergleiche sollten nicht, wie in der HOAI und der DIN 276 gefordert, jeweils nach Abschluss der einzelnen Phasen erstellt werden, sondern insbesondere während der Erstellungsphase des Gebäudes in regelmäßigen zeitlichen Abständen, um rechtzeitig Abweichungen zu erkennen und durch Gegenmaßnahmen weitgehend ausschalten zu können.

Leistungsänderungen

Häufigste Ursache für Nachträge sind Änderungswünsche des Auftraggebers. Dabei kann es sich um Änderungen der Qualitätsstandards, Planungsänderungen etc. handeln. Wichtig ist in diesen Fällen, direkt bei Äußerungen zu Änderungen auf den Kosteneinfluss – schriftlich – hinzuweisen und alle Anordnungen des Auftraggebers ausführlich zu dokumentieren und entsprechend bestätigen zu lassen. Insbesondere bei hohem Termindruck wird dies häufig vernachlässigt.

Erschwernisse und Störungen im Bauverlauf

Bei funktionierendem Risikomanagement werden Kostenrisiken bereits im Kostenermittlungsverfahren benannt. Sie werden nach Art, Umfang (Höhe des Schadens) und der Eintrittswahrscheinlichkeit bewertet, einschließlich ggf. erforderlicher Abwendungs- oder Minimierungskosten mit Bewertung des Restrisikos. Während die Kostenermittlungsphasen kontinuierlich detailliert und nach Beendigung der jeweiligen Phase abgeschlossen werden, ist die Bewertung der Risiken ein dynamischer Prozess im Bauablauf, der durchgehend aktualisiert werden muss.

Häufig wird in diesem Zusammenhang von „Unvorhergesehenem" gesprochen, was jedoch nur bei mangelhaftem oder fehlendem Risikomanagement der Fall sein kann. Die meisten Risiken beim Bauen sind vorhersehbar und damit kalkulierbar. Erschwert wird dies allerdings beim Bauen im Bestand, da mögliche Prüfungen der vorhandenen Bausubstanz nur bis zu einem gewissen Grad möglich sind. Wie bei der Terminplanung müssen entsprechende „Puffer" eingebaut werden.

Störungen im Bauablauf durch mangelhafte Leistungen führen nicht nur zu Terminverzögerungen, sondern in den meisten Fällen auch zu zusätzlichen Kosten, beispielsweise bei Ersatzvornahme mit höheren Einheitspreisen.

Mangelhafte Kostenermittlung

Häufiger Grund für Baukostenüberschreitungen sind unvollständige und/oder fehlerhafte Kostenermittlungen, die zwangsläufig zu Nachträgen führen, da die fehlenden Leistungen i. d. R. für die Erbringung der geforderten Gesamtleistung notwendig sind. Hierbei handelt es sich damit nicht um Kostenüberschreitungen, sondern um Sowieso-Kosten, da die jeweiligen Leistungen bei korrekter Ermittlung in die einzelnen Phasen eingeflossen wären. Ähnlich verhält es sich bei falschen Mengenermittlungen, auch bereits in den frühen Planungsphasen.

Rechtliche Folgen von Kostenüberschreitungen

Das Einhalten der Kostenobergrenze gehört zu den Vertragspflichten, d. h., bei nicht erbrachter Leistung kann der Auftraggeber nach fruchtloser Fristverstreichung zur Nacherfüllung den Vertrag kündigen und darüber hinaus für aus der Überschreitung resultierende Kosten Schadensersatz geltend machen.

Insolvenz von Baubeteiligten

Die Insolvenz eines am Bau beteiligten Unternehmens läuft regelmäßig in den Phasen *Krise – Antragstellung – Eröffnungsverfahren – Insolvenzverfahren* ab.

Nachfolgende Zusammenstellung soll einen Überblick zu den Problemfeldern geben, mit denen die Bauleitung in den einzelnen Phasen konfrontiert werden kann. Im Einzelfall sollte aufgrund der Komplexität insolvenzrechtlicher Thematiken ein fachlich spezialisierter Rechtsanwalt beigezogen werden, falls der Auftraggeber nicht über eine eigene Rechtsabteilung verfügt.

I. Phase: Krise

Befindet sich ein Unternehmen erkennbar in der Krise, kann dies zu besonderen Überwachungspflichten der Bauleitung führen.[1] Der Bauleitung ist anzuraten, ihren Auftraggeber frühzeitig und in nachweisbarer Form über Anzeichen einer Insolvenzgefährdung der am Bau Beteiligten zu benachrichtigen.

Anzeichen

Mögliche Anzeichen für eine bevorstehende Auftragnehmer-Insolvenz sind Zahlungsrückstände des Unternehmens gegenüber seinem Personal, seinen Lieferanten und Nachunternehmern. Diese können sich in einer unzureichenden Besetzung der Baustelle oder einer Abholung von Baumaterial durch die Lieferanten äußern.

Anzeichen für eine bevorstehende Auftraggeber-Insolvenz ist häufig, dass vertraglich vereinbarte Abschlagszahlungen nicht oder unpünktlich geleistet werden.

Die Insolvenzgründe: Überschuldung, drohende Zahlungsunfähigkeit und Zahlungsunfähigkeit, §§ 16–19 InsO

Vom zuständigen Insolvenzgericht kann auf Antrag ein Insolvenzverfahren eröffnet werden, wenn einer der in der Insolvenzordnung (InsO) aufgeführten Insolvenzgründe gegeben ist.

[1] OLG Naumburg, Urt. v. 26.11.2002, 11 U 234/01.

Eine Überschuldung liegt vor, wenn das Vermögen des Schuldners die bestehenden Verbindlichkeiten nicht mehr deckt.[2]

Drohende Zahlungsunfähigkeit bedeutet, dass der Schuldner voraussichtlich nicht in der Lage sein wird die bestehenden Zahlungspflichten im Zeitpunkt der Fälligkeit zu erfüllen.[3]

Zahlungsunfähigkeit ist eingetreten, wenn der Schuldner nicht mehr in der Lage ist, die fälligen Zahlungspflichten zu erfüllen. Ein Anzeichen hierfür ist, dass er seine Zahlungen eingestellt hat.[4]

Von den ersten beiden Gründen hat meist nur das kriselnde Unternehmen Kenntnis, da Externe nicht über Einblick in dessen Bilanzen und Buchhaltungsunterlagen verfügen. Der Eintritt der Zahlungsunfähigkeit wird dann auch für die Vertragspartner offensichtlich.

II. Phase: Antragstellung

Antragsberechtigt sind die Gläubiger und der Schuldner selbst.[5] Der Antrag kann wieder zurückgenommen werden, bis das Insolvenzverfahren eröffnet oder der Antrag rechtskräftig abgewiesen ist.[6]

Zu beachten sind die möglichen Risiken der Androhung eines Insolvenzantrags. Soll der Auftragnehmer durch Androhung eines Insolvenzantrags zur Fortführung der Baustelle bewegt werden, kann dies im Falle eines späteren Insolvenzverfahrens für den Insolvenzverwalter zur erleichterten Anfechtung der so erlangten Leistungen an den Auftraggeber führen.[7]

2 § 19 Abs. 2 InsO.
3 § 18 Abs. 2 InsO.
4 § 17 Abs. 2 InsO.
5 § 13 Abs. 1 Satz 2 InsO.
6 § 13 Abs. 2 InsO.
7 Wegen Inkongruenz nach § 131 InsO oder als vorsätzliche Gläubigerbenachteiligung nach § 133 InsO.

Kündigungsrechte des Vertragspartners

Für Bauverträge nach VOB/B führt bereits der Antrag auf Eröffnung eines Insolvenzverfahrens über das Vermögen des Auftragnehmers zu einem gesetzlichen außerordentlichen Kündigungsrecht für den Auftraggeber. Nach § 8 Abs. 2 VOB/B kann der Auftraggeber den Vertrag kündigen, wenn der Auftragnehmer seine Zahlungen einstellt, von ihm das Insolvenzverfahren oder ein vergleichbares gesetzliches Verfahren beantragt ist, ein solches Verfahren eröffnet wird oder dessen Eröffnung mangels Masse abgelehnt wird. Bei Antragstellung durch den Auftraggeber oder einen anderen Gläubiger besteht das außerordentliche Kündigungsrecht nur dann, wenn der Antrag zulässig war.

Bei privatem Bauherrn ist zu prüfen, ob die Geltung der VOB/B wirksam vereinbart wurde oder das reine Werkvertragsrecht des BGB anzuwenden ist. Dieses enthält im Gegensatz zur VOB/B kein grundsätzliches Kündigungsrecht wegen Auftragnehmer-Insolvenz. Es besteht aber die Möglichkeit einer außerordentlichen Kündigung nach § 648a BGB bei Unzumutbarkeit der Vertragsfortführung.[8]

Abwägung pro und contra Vertragskündigung

Bei der Entscheidungsfindung für oder gegen eine Kündigung ist u. a. auch das Risiko einzubeziehen, dass die außerordentliche Kündigung später in einem Rechtsstreit vom Gericht doch als freie Kündigung bewertet werden könnte[9] und der Unternehmer daher seinen Vergütungsanspruch für die nicht mehr erbrachten Leistungen behält.[10]

Zur Vermeidung späterer Haftungsansprüche sollte die Bauleitung ihren Auftraggeber in nachweisbarer Form über die entscheidungsrelevanten Aspekte und Risiken informieren.

---

[8] BT-Drs 18/8486, Gesetzesbegründung auf S. 50: Unzumutbarkeit, „wenn der Unternehmer seinen Geschäftsbetrieb bereits eingestellt hat und seine Arbeiter nicht mehr auf der Baustelle erscheinen"; BGH, Urt. v. 07.04.2016, VII ZR 56/15 für den Eigenantrag des Auftragnehmers; vgl. aber BGH, Urt. v. 14.09.2017, IX ZR 261/15.

[9] Z. B. bei unzulässigem Gläubigerantrag oder fehlender Unzumutbarkeit der Vertragsfortführung.

[10] § 8 Abs. 1 Nr. 2 VOB/B bzw. § 648 BGB: Dem Unternehmer steht die vertragliche Vergütung abzüglich ersparter Kosten oder Einnahmen aus anderweitigen Aufträgen zu.

Für eine Kündigung des Vertrags können sprechen:

Bereits erheblicher Bauzeitverzug/Behinderung anderer Gewerke; erhebliche Ausführungsmängel; klar abgrenzbarer Bautenstand (z. B. Rohbau fertiggestellt).

Aspekte, die gegen eine Kündigung sprechen können:

Vorliegen einer Überzahlung des Auftragnehmers; diverse Gewerke sind begonnen und unvollständig (Dokumentationsprobleme); Spezialkompetenz des Unternehmens, die schwer zu ersetzen ist; erhebliche zeitliche Verzögerung bei Beauftragung eines Ersatzunternehmens (z. B. wegen Erforderlichkeit erneuter Ausschreibung); Mehrkosten bei Ausführung durch Ersatzunternehmen.

Zu beachten ist, dass für die erbrachte Teilleistung der Unternehmer weiterhin zur Mängelbeseitigung verpflichtet bzw. berechtigt ist.[11] Vor Beauftragung eines anderen Unternehmens ist daher eine Aufforderung zur Nachbesserung unter Fristsetzung erforderlich.

III. Phase: Eröffnungsverfahren

Das Insolvenzgericht kann bis zur Entscheidung über die Verfahrenseröffnung Sicherungsmaßnahmen treffen, wenn es den Antrag nach einer Vorprüfung für zulässig hält.

Hierzu zählen die Einsetzung eines vorläufigen Insolvenzverwalters und die Anordnung eines allgemeinen Verfügungsverbots und/oder einer vorläufigen Postsperre. Die vorläufigen Maßnahmen sind öffentlich bekanntzumachen, § 23 Abs. 1 InsO.

Einsetzung eines vorläufigen Insolvenzverwalters

Bei der Einsetzung eines vorläufigen Insolvenzverwalters kann das Gericht festlegen, dass die Verfügungen des Schuldners nur mit Zustimmung des Insolvenzverwalters wirksam sind (sog. schwacher Insolvenzverwalter), oder ein generelles Verfügungsverbot für den Insolvenzschuldner anordnen (sog. starker Insolvenzverwalter).

[11] OLG Stuttgart, Urt. v. 03.03.2015, 10 U 62/14; insoweit bestätigt durch BGH, Beschl. v. 11.10.2017, VII ZR 46/15.

Unterschiedliche Auswirkungen des schwachen und starken Insolvenzverwalters

Je nach Zuständigkeitsumfang des Insolvenzverwalters ergeben sich Unterschiede für die Wirksamkeit von Vereinbarungen und rechtsgeschäftlichen Erklärungen, wie z. B. einer Vertragskündigung.

Bei Einsetzung eines schwachen Insolvenzverwalters bleibt der Geschäftsführer des insolventen Unternehmens Ansprechpartner und Empfänger für Erklärungen.

Wird ein starker Insolvenzverwalter bestellt, sind Vereinbarungen mit dem Geschäftsführer und Erklärungen ihm gegenüber unwirksam. Für laufende Gerichtsverfahren kommt es zu einer Unterbrechung, die ansonsten erst ab Eröffnung des Insolvenzverfahrens eintritt.[12] Eine Ausnahme bilden selbstständige Beweisverfahren, bei denen die Beweisaufnahme noch nicht beendet ist;[13] für diese erfolgt die Verfahrensunterbrechung erst nach Abschluss der Beweisaufnahme.[14]

IV. Phase: Insolvenzverfahren

Das Insolvenzverfahren beginnt mit dem Eröffnungsbeschluss, der öffentlich bekannt gemacht wird.[15] Die Verwaltungs- und Verfügungsbefugnis über das Schuldnervermögen geht damit auf den im Beschluss benannten Insolvenzverwalter über,[16] alle vertragsrechtlich relevanten Erklärungen sind nur noch ihm gegenüber abzugeben.

Erfüllungswahlrecht des Insolvenzverwalters

Bei laufenden, noch nicht erfüllten Verträgen des insolventen Unternehmens kann der Insolvenzverwalter wählen, ob er diese noch erfüllt oder nicht, § 103 Abs. 1 InsO.

---

12 § 240 Satz 1 und 2 ZPO.

13 BGH, Beschl. v. 11.12.2003, VII ZB 14/03: Ziel des Verfahrens ist es, eine „schnelle Beweissicherung“ sowie ggf. „eine rasche und kostensparende Einigung der Parteien“ zu ermöglichen.

14 BGH, Beschl. v. 23.03.2011, VII ZB 128/09.

15 § 30 Abs. 1 InsO; online abrufbar unter www.insolvenzbekanntmachungen.de.

16 § 80 Abs. 1 InsO.

Zu empfehlen ist eine schriftliche Aufforderung an den Insolvenzverwalter, das Wahlrecht auszuüben, um frühestmöglich Klarheit zu erhalten.[17]

Lehnt der Insolvenzverwalter die Erfüllung ab oder äußert sich nicht zeitnah, kann er keine Vertragserfüllung mehr verlangen. Der Vertrag verwandelt sich damit in ein Abrechnungsverhältnis für die erbrachten Leistungen. Für die nicht mehr erbrachten Leistungen hat der Vertragspartner Schadensersatzansprüche gem. § 103 Abs. 2 Satz 1 InsO (z. B. Fertigstellungsmehrkosten/ Mängelbeseitigungskosten).

Selbst wenn vorläufiger und endgültiger Verwalter personenidentisch sind, hat nur die Aufforderung zur Ausübung des Wahlrechts nach Eröffnung des Verfahrens diese Wirkung.[18]

Forderungsanmeldung

Forderungen gegen das insolvente Unternehmen können innerhalb der Frist gemäß Eröffnungsbeschluss angemeldet werden. Ein wichtiger Aspekt der Forderungsanmeldung ist die Hemmung der Verjährung bis sechs Monate nach Abschluss des Insolvenzverfahrens.[19] Die Anmeldung erfolgt schriftlich, sie ist unmittelbar an den Insolvenzverwalter zu richten.[20] Es handelt sich aber um keine Ausschlussfrist, die Anmeldung bleibt bis zur Schlussverteilung möglich; für die gesonderte Prüfung fallen dann zusätzliche Kosten an.[21]

Im Prüfungstermin werden die angemeldeten Forderungen dem Grunde und der Höhe nach geprüft, bei bestrittenen Forderungen erhält der Gläubiger einen Auszug aus der Tabelle[22] und hat die Möglichkeit der Forderungsfeststellungklage.[23]

---

17 § 103 Ab. 2 Satz 2, 3 InsO.

18 BGH, Urt. v. 08.11.2007, IX ZR 53/04.

19 § 204 Abs. 2 Satz 1 BGB.

20 § 174 Abs. 1 Satz 1 InsO.

21 Zusätzlicher Prüfungstermin gemäß Anlage 1 zum GKG, Nr. 2340, derzeit: 20,00 Euro.

22 § 179 Abs. 3 InsO.

23 § 180 InsO.

Geltendmachung von Aussonderungs-/Absonderungsrechten

Da der Insolvenzverwalter nicht dazu verpflichtet ist, ein Bestehen derartiger Rechte von sich aus zu prüfen, sollte deren Bestehen ihm frühzeitig angezeigt und nachgewiesen werden.

Vom Insolvenzverwalter aus der Insolvenzmasse auszusondern sind nach § 47 InsO Gegenstände, die nicht zur Insolvenzmasse gehören (z. B. unter Eigentumsvorbehalt geliefertes Baumaterial, bevor es verbaut wird).

Absonderungsrechte nach den §§ 50, 51 InsO können bestehen bei verlängertem Eigentumsvorbehalt, Zurückbehaltungsrechten, Pfandrechten, Sicherungsübereignungen und Forderungsabtretungen. Sie führen nicht zur Herausgabe des betroffenen Gegenstands, sondern zur vorzugsweisen Bedienung der Forderungen durch Verwertung des Gegenstands. Bei versicherten Schäden kann die abgesonderte Befriedigung aus der Entschädigungsforderung gegen das Versicherungsunternehmen verlangt werden.[24]

Eigenaufstellung der Schlussrechnung

Die Möglichkeit einer Eigenaufstellung der Schlussrechnung nach erfolgloser Fristsetzung gem. § 14 Abs. 4 VOB/B besteht auch im Insolvenzfall und ist teilweise für Auftraggeber der öffentlichen Hand von erheblicher Relevanz, z. B., wenn eine abschließende Berechnung der Baukosten gegenüber der Zuwendungsbehörde benötigt wird.

Aufrechnungsverbote

Im Insolvenzverfahren werden die Möglichkeiten zur Aufrechnung mit Gegenforderungen teilweise eingeschränkt, §§ 95, 96 InsO. Entscheidend ist, ob eine Aufrechnungslage bereits vor Verfahrenseröffnung bestand; tritt sie erst danach ein, kann die Aufrechnung ausgeschlossen sein.[25] Eine besondere Rolle kann daher ein taktischer Umgang mit der Abnahme spielen, durch die Werkunternehmerforderungen fällig werden.

---

[24] § 110 VVG.

[25] §§ 94, 95 InsO.

Zu beachten ist, dass die Aufrechnung ausdrücklich erklärt werden muss, es erfolgt nicht mehr automatisch eine „Verrechnung"/Saldierung wie nach früherer Rechtsprechung.[26]

Anfechtung von Handlungen des Schuldners durch den Insolvenzverwalter

Der Insolvenzverwalter kann Handlungen des Schuldners, die vor der Eröffnung des Insolvenzverfahrens vorgenommen worden sind und die Insolvenzgläubiger benachteiligen, durch Anfechtung rechtlich rückgängig machen. Zeitlich betroffen sein können nach § 130 InsO Handlungen in den letzten drei Monaten vor dem Insolvenzantrag bzw. bei vorsätzlicher Gläubigerbenachteiligung sogar in den letzten zehn Jahren, § 133 InsO.

Abwicklungsvereinbarungen, Abwicklung von Bürgschaften und Sicherungseinbehalten

Über Abwicklungsvereinbarungen mit dem Insolvenzverwalter besteht die Möglichkeit, die zeitnahe Fortführung der Baustelle sicherzustellen und langjährige Rechtsstreitigkeiten zu vermeiden.

Geregelt werden können insbesondere der Umfang der Restarbeiten mit neuen Terminschienen und ggf. Vertragsstrafen, die noch offenen Vergütungsansprüche des insolventen Unternehmens und die Mängelhaftung und Verwendung bereits vereinbarter und/oder gestellter Sicherheiten sowie ein Verzicht des Insolvenzverwalters auf Anfechtungsrechte, z. B. im Gegenzug für Zahlungen in die Insolvenzmasse.

Verfügen Vertragspartner des insolventen Unternehmens über eine Bürgschaft für dessen Leistungen (z. B. Herstellungsbürgschaft, Gewährleistungsbürgschaft), ist dem Bürgen unter Einhaltung der formellen Voraussetzungen Entstehen und Fälligkeit der gesicherten Verbindlichkeit anzuzeigen. Der Bürge kann dann direkt aus der Bürgschaft in Anspruch genommen werden.

Im Zusammenhang mit der Verwertung von Bürgschaften sollte auch eine mögliche Durchgriffshaftung der Geschäftsführer des insolventen Unternehmens mit ihrem Privatvermögen wegen zweckwidriger Verwendung von Baugeld (§ 1 BauFordSiG) geprüft werden.

[26] BGH, Urt. v. 23.06.2005, VII ZR 197/03.

Bei Sicherheitseinbehalten des Auftraggebers aus den Abschlagszahlungen kann der Insolvenzverwalter die Einzahlung auf ein Sperrkonto verlangen.[27]

Zu beachten ist: Bei nicht fristgerechter Einzahlung droht der Verlust des Sicherungsanspruchs mit der Folge, dass der Einbehalt an den Insolvenzverwalter herauszugeben ist.[28]

Steuerliche Aspekte im Insolvenzverfahren

Die Vorschriften zur Bauabzugsteuer gem. § 48 EStG gelten im Insolvenzfall weiter.[29] Legt der Insolvenzverwalter keine aktuelle, auf ihn ausgestellte Freistellungsbescheinigung vor, ist die Bauabzugsteuer abzuziehen und direkt an das Finanzamt abzuführen.

Besonderheiten für einzelne Insolvenzschuldner

Je nach Art bzw. Rolle des insolventen Baubeteiligten können sich Besonderheiten des Insolvenzverfahrens ergeben.

Auftragnehmer-Insolvenz

Bietergemeinschaft/ARGE:

Die Auswirkungen der Insolvenz eines Mitglieds hängen davon ab, ob in den vertraglichen Regelungen der Bietergemeinschaft/ ARGE[30] für diesen Fall die Fortsetzung vorgesehen ist. Haben die Mitglieder keine Fortführungsklausel vereinbart, kommt es zur Abwicklung der Bietergemeinschaft/ARGE nach § 728 BGB.

27 Nach § 17 Abs. 6 Nr. 1 Satz 3 VOB/B müssen Sicherheitseinbehalte binnen 18 Werktagen auf ein Sperrkonto bei einer Bank eingezahlt werden.

28 § 17 Abs. 6 Nr. 3 VOB/B.

29 LG München I, Urt. v. 21.05.2010, 18 O 22179/09.

30 Die jeweiligen Musterverträge des Zentralverbands des Deutschen Baugewerbes e. V. für Bietergemeinschaften und ARGEs sehen eine Fortführungsklausel für den Fall der Insolvenz eines Mitglieds vor.

Trotz Fortführung der Bietergemeinschaft ist im laufenden Vergabeverfahren ein Ausschluss des Angebots durch die Vergabestelle möglich, wenn hierdurch ihre Eignung anders zu bewerten ist,[31] z. B. die Leistungsfähigkeit der Bietergemeinschaft beeinträchtigt wird.[32]

Ob ein Kündigungsrecht des Auftraggebers nach § 8 Abs. 2 VOB/B besteht, wenn nur ein ARGE-Partner und nicht die ARGE insgesamt insolvent wird, ist strittig. Es sollte daher vorrangig ein Kündigungsrecht nach §§ 8 Abs. 3 Nr. 1, 5 Abs. 4 VOB/B wegen unzureichender Ausstattung der Baustelle geprüft werden.

Generalunternehmer:

Bei der Generalunternehmer-Insolvenz besteht die Möglichkeit der Direktzahlung des Bauherrn an den Nachunternehmer,[33] wenn dieser wegen Zahlungsverzugs des Generalunternehmers die Fortsetzung seiner Leistung zu Recht verweigern dürfte und die Direktzahlung die Fortsetzung der Leistung sicherstellen soll. Dieses Recht endet mit Eröffnung des Insolvenzverfahrens.[34]

Eine weitere Besonderheit ist das doppelte Wahlrecht des Insolvenzverwalters gegenüber Bauherrn und Nachunternehmern, ob die Verträge erfüllt werden sollen.

Bauträger:

Bei einer Insolvenz des Bauträgers sind die Regelungen der Lastenfreistellungserklärung der Bauträgerbank für den Insolvenzfall zu prüfen. Diese enthalten oft ein Wahlrecht,[35] das Bauvorhaben fertigzustellen oder die bisherigen Zahlungen zu erstatten. Für einen Weiterbau besteht dann das Risiko, dass die Bank nur die Zahlungen erstattet und das Objekt verwertet.

Im Insolvenzverfahren können bei Ablehnung der Erfüllung durch den Insolvenzverwalter die Vertragsbestandteile Grundstückskaufvertrag und Bauvertrag ein unterschiedliches rechtliches Schicksal haben.

31 OLG Celle, Beschl. v. 05.09.2007, 13 Verg 9/07.
32 VK Nordbayern, Beschl. v. 18.09.2003, 320.VK-3194-31/03.
33 § 16 Abs. 6 VOB/B.
34 BGH, Urt. v. 24.04.1986, VII ZR 248/85.
35 § 3 Abs. 1 Satz 3 MABV.

Architekten/Ingenieure:

Nach den bundeslandspezifischen Regelungen der Architektenkammern sind teilweise „in Vermögensverfall geratene" Architekten aus der Architektenliste zu löschen. Probleme können sich bei der Abrechnung unvollständiger Leistungen ergeben, die nicht gegen das zwingende Preisrecht der HOAI verstoßen darf.[36]

Etwaige Haftungsansprüche gegen den Architekten oder Ingenieur können als Direktansprüche gegen die jeweilige Haftpflichtversicherung geltend gemacht werden.[37]

Auftraggeber-Insolvenz

Bei einer Auftraggeber-Insolvenz besteht für den Insolvenzverwalter die Möglichkeit, Zahlungen des Auftraggebers wegen inkongruenter Deckung anzufechten, wenn Abschlagszahlungen vor Fälligkeit geleistet wurden.[38]

[36] Die HOAI enthält keine ausdrückliche Regelung für die Abrechnung unvollständiger Leistungen. Nach BGH, Urt. v. 16.12.2004, VII ZR 174/03, ist es naheliegend (aber nicht zwingend erforderlich), die Abrechnung nach der Steinfort-Tabelle oder ähnlichen Berechnungswerken vorzunehmen, da diese „auf dem Durchschnitt der Erfahrungswerte von sachverständigen Praktikern" beruhen und sich so „als Orientierungshilfe auch für die Bewertung nicht erbrachter Leistungen eignen".

[37] § 115 Abs. 1 Nr. 2 VVG.

[38] BGH, Urt. v. 09.06.2005, IX ZR 152/03: wenn die Zahlung früher als fünf Bankgeschäftstage vor Fälligkeit eingeht.

Schwarzarbeit

Schwarzarbeit liegt nicht nur dann vor, wenn ohne Rechnung gearbeitet wird. Auch andere Verstöße gegen gesetzliche Vorschriften führen zu einem Fall der Schwarzarbeit.

Schwarzarbeit leistet nach § 1 Abs. 2 Schwarzarbeitsgesetz (SchwarzArbG), wer Dienst- oder Werkleistungen erbringt oder ausführen lässt und dabei

- als Arbeitgeber, Unternehmer oder versicherungspflichtiger Selbstständiger seine sich aufgrund der Dienst- oder Werkleistungen ergebenden sozialversicherungsrechtlichen Melde-, Beitrags- oder Aufzeichnungspflichten nicht erfüllt,
- als Steuerpflichtiger seine sich aufgrund der Dienst- oder Werkleistungen ergebenden steuerlichen Pflichten nicht erfüllt,
- als Empfänger von Sozialleistungen seine sich aufgrund der Dienst- oder Werkleistungen ergebenden Mitteilungspflichten gegenüber dem Sozialleistungsträger nicht erfüllt,
- als Erbringer von Dienst- oder Werkleistungen seiner sich daraus ergebenden Verpflichtung zur Anzeige vom Beginn des selbstständigen Betriebs eines stehenden Gewerbes (§ 14 der Gewerbeordnung) nicht nachgekommen ist oder die erforderliche Reisegewerbekarte (§ 55 Gewerbeordnung) nicht erworben hat,
- als Erbringer von Dienst- oder Werkleistungen ein zulassungspflichtiges Handwerk als stehendes Gewerbe selbstständig betreibt, ohne in der Handwerksrolle eingetragen zu sein (§ 1 Handwerksordnung).

Verstöße führen nicht nur zu Bußgeldern, sondern auch häufig zu Geld- und Gefängnisstrafen, da Schwarzarbeit oft zu weiteren Straftaten führt, wie z. B. dem Erschleichen von Sozialleistungen oder illegaler Ausländerbeschäftigung oder Steuerverkürzung. Die Konsequenzen sind daher nicht nur im Schwarzarbeitsgesetz selber geregelt, sondern finden sich in anderen Gesetzen, wie z. B. der Steuerhinterziehung, § 370 AO, der Beitragsvorenthaltung, § 266a StGB, oder weiteren Straf- und Bußgeldtatbeständen im Arbeitnehmerentsendegesetz oder im Arbeitnehmerüberlassungsgesetz. Daneben gibt es Straf- und Bußgeldtatbestände sowie Haftungstatbestände in den Sozialgesetzbüchern.

Nur ganz wenige Bau- oder Planerleistungen, für die keine Rechnung erstellt wird und die bar bezahlt werden, sind erlaubt. Dies sind Leistungen, die aus Gefälligkeit, als Nachbarschaftshilfe erbracht werden oder überschaubare Tätigkeiten innerhalb der Familie. Für die Bauleitung ist dies z. B. der Fall, wenn er einem Nachbarn oder einem Freund hilft, weil dieser zeitlich begrenzt aktuelle Probleme hat, bei denen er unterstützend eingreifen kann. Sobald er sich aber regelmäßig um die Baustelle kümmert, Unternehmen organisiert, den Bauablauf überwacht, kontrolliert, mehrere Rechnungen prüft und freigibt etc., liegt keine überschaubare Tätigkeit mehr vor. Dann handelt es sich um eine nach § 1 Abs. 3 Schwarzarbeitsgesetz verbotene Tätigkeit.

Problem Scheinselbstständigkeit

Ein oft unterschätztes Problem ist die Beschäftigung von Scheinselbstständigen. Scheinselbstständigkeit kommt vor allem im Nachunternehmerbereich vor, wenn dort sog. Ein-Mann-GbRs arbeiten. Die Beschäftigung von Scheinselbstständigen führt zu Problemen im Bereich Sozialversicherungsrecht und Steuerrecht. Die Bauleitung sollte daher im Interesse des Auftraggebers als auch um möglichen Regressansprüchen zu entgehen ein Auge darauf haben, dass die von den verschiedenen Unternehmen und Subunternehmen eingesetzten Mitarbeiter bei den Sozialversicherungsträgern angemeldet sind, die monatlichen Berichte an die SOKA Bau erfolgen, die Mindestlohnbescheinigungen vorliegen etc. Entsprechende Nachweise werden oft in den Bauverträgen oder den Anlagen gefordert. Die Bauleitung muss darauf achten, dass die Unterlagen dann auch vorliegen und regelmäßig nachgereicht werden (i. d. R. monatlich).

Hinweise auf eine mögliche Scheinselbstständigkeit sind insbesondere:

- Leistungsabrechnung nach Zeit und nicht leistungsbezogen, z. B. nach Masse, Länge, Höhe, Quadratmeter, Kubikmeter etc.
- fehlender Kapitaleinsatz des angeblich Selbstständigen und damit ein fehlendes unternehmerisches Risiko
- Weisungsbefugnis des Generalunternehmers bzw. des eigentlichen Auftraggebers bezüglich der konkret in den einzelnen Bereichen zu erbringenden Leistungen, Bestimmungen

des Bauablaufs, Festlegung von Ruhepausen, des Arbeitsbeginns oder des Arbeitsendes (ein Selbstständiger bestimmt selber wann er wo und wie mit welchen Mitarbeitern und welchem Maschineneinsatz arbeiten will)
- fehlender Maschineneinsatz, fehlende Schutzbekleidung, fehlende Ausstattung mit grundlegenden Werkzeugen (wird dies alles vom Hauptauftraggeber oder einem Subauftraggeber gestellt, spricht vieles für Scheinselbstständigkeit)

Wird später eine Scheinselbstständigkeit festgestellt, kann dies erhebliche Nachzahlungen in die Sozialversicherungskassen (Rente, Arbeitslosenversicherung) als auch Steuernachzahlungen für nicht abgeführte Lohnsteuer auslösen. Zudem haftet ein „Arbeitnehmer" natürlich nicht für Mängel seiner Leistungen. Der Auftraggeber verliert sämtliche Gewährleistungsansprüche.

Problem Zahlung ohne Rechnung

Neben den Problemen und möglichen Haftungstatbeständen, die aus der Beschäftigung von Scheinselbstständigen herrühren und die Nachteile für die Sozialversicherungskassen, Krankenkassen, Rentenkasse, Arbeitslosenversicherung zur Folge haben, führt eine „ohne Rechnung-Abrede", die „Schwarzgeldabrede" dazu, dass Umsatzsteuer nicht ausgewiesen und abgeführt wird und damit auch im Hinblick auf die Einkommensteuer erzielte Einkünfte nicht ordnungsgemäß angegeben werden.

Solche Schwarzgeldabreden haben erhebliche Konsequenzen für die vertraglichen Beziehungen der Bauvertragsparteien oder auch der Parteien eines Planervertrags. Darüber hinaus gibt es strafrechtliche Konsequenzen mit Bußgeldern und Geldstrafen bis hin zu Haftstrafen.

Konsequenz: Nichtigkeit des Vertrags für den Auftragnehmer

Bei einem Verstoß gegen das Schwarzarbeitsbekämpfungsgesetz ist der Vertrag zwischen Auftraggeber und Bauunternehmen oder Planer nichtig. Dies bedeutet, dass alle vertraglichen Abreden von Anfang an ungültig sind. Es gab nie einen Vertrag zwischen diesen Parteien. Dies hat zur Folge, dass der Unternehmer keinen Anspruch auf eine Vergütung hat. Dies völlig unabhängig davon, wie viel Leistung er bereits auf der Baustelle erbracht oder wie viel Material er bereits eingekauft hat, wie viel Subunternehmer er beauftragt hat etc. Bei einem nichtigen Planervertrag spielen die erreichte Baugenehmigung oder die Dauer und Intensität der Bauüberwachung keine Rolle. Mangels Vertrag gibt es keinen Anspruch auf eine Vergütung für diese Leistungen. Arbeit und Material werden auch nicht aufgrund einer ungerechtfertigten Bereicherung oder unter Schadensersatzgesichtspunkten erstattet. Da die Parteien wissen, dass sie eine Schwarzgeldabrede geschlossen haben, ist es gesetzlich ausgeschlossen, dass sie in irgendeiner Art und Weise davon profitieren.

Hat also z. B. der Fliesenleger bereits den Fußboden des halben Hauses und das Badezimmer gefliest und für die restlichen Bereiche das Material eingekauft, bekommt er trotzdem keine Vergütung. Er kann noch nicht einmal verlangen, dass ihm das eingebaute oder auf der Baustelle lagernde Material zurückgegeben wird.

Konsequenz: Nichtigkeit des Vertrags für den Auftraggeber

Der Auftraggeber wiederum hat das Problem, dass bei einem Verstoß gegen das Schwarzarbeitsgesetz kein Anspruch auf Leistungserfüllung besteht. Wenn der Fliesenleger seine Arbeiten nicht beendet, kann er keine Ersatzvornahme einleiten, er kann keinen Kostenvorschuss in Höhe des Differenzbetrags zwischen dem vereinbarten Schwarzgeld und den tatsächlichen Kosten für die Fertigstellung der Leistung verlangen.

Darüber hinaus hat der Auftraggeber auch keinen Anspruch auf eine Mangelbeseitigung. Gewährleistungsansprüche setzen voraus, dass ein Vertrag besteht. Wäre also die Leistung des Fliesenlegers in hohem Maße mangelhaft, weil z. B. die Fliesen auf einen noch nicht ausreichend getrockneten Estrich verlegt wurden und deshalb die komplette Leistung im Bodenbereich nachgebessert werden muss, gibt es keinen Anspruch des Auftraggebers hierauf. Der Auftraggeber muss auf eigene Kosten die mangelhafte Leistung des Fliesenlegers zurückbauen und einen anderen Fliesenleger in voller Höhe ohne Regressmöglichkeit mit der Neuverlegung beauftragen. Der Auftraggeber hätte auch keinen Anspruch darauf, Material zu erhalten, welches der Fliesenleger aufgrund einer Vorauszahlung schon gekauft hat.

Der Auftraggeber hat keinen Anspruch auf Ausgleich von Schäden, die ihm entstehen, weil das Haus z. B. verspätet fertiggestellt wurde und deswegen nicht rechtzeitig vermietet werden kann. Er hat ebenso wenig einen Anspruch auf Rückzahlung von Geld, das er infolge der Schwarzgeldabrede gezahlt hat. Hat der Auftraggeber z. B. aufgrund einer Schwarzgeldabrede mit einem hohen prozentualen Nachlass eine hohe Vorauszahlung geleistet oder dem Unternehmer Geld zur Verfügung gestellt, damit dieser Material kaufen kann, besteht aufgrund der Schwarzgeldabrede kein Anspruch darauf dieses Geld zurückzuerhalten; dies selbst dann nicht, wenn der Unternehmer für das Geld in Urlaub gefahren ist, anstatt Fliesen zu kaufen.

Sonstige Konsequenzen

Schwarzgeldabreden haben auch Konsequenzen für den Versicherungsschutz. Die Haftpflichtversicherung eines Bauunternehmers oder Planers übernimmt keine Deckung für Schäden, die aus einem gesetzeswidrig abgeschlossenen Vertrag resultieren. Ist also der Bauvertrag oder der Architekten-/Ingenieurvertrag aufgrund einer Schwarzgeldabrede nichtig, hat der Auftraggeber nicht nur keine Schadensersatzforderungen an den Unternehmer; er kann auch dessen Haftpflichtversicherung nicht in Anspruch nehmen.

Schwarzarbeit hat Konsequenzen für die Gewährung von Fördermitteln. Der Auftraggeber, der die Leistungen, die eigentlich förderungsfähig wären oder für die er sogar eine Zusage und Fördermittel erhalten hat, unter Verstoß gegen das Schwarzarbeitsbekämpfungsgesetz erbringen lässt, verliert den Förderanspruch. Er erhält entweder gar keine Förderung oder aber er muss die zinsgünstigen Darlehen oder Zuschüsse für die Maßnahme an den Fördermittelgeber zurückzahlen.

Selbst ohne die weiteren strafrechtlichen, steuerlichen und sozialversicherungsrechtlichen Konsequenzen sind allein die „normalen“ zivilrechtlichen Konsequenzen einer Schwarzgeldabrede sowohl für den Auftraggeber als auch für den Auftragnehmer äußerst unangenehm, weitreichend und im Zweifel teuer.

Beispiele für Schwarzarbeit

Ein Fall von Schwarzarbeit liegt vor, wenn die Parteien ursprünglich einen normalen Bau- oder Planungsvertrag geschlossen haben, dann aber aufgrund einer nachträglichen Vereinbarung ein Teil der Leistung ohne Rechnung bezahlt wird. Der BGH hat in einem Urteil vom 16.03.2017, VII ZR 197/16, entschieden, dass eine Nichtigkeit nicht nur vorliegt, wenn die Parteien eine Leistung von vornherein ohne Rechnung vereinbart haben. Ein ursprünglich wirksamer Vertrag wird nachträglich unwirksam, wenn er zu einem späteren Zeitpunkt so abgeändert wird, dass er dann vom Verbot des § 1 Abs. 2 Nr. 2 SchwarzArbG erfasst wird. Ziel des Gesetzes ist es, die Schwarzarbeit schlechthin zu verbieten und jeden Leistungsaustausch ohne Rechnung umfassend zu sanktionieren. Auch eine nach Vertragsabschluss getroffene Vereinbarung zur Zahlung eines Teilbetrags ohne Rechnung führt dazu, dass der gesamte Vertrag nichtig ist. In diesen Fällen ist also nicht nur die Änderungsvereinbarung nichtig.

Das OLG Hamm hatte einen Fall mit einem Architekten zu entscheiden, der mit den Leistungsphasen 1–7 mündlich beauftragt worden war. Um Geld zu sparen, vereinbarten Auftraggeber und Planer, dass der Auftraggeber noch vor Einreichung der Schlussrechnung einen Teilbetrag von 5.000 Euro bar an den Architekten zahlte. Dieser Betrag wurde in der Schlussrechnung auch nicht aufgeführt. Das OLG stellt in seinem Urteil vom 18.10.2017, 12 U 115/16, fest, dass dies eine Schwarzgeldabrede ist. Diese führt dazu, dass der gesamte Architektenvertrag nichtig ist. Dem Auftraggeber stehen trotz Mängeln der Planerleistung keine Gewährleistungsansprüche zu. Der Planer wiederum kann für erbrachte Leistungen keine Zahlung verlangen.

Selbst wenn die Parteien nicht vorhatten, eine Schwarzgeldabrede zu treffen, kann die Missachtung gesetzlicher Vorschriften dazu führen, dass ein Vertrag nichtig ist und dieselben Rechtsfolgen eintreten, als wenn Auftraggeber und Auftragnehmer schon von Anfang an vor hatten, aufgrund einer Schwarzgeldabrede Steuern und Sozialversicherungsbeiträge zu sparen.

Das Umsatzsteuergesetz sieht vor, dass innerhalb von sechs Monaten eine Rechnung für eine erbrachte Leistung erstellt sein muss, § 14 Abs. 2 Satz 1 Nr. 1 UStG. Ebenso besteht die Pflicht, für Anzahlungen/Vorauszahlungen eine Rechnung zu erstellen, § 14 Abs. 5 Satz 1 UStG. Schließlich muss der Unternehmer Vorauszahlungen beim Finanzamt anmelden, § 18 Abs. 1, 3 UStG. Diese steuerlichen Verpflichtungen hat jeder Unternehmer und Betrieb zu kennen. Wird hiergegen verstoßen und nicht innerhalb von sechs Monaten nach Überlassung einer Barzahlung eine entsprechende Rechnung erstellt, führt dies zur Nichtigkeit des Vertrags. In dem vom OLG Hamm mit Urtei vom 07.06.2016, 24 U 152/15, entschiedenen Fall hatte ein pensionierter Architekt einen Handwerker mit Leistungen beauftragt. Diese wurden nicht innerhalb von sechs Monaten abgerechnet. Allein diese Fristversäumung reichte dem Gericht, um zu einer Gesamtnichtigkeit des Vertrags aufgrund eines Schwarzgeldverstoßes zu kommen.

Das OVG Saarland hat mit einem Beschluss vom 28.05.2018, 2 A 480/17, entschieden, dass der Bauherr eines Wohngebäudes, bei dem eine Fassadensanierung durchgeführt werden sollte und der ein kommunales Förderprogramm in Anspruch genommen hat, einen eigentlich bestehenden Anspruch auf Fördermittel nicht in Anspruch nehmen kann, weil der Bauvertrag aufgrund eines Schwarzgeldverstoßes nichtig war. In diesem Fall konnte der Auftraggeber keine ordnungsgemäße Rechnung des Auftragnehmers nachweisen. Es gab lediglich mehrere Quittungen über Vorschüsse. Die „Schlussrechnung“ war von einer GmbH ausgestellt, die Insolvenzantrag gestellt hatte und im Handelsregister gelöscht worden war. Es sei zwar nicht sicher, dass eine Schwarzgeldabrede vorliege, allerdings reiche es aus, wenn hinreichende Anhaltspunkte für einen Verstoß gegen das Schwarzarbeitsgesetz vorliegen würden, um die Fördermittel endgültig zu verweigern.

Aktuell noch nicht endgültig geklärt ist die Frage, ob ein nichtiger Vertrag auch dann vorliegt, wenn das beauftragte Unternehmen nicht ordnungsgemäß in der Handwerksrolle eingetragen ist. Das OLG Frankfurt hat mit Urteil vom 24.05. 2017, 4 U 2169/15, entschieden, dass es einen Fall von Schwarzarbeit darstellt, wenn ein Handwerker Arbeiten eines zulassungspflichtigen Handwerks übernimmt, ohne in die Handwerksrolle eingetragen zu sein. Das Kammergericht Berlin hat im Urteil vom 05.09.2017, 7 U 136/16, hingegen entschieden, dass ein Werkvertrag mit einem nicht in die Handwerksrolle eingetragenen Unternehmer nicht grundsätzlich zur Nichtigkeit des Vertrags wegen eines Verstoßes gegen das Schwarzarbeitsgesetz führt. Ein einseitiger Verstoß des Auftragnehmers führt nur dann zur Nichtigkeit des Werkvertrags, wenn der Auftraggeber den Verstoß kennt und ihn auch bewusst mit zu seinem Vorteil ausnutzt.

Jeder Bauleitung ist aufgrund dieser Unsicherheit dringend zu empfehlen, in jedem Fall Nachweise von zulassungspflichtigen Handwerksbetrieben zu verlangen, dass dieser Betrieb auch ordnungsgemäß in der Handwerksrolle eingetragen ist.

Problem: Haftung der Bauleitung

Um nicht Mittäter einer Steuerhinterziehung oder eines Sozialversicherungsbetrugs zu werden oder zumindest Beihilfe zu einer solchen Straftat zu leisten, sollte der Bauüberwacher sorgfältig darauf achten, dass alle Leistungen ordnungsgemäß abgerechnet werden und dies immer innerhalb von sechs Monaten geschieht.

Zwar wird die Bauleitung selten der eigentliche „Täter" i. S. d. Straf- und Bußgeldvorschriften sein; dies wird im Zweifel der Arbeitgeber bzw. der Auftraggeber sein. Wie für alle Straftatbestände kommt aber eine Anstiftung oder Beihilfe in Betracht. Bei der Übernahme entsprechender Prüfpflichten im Hinblick auf die von den auf der Baustelle beschäftigten Unternehmen zu liefernden Nachweise kommt darüber hinaus auch noch eine zivilrechtliche Haftung gegenüber dem eigenen Auftraggeber in Betracht. Dieser verlässt sich darauf, dass die Bauleitung darauf achtet, dass alle Arbeitnehmer auf der Baustelle ordnungsgemäß sozialversichert sind, die Lohnsteuer abgeführt wird, der Mindestlohn gezahlt wird etc. Kommt die Bauleitung diesen Prüfpflichten nicht nach und wird der Auftraggeber deswegen möglicherweise in Haftung genommen oder muss er Bußgelder zahlen oder Strafen, kommt ein Regressanspruch in Betracht.

Wenn der Vertrag der Bauleitung selber von einem Verstoß gegen das Schwarzarbeitsgesetz betroffen ist, weil Teile ihres Honorars ohne Rechnung bezahlt werden, verliert sie seinen Honoraranspruch. Darüber hinaus muss sie selber als Täter mit strafrechtlichen und steuerrechtlichen Konsequenzen rechnen.

Baubeginn und Baustelleneinrichtung

Baubeginn

Voraussetzungen für einen Baubeginn

Bis es zum Beginn der Rohbauarbeiten kommen kann, muss das Bauvorhaben das jeweils anzuwendende baurechtliche Genehmigungsverfahren durchlaufen. Je nach Genehmigungsverfahren ergeben sich unterschiedliche Aufgaben und Verantwortlichkeiten für die Bauleitung. Wann und in welcher Form es zu einem Baubeginn kommen kann, ergibt sich aus den Auflagen der Baugenehmigung. Die Bauleitung muss deswegen vor Baubeginn alle Genehmigungsunterlagen und Auflagen sorgfältig prüfen. Insbesondere Auflagen müssen zwingend umgesetzt werden, da eine Überprüfung bei der Abnahme stattfindet. Verantwortlich für die Umsetzung aller Auflagen ist die Bauleitung.

Baufreigabe und Teilbaufreigabe

Ohne Baufreigabe ist ein Baubeginn nicht zulässig. Die Baufreigabe wird erst dann von der Baugenehmigungsbehörde erteilt, wenn alle Voraussetzungen für den Baubeginn aus der Baugenehmigung erfüllt sind. Zwischen Baugenehmigung und Baufreigabe gibt es inhaltliche und zeitliche Abhängigkeiten. Die Auflagen in der Baugenehmigung können wirtschaftlicher, rechtlicher und technischer Natur sein. Wirtschaftliche Auflage ist, dass der Bauherr die Genehmigungskosten und/oder Befreiungsgebühren bezahlt hat. Rechtlich kann es notwendig sein, dass Baulasten und Dienstbarkeiten im Grundbuch einzutragen sind. Technisch ist meistens die Freigabe des Standsicherheitsnachweises durch den Prüfingenieur notwendig. Zuständig für die Auflagenerfüllung ist der Bauherr mit dessen Architekt. Ein Baubeginn ohne Baufreigabeschein ist unzulässig, da es sich sonst um einen „Schwarzbau“ mit dem Risiko handelt, dass Bauarbeiten eingestellt oder sogar Bauteile zurückgebaut werden müssen.

Da der Zeitraum zwischen Baugenehmigung und Baufreigabe aufgrund der Komplexität bei der Auflagenerfüllung oftmals mehrere Monate beträgt, besteht auch die Möglichkeit der Teilbaufreigabe. Mit ihr ist es möglich, erste Arbeiten, wie z. B. Erd-

und Grundbauarbeiten, in Gang zu setzen. Eine Teilbaufreigabe für einzelne Geschosse, z. B. Tiefgaragen/Untergeschosse oder für einzelne Bauteile ist ebenso möglich.

Der Baufreigabeschein enthält die Bezeichnung des Bauvorhabens, die Namen und Anschriften des Planverfassers und der Bauleitung. Spätestens mit Baubeginn muss der Auftraggeber dann im Baufreigabeschein auch Namen, Anschrift und Rufnummer des Unternehmers für die Rohbauarbeiten ergänzen. Der Baufreigabeschein muss an der Baustelle sichtbar und witterungsgeschützt angebracht werden.

Rahmenbedingungen für die Bauleitung zu Baubeginn

Die wichtigsten Rahmenbedingungen für die Bauleitung zu Beginn eines Bauvorhabens ergeben sich aus dem Bauantrag. Oft gibt es zuvor Bauvorbescheide, die ebenfalls von hoher Bedeutung für die Bauleitung sind. Die Bauleitung muss deswegen vor Baubeginn folgende Unterlagen sichten:

- Antrag auf Baugenehmigung einschließlich aller Formulare
- Lageplan im Maßstab 1:500 mit Darstellung von Stellplätzen, Feuerwehrzufahrt, Abstandsflächen zu Nachbargebäuden, Spielplätzen usw.
- Bauzeichnungen im Maßstab 1:100
- Baubeschreibung mit den Details zur technischen Bauausführung, der Berechnung der Wohn-/Nutzfläche, des Rauminhalts und Baukosten (Erstellungskosten)
- technische Angaben zu Feuerungsanlagen
- Darstellung der Grundstücksentwässerung
- bautechnische Nachweise (Statik und Schallschutznachweis) bzw. in bestimmten Fällen eine entsprechende Erklärung eines entsprechenden Sachverständigen
- Erhebungsbogen für die Statistik über die Bautätigkeit im Hochbau
- Übersicht über Abweichungen, Ausnahmen und Befreiungen
- Zustimmungen oder Einwendungen von Nachbarn
- immissionsschutzrechtliche Auflagen
- Brandschutzkonzept (insbesondere bei Sonderbauten)
- Stellplatzberechnung
- Nachweis Be- und Entlüftung der Tiefgarage
- Schallschutzgutachten
- Freiflächenbilanz

- Spielflächenbedarf
- Stellungnahmen von Fachämtern/-behörden
- weitere gutachterliche Stellungnahmen (z. B. zur Barrierefreiheit).

Einfluss des Genehmigungsverfahrens für den Baubeginn

Die Pflichten der Bauleitung zu Beginn einer Baustelle hängen maßgeblich von den vorausgegangenen Genehmigungsverfahren ab. Die Genehmigungsverfahren sind von Bundesland zu Bundesland verschieden. In den Landesbauordnungen der Länder sind grundsätzlich folgende Baugenehmigungsverfahren zu unterscheiden:

- förmliche Baugenehmigungsverfahren und Sonderbauten
- Bauvorhaben im vereinfachten Genehmigungsverfahren oder im Kenntnisgabeverfahren
- verfahrensfreie Bauvorhaben

Bauvorhaben im förmlichen Baugenehmigungsverfahren und Sonderbauten:

Bei Bauvorhaben, die im förmlichen Baugenehmigungsverfahren genehmigt wurden, liegen die genannten genehmigungsrelevanten Unterlagen vollständig vor. Insbesondere bei Sonderbauten, die aufgrund ihrer Nutzungsart besondere Planungen erfordern, gibt es Gutachten, in denen präzise Auflagen für den Baubeginn enthalten sind.

Für die Bauleitung besteht durch die förmliche Baugenehmigung deswegen Rechtssicherheit, was den Baubeginn und die Ausführung anbelangt. Die Bauleitung hat keine weiteren Prüfungen mehr vorzunehmen, da das Bauvorhaben durch die Baurechtsbehörde umfassend geprüft wurde.

Bauvorhaben im vereinfachten Genehmigungsverfahren oder im Kenntnisgabeverfahren:

Bei Bauvorhaben, die im vereinfachten Genehmigungsverfahren oder im Kenntnisgabeverfahren von der Baubehörde bearbeitet werden, gibt es keine förmliche Genehmigung mit Auflagen und Hinweisen für den Baubeginn. Stattdessen gibt es lediglich eine Vollständigkeitsbescheinigung, in der bestätigt wird, dass die Genehmigungsunterlagen vollständig sind. Ein Baubeginn ist dann je nach Landesbauordnung innerhalb von wenigen Wochen möglich.

Da es in der Vollständigkeitsmitteilung keine Auflagen oder sonstige Hinweise für den Bau gibt, hat die Bauleitung sicherzustellen, dass alle öffentlich-rechtlichen, privatrechtlichen und baurechtlichen Vorgaben beim Baubeginn erfüllt sind.

Verfahrensfreie Bauvorhaben:

Bei baurechtlich verfahrensfreien Vorhaben entfällt die vorherige Kontrolle des Bauvorhabens auf Übereinstimmung mit den Bauvorschriften durch die Baurechtsbehörde. Diese Aufgabe obliegt dem Bauherrn, dessen Architekt und der Bauleitung. Oft gibt es bei verfahrensfreien Bauvorhaben keinen Architekten, sodass die Verantwortung für die Einhaltung der Bauvorschriften bei der Bauleitung liegt.

Welche Bauvorhaben verfahrensfrei sind, steht in der jeweiligen Landesbauordnung. Verfahrensfreie Bauvorhaben sind u. a. alle Arten von Instandhaltungsarbeiten, Maßnahmen der energetischen Sanierung oder Modernisierung. Auch kleinere Bauvorhaben wie Nebengebäude, Garagen, Carports usw. können darunterfallen.

Bestehen Zweifel, ob ein Bauvorhaben verfahrensfrei ist, muss vor Beginn der Baumaßnahme die Bauleitung eine Klärung mit der Baubehörde durchführen.

Bautechnische Prüfung

In der Praxis hängt die Erteilung der Baufreigabe sehr oft davon ab, ob die bautechnische Prüfung des Standsicherheitsnachweises abgeschlossen ist. Für die Bauleitung ist es zwingend notwendig, dass vor dem Baubeginn die Prüfung abgeschlossen ist. Ob für ein Bauvorhaben eine bautechnische Prüfung durchzuführen ist, ist in den Verfahrensordnungen der jeweiligen Landesbauordnung geregelt. Keiner bautechnischen Prüfung bedürfen demnach Gebäude der Gebäudeklassen 1–3 mit einer bestimmten Nutzung und bis zu einer bestimmten Größe.

Wenn die Voraussetzungen für den Wegfall einer bautechnischen Prüfung vorliegen, hat der Bauherr unabhängig vom jeweiligen baurechtlichen Verfahren lediglich eine Erklärung zum Standsicherheitsnachweis vorzulegen, in der eine beruflich qualifizierte Person benannt wird, die mit der Erstellung des Standsicherheitsnachweises beauftragt ist.

Ist eine bautechnische Prüfung erforderlich, wird diese durch die Baurechtsbehörde selbst oder durch einen von ihr beauftragten Prüfingenieur für Bautechnik durchgeführt. Die bautechnische Prüfbestätigung muss vor Baubeginn bei der Baurechtsbehörde vorgelegt werden. Ein früherer Baubeginn ist nicht zulässig.

Baubeginnanzeige

Die Baubeginnanzeige hat die Aufgabe, die Baubehörde über den Beginn der Arbeiten zu informieren. Diese informiert bei größeren Bauvorhaben ggf. die Ortspolizei. Die Bauleitung muss dafür Sorge tragen, dass der Bauherr den Baubeginn und die Wiederaufnahme der Bauarbeiten nach einer Unterbrechung von mehr als sechs Monaten vorher dem Baurechtsamt schriftlich mitteilt.

Baustelleneinrichtung

Die Baustelleneinrichtung (BE) dient der wirtschaftlichen und sicheren Abwicklung von Bauprojekten. Sie wird durch die Bauleitung im Rahmen der Arbeitsvorbereitung geplant. Die BE umfasst folgende Hauptgruppen:

- Gebäude
- Hebezeuge und Großgeräte
- Lager- und Bearbeitungsflächen
- Verkehrsflächen und Transportwege
- Versorgung und Entsorgung
- Baustellensicherung

Die wichtigsten Kriterien, die die BE beeinflussen, sind dabei die Größe des Bauvorhabens, die Bauzeit, Witterungseinflüsse (Jahreszeit) sowie die örtlichen Platzverhältnisse. Diese Kriterien bestimmen die erforderliche Leistung und Anzahl der einzelnen Einrichtungselemente, z. B. wie viele Container oder Kräne notwendig werden.

Vorschriften zur Baustelleneinrichtung

Landesbauordnung:

Die BE darf genehmigungsfrei erstellt werden. Trotzdem formulieren die Landesbauordnungen grundlegende Anforderungen an die BE. Oberstes Ziel ist es, bauliche Anlagen so zu errichten oder zu ändern, dass die öffentliche Sicherheit oder Ordnung, insbesondere Leben und Gesundheit, nicht gefährdet werden. Gefahren und erhebliche Belästigungen sind zu vermeiden.

Die Bauleitung ist verpflichtet, für die *„ordnungsgemäße Einrichtung und den sicheren Betrieb der Baustelle, insbesondere für die Einhaltung der Arbeitsschutzbestimmungen"* zu sorgen.

Arbeitsschutzgesetz und abgeleitete Vorschriften:

Die Verordnungen und Richtlinien für Arbeitsplätze und Unterkünfte auf Baustellen basieren auf dem Arbeitsschutzgesetz (ArbSchG). Gemäß § 5 ArbSchG sind von Arbeitgebern grundsätzlich Gefährdungen ihrer Beschäftigten zu ermitteln, zu beurteilen, geeignete Arbeitsschutzmaßnahmen zu planen und zu realisieren.

In der Arbeitsstättenverordnung (ArbStättV) werden allgemeine Schutzziele und Anforderungen an die Gestaltung von Arbeitsplätzen angegeben, für deren Einhaltung im Wesentlichen die Bauleitung verantwortlich ist. Diese werden konkretisiert durch die sog. Technischen Regeln für Arbeitsstätten (Arbeitsstättenregeln – ASR).

Sozialgesetzbuch und abgeleitete Vorschriften:

Die Berufsgenossenschaften (BG) haben nach dem Sozialgesetzbuch den Auftrag, Arbeitsunfälle und arbeitsbedingte Berufskrankheiten zu verhüten. Eine Konkretisierung erfolgt durch das umfangreiche BG-Regelwerk, das sich in Vorschriften (BGV), Informationen (BGI), Regeln (BGR) und Grundsätze (BGG) unterteilt.

Für zahlreiche Arbeitsbereiche existieren von der BG Merkhefte, z. B. für Hochbauarbeiten, Tiefbauarbeiten, Gerüstarbeiten, Dacharbeiten etc. Die Merkhefte enthalten sicherheitsrelevante Hinweise auch für die BE, z. B. Sicherheitsabstände von Maschinen zu Baugruben, Hochspannungsleitungen usw.

Lärmschutz-Verordnung:

Maßgebend für den Umgang und die Beurteilung von Baustellenlärm sind das Bundes-Immissionsschutzgesetz, die Allgemeine Verwaltungsvorschrift zum Schutz gegen Baulärm – Geräuschimmissionen (AVV Baulärm) und die 32. Verordnung zur Durchführung des Bundes-Immissionsschutzgesetzes (Geräte- und Maschinenlärmschutzverordnung – 32. BImSchV).

Die AVV Baulärm setzt unterschiedliche Immissionsrichtwerte für Gebietstypen fest, welche sich zwischen 45 und 70 dB(A) am Tage bewegen. So ist beispielsweise bei Baustellen, die sich in Mischgebieten befinden, ein Richtwert von 60 dB(A) einzuhalten. Weiterhin führt sie Maßnahmen auf, die zur Lärmvermeidung getroffen werden müssen.

Genehmigungen:

Grundsätzlich ist die BE genehmigungsfrei.

Ist eine zeitweise Sperrung von öffentlichen Verkehrsflächen erforderlich oder müssen öffentliche Flächen als Stell- oder Lagerflächen genutzt werden, müssen diese Nutzungen beim Amt für öffentliche Ordnung beantragt werden. Zu berücksichtigen ist hierbei, dass bei der Anmietung öffentlicher Flächen häufig recht hohe Mieten an die Kommune zu entrichten sind.

Kontrolliert wird die BE von der staatlichen Gewerbeaufsicht und von der jeweiligen Berufsgenossenschaft.

Hebezeuge und Großgeräte

Unter Großgeräten werden bei der BE Mobil- und Turmdrehkrane, Bagger, Betonpumpen, Planierraupen sowie sonstige Förder- und Hebezeuge verstanden. Diese Geräte erfordern besonders viel Platz. Betriebshandbücher und technische Datenblätter informieren über deren Abmessungen und Gewicht.

Großgeräte stellen Schlüsselgeräte dar und sind für den wirtschaftlichen Erfolg der Baustelle wichtig. Bei der Planung der BE sind daher insbesondere der optimale Arbeitsstandort, der Arbeitsbereich sowie die Dimensionierung des Geräts zu betrachten. Dies gilt insbesondere für die Auswahl des richtigen Krans. Die Bauleitung legt mit den Polieren und der Fertigungsvorbereitung anhand der örtlichen Gegebenheiten und der Art der Konstruktion die Anzahl und den Standort der Kräne fest.

Gebäude

Gebäude sind für folgende Zwecke erforderlich:

- Pausen- und Umkleideräume
- Wasch- und Toilettenräume als sanitäre Einrichtungen für die Arbeitsunterkünfte
- Büro- und Besprechungsräume für das Aufsichts- und Verwaltungspersonal
- Magazine zur Unterbringung von Kleingeräten und Werkzeugen
- Baustoffmagazin zur trockenen Lagerung von Baumaterialien

Am häufigsten werden Container eingesetzt, die als Einheit auf die Baustelle gebracht und dort mit dem Baustellenkran oder einem Mobilkran versetzt werden. Die Einzelcontainer, deren Abmessungen standardisiert sind, können vertikal bis zur dreifachen Höhe gestapelt werden und sind horizontal beliebig erweiterbar. Durch entfernbare Wände können mit Einzelcontainern auch größere Raumeinheiten hergestellt werden. Treppen können innen oder außen liegend angeordnet werden.

Nachfolgende Tabelle zeigt die üblichen Abmessungen gängiger Container.

***Tabelle 1:** Übliche Abmessungen gängiger Container, Quelle: Prof. Dr.-Ing. Thomas Benz*

Element	Länge [m]	Breite [m]	Höhe [m]
Lagercontainer (10 Fuß/20 Fuß/40 Fuß)	2,99/6,06/12,19	2,44	2,59
Büro-, Aufenthalts- und Schlafcontainer	2,99/6,06	2,44	2,59
Sanitärcontainer	6,06	2,44	2,59
WC-Container	2,99/6,06	2,44	2,59

Pausenräume, Umkleideräume (Tagesunterkünfte):

Pausenräume müssen nach § 6 Abs. 3 ArbStättV bei mehr als zehn Beschäftigten, oder wenn Sicherheits- und Gesundheitsgründe (u. a. überwiegende Arbeit im Freien, schwere körperliche Arbeit, stark schmutzende Tätigkeit) dies erfordern, vorgesehen werden. Für Beschäftigte auf Baustellen ist ein Pausenraum oder ein Pausenbereich vorzusehen, da die Voraussetzungen aus Sicherheits- und Gesundheitsgründen i. d. R. gegeben sind.

In der Praxis werden die bauüblichen Tagesunterkünfte sowohl als Pausenräume als auch als Umkleideräume genutzt. Dabei sind die Mindestanforderungen gemäß ArbStättV zu beachten. Sie besagen, dass die Beschäftigten auf Baustellen

- sich gegen Witterungseinflüsse geschützt umkleiden, waschen und wärmen können,
- über Einrichtungen verfügen müssen, um ihre Mahlzeiten einzunehmen,
- in der Nähe der Arbeitsplätze über Trinkwasser verfügen können,
- die Möglichkeit haben sollen, Arbeitskleidung und Schutzkleidung außerhalb der Arbeitszeit zu lüften und zu trocknen,
- als Mindestausstattung für jeden Beschäftigten über eine Kleiderablage und ein abschließbares Fach verfügen müssen, damit persönliche Gegenstände unter Verschluss aufbewahrt werden können.

Weiterhin müssen Pausenräume beheizbar sein und über ausreichend Tageslicht verfügen.

Büro- und Besprechungsräume:

Die Anzahl der erforderlichen Büro- und Besprechungsräume auf einer Baustelle hängt von der Größe der Baumaßnahme ab. Bei kleinen Baustellen, bei denen nur der Polier als Führungspersonal ständig vor Ort ist, reicht ein einfaches Polierbüro in einem Container.

Auf größeren Baustellen sind separate Büros für Polier und Bauleitung erforderlich, und es sollte möglich sein, kleine Besprechungen durchzuführen (kleiner Besprechungsraum).

Für die Abschätzung der insgesamt benötigten Bürofläche kann mit einem Kennwert von 8,0 bis 10,0 m^2 je Angestelltem gerechnet werden.

Der Standort der Bauleitungscontainer ist möglichst so zu wählen, dass eine Überwachung der Baustellenzufahrten und des zu errichtenden Bauwerks durch Blick aus dem Fenster möglich ist.

Sanitärräume (Toiletten- und Waschräume):

Zu den Sanitärräumen gehören Toiletten- und Waschräume.

So kann bei Baustellen mit bis zu 21 Beschäftigten auf getrennt eingerichtete Toiletten-, Wasch- und Umkleideräume für weibliche und männliche Beschäftigte verzichtet werden, wenn eine zeitlich getrennte Nutzung sichergestellt ist. Bei mehr als sechs Beschäftigten je Beschäftigtengruppe (männlich und weiblich) sind getrennte Sanitärräume erforderlich.

Für die Dimensionierung der Toiletten gilt: Auf einer Baustelle mit bis zu fünf Beschäftigten ist eine Toilette erforderlich. Bei elf bis 20 Beschäftigten sind zwei Toiletten/Urinale und bei 21 bis 30 Beschäftigten drei Toiletten/Urinale vorzusehen.

In der Zeit von 15. Oktober bis 30. April sollen Toiletten beheizbar sein. Sie sollen nicht mehr als 100 m Wegstrecke vom Arbeitsort entfernt sein, bei schwierigen Gegebenheiten darf die Wegstrecke fünf Minuten nicht überschreiten.

Die Waschräume sollen sich in unmittelbarer Nähe der Pausenräume befinden. Für bis zu fünf Beschäftigte ist ein Waschplatz, bei sechs bis zehn Beschäftigten sind zwei Waschplätze und bei elf bis 20 Beschäftigten drei Waschplätze sowie ein Duschplatz vorzusehen.

Erste-Hilfe-Räume:

Erste-Hilfe-Räume für die Erstversorgung von Verletzten und Erkrankten auf einer Baustelle sind nach BGV A1 „Grundsätze der Prävention“ bei mehr als 50 Beschäftigten erforderlich. Erste-Hilfe-Container müssen ebenerdig aufgestellt werden.

Eine Kennzeichnung durch das weiße Kreuz auf grünem Grund mit weißer Umrandung ist vorgeschrieben.

Der Sanitätscontainer sollte in der Nähe der Baustellenzufahrt angeordnet werden. Entscheidend für die Erste Hilfe und Rettung sind auch die Zugänglichkeit der Baustelle sowie der Arbeitsplätze für Ersthelfer und Rettungsdienste (Verkehrswege!).

Auf allen Baustellen sind eine Einrichtung zum Absetzen von Notrufen (Telefon) und ein Aushang mit den Grundzügen der Ersten Hilfe erforderlich. Weiterhin müssen Verbandskästen und Ersthelfer vorhanden sein.

Lager- und Bearbeitungsflächen

Lager-, Stell- und Bearbeitungsflächen können auf Baustellen u. a. erforderlich sein für:

- Mauersteine auf Paletten
- Betonstabstahl (bis max. 14 m Länge)
- Betonstahlmatten (stehende oder liegende Lagerung):
  - Lagermatten: 2,3 m x 6,0 m
  - Listenmatten: bis 3,0 m x 12,0 m
- Stahleinbauteile
- Schal- und Rüstmaterial
- Fertigteile
- Aushubmaterial (sofern es auf der Baustelle wieder eingebaut wird)

Die Lager- und Bearbeitungsflächen sollten alle im Schwenkbereich des Krans sowie im Anlieferbereich der Baustelle liegen.

Ob Materialien gelagert oder „just in time" angeliefert werden, ist von den Gegebenheiten der jeweiligen Baumaßnahme (z. B. vorhandene Lagerflächen, Zeitplanung) abhängig. Eine längerfristige Lagerung von Materialien sollte aber vermieden werden.

Verkehrsflächen und Transportwege

Zu den Verkehrsflächen und Transportwegen auf einer Baustelle zählen Baustellenzufahrten und Baustellenausfahrten, Baustraßen für den Lkw-Verkehr sowie Bauwege für den Personenverkehr.

Die Anbindung einer Baustelle an öffentliche Verkehrsflächen ist so anzulegen, dass der öffentliche Straßenverkehr möglichst wenig gestört wird. Dies kann erfolgen durch:

- Zu- und Ausfahrt über Nebenstraßen anstelle von Hauptstraßen
- Vermeidung von Linksabbiegen
- Trennung von Zu- und Ausfahrt

Auf Anordnung der Verkehrsbehörden sind Verkehrs- und Hinweisschilder vor der Baustelle aufzustellen, um den öffentlichen Verkehr auf besondere Gefahren hinzuweisen.

Verschmutzte Baustellenfahrzeuge können den öffentlichen Verkehr gefährden. Daher ist die Verschmutzung des öffentlichen

Verkehrsraums zu verhindern. Dies kann durch Reifenwaschanlagen nahe der Baustellenausfahrt oder durch die Reinigung verschmutzter Flächen mithilfe von Kehrmaschinen erfolgen.

Versorgung und Entsorgung

Kommunikation:

Als Kommunikationsmittel reichen bei kleinen Baustellen oftmals Mobiltelefone aus. Für Baustellen, bei denen Gebäude und Container für die Bauleitung vorgehalten werden, wird für gewöhnlich ein Festnetzanschluss mit Anschlüssen für Telefon, Fax und EDV eingerichtet.

Wasserversorgung/Bauwasser:

Das auf Baustellen benötigte Wasser lässt sich in Trinkwasser und Brauchwasser einteilen. Der geringste Aufwand für die Beschaffung des Wassers entsteht bei einer Versorgung aus dem öffentlichen Netz. In diesem Fall genügt das Wasser meist sämtlichen Ansprüchen. Die Bauleitung hat rechtzeitig vor Beginn der Baustelle eine Leitungserhebung durchzuführen und einen Antrag auf Bauwasser beim örtlichen Versorgungsunternehmen einzureichen.

Stromversorgung/Baustrom:

Auf Baustellen wird Drehstrom (400 V) zum Antrieb von Maschinen und Geräten sowie Wechselstrom (230 V) für Beleuchtung und Kleingeräte benötigt.

Meist erfolgt die Baustromversorgung aus dem öffentlichen Energieversorgungsnetz. Die Baustromversorgung besteht aus folgenden Elementen:

- Anschlussschränke (A-Schrank)
- Anschlussverteilerschränke (AV-Schrank)
- Baustellenverteilerschränke und Steckdosenverteiler
- Steckdosenverteiler
- Leitungen

Die Anschlussschränke dienen der Stromübergabe aus dem öffentlichen Netz. Sie werden ortsfest aufgestellt und müssen ausreichend geerdet sein, um die Wirksamkeit des Fehlerstromschutzschalters (FI-Schalter) zu gewährleisten. Die am häufigsten verwendete Variante auf Baustellen sind sog. Staberder, welche neben dem jeweiligen Schrank in die Erde geschlagen werden.

Anschlussverteilerschränke sind eine Kombination von Anschluss- und Verteilerschrank. Sie sind mit Erdung, Sicherungen und Zählereinrichtungen ausgestattet, verfügen jedoch zusätzlich über Steckdosen und Anschlussklemmen für bewegliche Leitungen. Anschlussverteilerschränke kommen vor allem auf kleineren Baustellen zum Einsatz, da die meisten Versorgungsunternehmen ihren Einsatz ab einer Leitungslänge von über 30 m nicht mehr erlauben. Es muss dann eine Kombination von Anschlussschrank und Verteilerschränken ausgeführt werden.

Baustellenverteilerschränke dienen ab einer Leistungslänge von 30 m der Einrichtung von verschiedenen Speisepunkten für elektrische Energie innerhalb einer Baustelle. Sie sind mit Schutzkontaktsteckdosen sowie CEE-Drehstromsteckdosen ausgestattet. Jeder Stromkreis muss mit Sicherungen gegen Überlastung abgesichert werden.

Leitungen sind durch geeignete Maßnahmen wie Hochlegen, Abdecken, verlegen in Schutzrohren etc. gegen Beschädigung zu schützen. Beschädigte Leitungen sind aus Sicherheitsgründen sofort auszutauschen und unbrauchbar zu machen.

Elektrische Geräte, z. B. Scheinwerfer, Elektrowerkzeuge (Bohrmaschine, Schleifmaschine, etc.) und Baumaschinen müssen mindestens der Schutzart IP44 nach VDE entsprechen.

Abfallentsorgung:

Das Kreislaufwirtschafts- und Abfallgesetz definiert, wie mit Abfällen umzugehen ist. Generell besteht die Pflicht zur Getrennthaltung von Bauabfällen, um eine hochwertige Verwertung zu ermöglichen. Eine Getrennthaltung ist auch aus wirtschaftlichen Gründen anzustreben, da die Entsorgungskosten für unsortierte Baustellenabfälle (Baustellenmischabfälle) erheblich höher sind. Für die Abfalltrennung sind separate Mulden und Aufstellflächen vorzusehen, z. B. für:

- Bauschutt
- Bau- und Abbruchholz
- Metallabfälle
- Verpackungsabfälle

Baustellensicherung

Zur Baustellensicherung gehören alle Maßnahmen, welche Gefährdungen, die von Bauarbeiten für Beschäftigte und Dritte ausgehen, vermindern oder vermeiden. Ebenso alle Maßnahmen, die die Baustelle und ihre Einrichtung, das entstehende Bauwerk und die Beschäftigten vor Gefährdungen von außen schützen. Diese Gefährdungen sind für jede Baustelle vor Baubeginn zu ermitteln.

Bauzaun, Zugangskontrolle:

Da Baustellen Gefahrenquellen aufweisen, sind sie zu öffentlichen Straßen und Nachbargrundstücken einzuzäunen. Durch einen Bauzaun wird der Baustellenbereich eindeutig abgegrenzt, der Zutritt Unbefugter verhindert, und es werden Störungen der Bautätigkeit durch Dritte vermieden. Zugänge sollten nur an besonderen Stellen möglich sein und durch geeignete Zugangseinrichtungen (z. B. abschließbares Tor) gesichert werden.

Sicherung an Verkehrswegen:

An Verkehrswegen dient die Baustellensicherung dem Schutz von Bauarbeitern vor Gefährdungen durch den Verkehr auf angrenzenden Straßen sowie der Warnung und dem Schutz der Verkehrsteilnehmer vor den Gefahren der Baustelle.

Als Sicherheitseinrichtungen können u. a. Verkehrszeichen, Absperrschranken, Leitbaken, Leitkegel (bei Arbeitsstellen kürzerer Dauer), Warnleuchten, Lichtsignalanlagen oder anderen Schutzeinrichtungen (Fußgängertunnel, Schutzdächer etc.) zum Einsatz kommen.

Für Arbeiten im öffentlichen Verkehrsraum ist eine verkehrsrechtliche Anordnung der zuständigen Behörde erforderlich.

Gewässerschutz, Baumschutz:

Sind Schutzmaßnahmen von Gewässern und/oder Bäumen notwendig, ist dies der Baugenehmigung zu entnehmen.

Absturzsicherung:

Einen Schwerpunkt im Arbeitsunfallgeschehen auf Baustellen stellen Abstürze bei Arbeiten an hochgelegenen Arbeitsplätzen dar. Der Absturzsicherung kommt daher eine besondere Bedeutung zu. Geeignete Maßnahmen sind u. a. Absperrungen, Abdeckungen, Seitenschutz, persönliche Schutzeinrichtungen und vor allen Dingen Arbeits- und Schutzgerüste. Die Merkblätter der BG sind eine gute Hilfe, Abstürze zu vermeiden.

Nachbarschutz:

Nachbarn haben einen Anspruch darauf, dass ihr Eigentum durch die Bautätigkeit nicht beeinträchtigt oder beschädigt wird. Die Bauleitung muss vor Baubeginn eine Dokumentation der Nachbargebäude erstellen, damit später ausgeschlossen werden kann, dass Schäden durch die Bauaktivität entstanden sind.

Witterungsschutz:

Der Witterungsschutz dient dem Schutz von Personen, Arbeitsplätzen, Materialien, Geräten, halbfertigen Bauten vor Nässe, Frost und Sturm. Erforderliche Maßnahmen können sein:

- Witterungsschutz durch Einhausung (z. B. Winterbauhallen, Schutzdächer, provisorisches Verschließen von Öffnungen)
- Winterbaubeheizung durch temporäre Heizgeräte, die meist mit Gas oder Öl betrieben werden,
- Sichern von Lagerflächen, Materialpaketen auf Gerüsten, Abfallcontainern und halbfertigen Konstruktionen gegen Sturmschäden

Checkliste Baustelleneinrichtung

1) Baugelände

☐ Lage, Grundstücksgrenzen, Anlieger, Nachbargebäude, Bestandsdokumentation
☐ vorhandene Ver- und Entsorgungsleitungen im Boden und im Freien erfassen
☐ Auflagen des Bauherrn und der Behörden – Gewässerschutz, Lärm usw. sichten
☐ Baustellenumfeld (Industrie-, Gewerbe-, Wohngebiet) begehen
☐ anmietbare benachbarte Flächen prüfen
☐ Umzäunung der Baustelleneinrichtung

2) Verkehrserschließung des Baugeländes

☐ vorhandene Zufahrtsstraßen
☐ Zufahrtsbeschränkungen (Gesamtgewicht, Straßenbreite, Höhenbegrenzung)
☐ Verkehrszeichenplan, Schilder – Verkehrsbehörde einbinden

3) Einrichtungs- und Lagerflächen, Stellplätze

☐ benötigte Gebäude, Container, Einrichtungsgegenstände für Bauleitung, Polier, eigenes Personal, Nachunternehmer (Unterkunft, Sanitäranlagen)
☐ benötigte Stell- und Lagerflächen für Aushub, Material, Parkplätze, Lieferanten
☐ Bestimmung Bearbeitungs- und Lagerplätze
☐ Aufstellflächen für Mulden und Silos

4) Stromversorgung der Baustelle

☐ Ermittlung der Anschlusswerte
☐ Antrag auf Baustromversorgung bei EVU

5) Wasser- und Abwasserversorgung der Baustelle

☐ Ermittlung des Brauch- und Trinkwasserbedarfs
☐ Bauwasser: Anschluss an das öffentliche Versorgungsnetz, Antrag Stadtwerke
☐ Abwasserentsorgung, Anschluss an öffentliches Abwassernetz

6) Verschiedenes

☐ Diebstahlsicherungsmaßnahmen
☐ Unfallsicherung, Erste-Hilfe-Versorgung
☐ Baustellenüberwachung gegen Vandalismus und Zerstörung
☐ Laufende Zugangskontrolle zur Baustelle

Baustellenorganisation

Zum reibungslosen Verlauf der Arbeiten auf der Baustelle spielt die Organisation aller Abläufe auch räumlich eine große Rolle, besonders bei Baustellen mit wenig Flächenressourcen. Alle Arbeiten müssen ineinandergreifen, Materialien und Geräte am richtigen Ort zur Verfügung stehen. Wie in allen Bereichen wird dies durch eine rechtzeitige und detaillierte Planung gewährleistet. Standards können hier nur bedingt herangezogen werden, da Zugänglichkeit der Baustelle und örtliche Bedingungen meist stark voneinander abweichen.

Baustellenvorbereitung

Baustellenbegehung

Spätestens nach Auftragserteilung erfolgt i. d. R. die Arbeitsvorbereitung, die aufgrund von Leistungsbeschreibung und ggf. weiteren Verhandlungsergebnissen die Bauverfahren festlegt. Daraus ergeben sich die Anforderungen an die Ausstattung der Baustelle. Die HOAI 2013 schreibt erstmals in dieser Fassung bereits in der Leistungsphase 1 – Grundlagenermittlung – einen Ortstermin vor; hierbei ist zu beachten, dass sich bis zum Beginn der Arbeiten die örtlichen Bedingungen durchaus geändert haben können und daher erneut der Ist-Zustand aufgenommen werden muss, um „Überraschungen" bei der Baustelleneinrichtung zu vermeiden, insbesondere wenn zwischen Auftragserteilung und Baubeginn große Zeitspannen liegen. Zwischenzeitlich entstandene Hindernisse können so relativ frühzeitig ausgeräumt bzw. zwischen Auftraggeber und Auftragnehmern geklärt werden.

Vertragliche Festlegungen

Auch eine genaue Analyse aller Vertragsgrundlagen ist unumgänglich, um alle Bedingungen der örtlichen Abwicklung und mögliche Beschränkungen in die Planung einfließen lassen zu können. Sind die Fertigungs- bzw. Bauverfahren festgelegt, werden hieraus unter Hinzuziehung der Terminpläne Arbeitsverzeichnisse zum genauen Ablauf abgeleitet und Gerätelisten und Personalbedarf festgelegt. Hierbei müssen die Kalkulationswerte der Angebots- bzw. Auftragskalkulation als Soll- und damit Kontrollwerte durchgängig berücksichtigt werden.

Arbeitsvorbereitung

Aus dem Terminplan wird in Verbindung mit der Arbeitsvorbereitung ein Arbeitsverzeichnis erstellt und hieraus die Erstellungsverfahren bestimmt. Daraus ergibt sich der Bedarf an Ressourcen – Personal, Material, Geräte – für die gesamte Bauzeit. Beim Materialbedarf sind bereits zu diesem Zeitpunkt lange Lieferzeiten einzelner Baustoffe zu berücksichtigen.

Bei der Wahl der Bauverfahren spielen sowohl inner- als auch außerbetriebliche Faktoren eine Rolle. Zu den außerbetrieblichen zählen insbesondere die Vertragsbedingungen, z. B. terminliche Festsetzungen, besonders in Verbindung mit vereinbarten Vertragsstrafen, die Zu- und Abfahrtsmöglichkeiten der Baustelle, z. B. Befahrbarkeit mit entsprechenden Fahrzeugen zum Transport von Fertigteilen und behördliche Auflagen zu Verkehrsbeschränkungen, Auflagen zum Lärm- und Umweltschutz oder vom Auftraggeber vorgegebene Verfahren. Innerbetriebliche Faktoren sind die Verfügbarkeit von Personal und Geräten, z. B. Kauf, Miete oder Leasing, und die Vergabe von Teilleistungen an Nachunternehmer.

Sicherungsmaßnahmen

Zur Sicherung der Baustelle nach außen müssen der Anliegerverkehr und die vorhandene Nachbarbebauung berücksichtigt werden. Dies beeinflusst z. B. den Kranstandort im Zusammenhang mit dem Überschwenken von fremden Flächen. Weiterhin sind entsprechende Schutzmaßnahmen vorhandener Leitungen ebenso zu berücksichtigen wie Emissionen (Lärm, Erschütterungen, Staub etc.) und Verschmutzungen, die die Umgebung beeinträchtigen.

Weitere Sicherungen sind nach außen zum Schutz der Baustelle erforderlich. Hierzu zählt zunächst das Absichern gegen unbefugtes Betreten zur Gefahrenabwehr, aber auch gegen Diebstahl und Vandalismus.

Dokumentation und Qualitätssicherung

Bautagebuch

Das Bautagebuch ist nicht nur eine Pflicht, sondern auch eine Absicherung der Bauleitung zum Nachweis bei Streitigkeiten im Bauablauf sowie der Einhaltung aller Sicherheitsvorschriften im Rahmen von Arbeitssicherheit, Unfallverhütung etc. im Rahmen der Gefährdungsbeurteilung. Hier werden zunächst die Witterungsbedingungen (z. B. Nachweis der Einbautemperaturen bei bestimmten Baustoffen) in Verbindung mit den Bautätigkeiten und den jeweils auf der Baustelle tätigen Unternehmen festgehalten. Ergänzt wird diese Dokumentation durch Beschreibung aller Bauablaufstörungen mit Ursachen und Folgen sowie Entscheidungen auf der Baustelle. Hierzu zählen zum einen die regelmäßigen Besprechungen mit allen am Bau Beteiligten, zum anderen Planungsänderungen und insbesondere Anordnungen des Auftraggebers, die i. d. R. Nachtragsforderungen zur Folge haben.

Projektmanagement-Handbuch

Als sinnvolle Ergänzung ist das Projekthandbuch (Projektmanagement-Handbuch) bei vielen Unternehmen inzwischen implementiert. Es ist mit hierarchisch angeordneten Verfahrensanweisungen ein Grundlagenwerk, das die Aspekte der internen Vorgehensweisen bei der Bauabwicklung dokumentiert.

Gleichzeitig dient es als Arbeitshilfe in der Bearbeitung durch Definition der gültigen Schritte und Regeln, gibt zusätzlich Auskunft über mögliche Steuerungsmethoden und -instrumente und legt unternehmensintern die Funktionen und Kompetenzen der Projektmitarbeiter fest.

Damit sind die Inhalte des Projekthandbuchs unternehmensspezifische Grundsätze und Anweisungen, gleichzeitig aber auch Ausführungsbestimmungen in der Bauabwicklung allgemein wie für die unterschiedlichen Baustellen im Speziellen.

Durch seine ständige Fortschreibung dokumentiert das Projekthandbuch den gesamten Ablauf nachvollziehbar auf allen Ebenen und ist Basis für die Auswertung aller Kennwerte, Parameter und Umgebungsvariablen, die Eingang in die Sammlung der Erfahrungswerte finden und für weitere Baustellen als Durchführungsgrundlage dienen.

Das Projekthandbuch enthält alle projektspezifischen Vereinbarungen, dies sind im Wesentlichen:

- Liste der am Bau Beteiligten – Ansprechpartner und Kontaktdaten
- vertragliche Festlegungen
- Aufgabenbereiche und Verantwortlichkeiten
- Dokumentationsstruktur und Informationsfluss
- Projektstrukturplan und Terminpläne

Bereits vor Baubeginn werden die ersten Entwürfe dieser dynamischen Unterlage allen Beteiligten ausgehändigt und kontinuierlich fortgeschrieben und verteilt.

Qualitätssicherung

Zur Qualitätssicherung zählt neben dem maßgerechten Erstellen der Bauteile, der ordnungsgemäßen Beschaffenheit der Materialien und der Einhaltung von Terminen und Kosten auch ein gesicherter Informationsfluss. Nach ISO 9001 ist Qualität die „Erfüllung der Anforderungen". Damit ist im Sektor der Qualitätssicherung nicht nur die Erfüllung der Qualitäts-, sondern auch der Quantitätsanforderungen enthalten, jeweils in Abhängigkeit von den Zielformulierungen.

Qualität ist nicht ausschließlich als Merkmal des zu erstellenden Produkts (= Bauwerk) zu verstehen, sondern gleichzeitig Maßstab für die Abläufe, den Bauprozess. Findet eine Kommunikation zwischen allen Ebenen/Beteiligten, d. h. lückenlose Information, ebenso statt wie eine detaillierte Planung aller Prozessebenen und ihrer Verknüpfungspunkte vom Beginn an und der ständige Soll-Ist-Vergleich als Ausgangspunkt von Möglichkeiten des Gegensteuerns, wird die Projektqualität positiv beeinflusst.

Personaleinsatz und Koordination fachlich Beteiligter

Bereits bei der Baupreis-Kalkulation zur Abgabe eines Angebots ist die Zusammenstellung des Personals für die einzelnen Arbeiten gemäß Leistungsverzeichnis von Bedeutung, da je nach Qualifikation und Anzahl der Mitarbeiter der Mittellohn errechnet wird. Gleichzeitig muss entschieden werden, welche Teilleistungen aus wirtschaftlichen Gründen ggf. an Nachunternehmer vergeben werden können/sollen. Da zu diesem frühen Zeitpunkt die Verfügbarkeit des Personals nur grob geschätzt werden kann, ist vor Beginn der Arbeiten eine modifizierte Arbeitskalkulation erforderlich. Im Verlauf der Bauerstellung spielt der Einsatz von Personal, sei es eigenes oder das von Nachunternehmern, ebenso eine große Rolle wie die Abstimmung mit den weiteren am Bau Beteiligten. Neben der reinen Koordination nach Termin- und Ablaufplanung müssen hier die menschlichen Aspekte wie Konfliktentstehung und -vermeidung berücksichtigt werden.

Planung und Kontrolle Eigenpersonal

Einsatzplanung

In vielen Bauunternehmen erfolgt die Einsatzplanung lediglich nach der Verfügbarkeit der einzelnen Mitarbeiter ohne Berücksichtigung von Qualifikation und der effizienten Zusammenarbeit im Team. Dies wirkt sich i. d. R. sowohl auf die Motivation – und damit die Leistungsfähigkeit – als auch auf den reibungslosen Ablauf der Arbeiten aus. Basierend auf der Arbeitskalkulation sind zum einen die erforderliche Anzahl der Mitarbeiter zum anderen die erforderlichen Qualifikationen und deren Zusammenspiel festzulegen. Weiterhin muss entschieden werden, inwieweit Werkpoliere und Poliere eingesetzt werden (müssen) und ob bzw. in welchem Umfang sie neben ihren Koordinations- und Aufsichtsaufgaben mitarbeiten. Der Einsatz von Geräten und Maschinen erfordert ebenfalls das jeweils geeignete Material. Um die erforderlichen Einsätze im Bauablauf zu planen, ist eine Matrix auf Basis des Terminplans mit Darstellung der jeweiligen Arbeiten, der Baustellenmannschaft, des Geräte-/Maschineneinsatzes und der Geräte-/Maschinenbediener sinnvoll:

Tabelle 1: *Matrix auf Basis eines Terminplans, Tabelle: Ingrid Kaiser*

Art der Arbeiten					Geräte/Maschinen			Personal										Anzahl MA	Tage
								Geräte/ Maschinen			Kolonne								
Pos. 3.2.1.	Pos. 3.2.2.	Pos. 3.2.3.	Pos. 3.2.4.	Pos. 3.2.5.	Maschine 1	Maschine 2	Maschine 3	P 1	P 2	P 3	P A	P B	P C	P D	P E	P F	P G		
x					x			x			x			x	x	x		5	1
x	x	x	x	x	x	x	x	x	x	x	x	x	x	x	x	x	x	10	2
	x	x	x			x			x		x	x	x		x		x	6	3

Analog zu diesem Beispiel können auch die Zuordnungen für Rüstung, Schalung und Verbau (RSV) dargestellt werden. Diese Darstellungen bilden, ggf. aktualisiert durch die tatsächlichen Einsätze, auch die Grundlage für die Nachkalkulation.

Bei weiter entfernten Baustellen ist auch der Transport zum Arbeitsort ein häufig vernachlässigtes Kriterium. Hierbei sollten die Wohnorte der Mitarbeiter berücksichtigt werden, um die Einsatzplanung von Firmenwagen bzw. privaten Pkws zu ermöglichen.

Werden bei eigenen Personalengpässen Leiharbeitnehmer eingesetzt, ist auf die Einhaltung von MindestlohnG, ArbeitnehmerentsendeG und TariftreueG zu achten. Dies gilt auch für die Vergabe an Nachunternehmer.

Softwareeinsatz

Im Bereich Ausschreibung, Vergabe und Abrechnung sowie in der Terminplanung wird häufig entsprechende Software eingesetzt. Die gängigen Programme zur Terminplanung enthalten gleichzeitig auch die Möglichkeit, die Ressourcen den unterschiedlichen Vorgängen (Teilleistungen) zuzuordnen, was jedoch in den wenigsten Fällen als Steuerungsinstrument eingesetzt wird, obwohl die Vorteile klar auf der Hand liegen: Sind die Ressourcen – Personal wie Geräte und Maschinen – den jeweiligen Vorgängen nach dem entsprechenden Bedarf zugeordnet, ergibt sich automatisch auch der zeitliche Überblick über den Personalbedarf.

Kommt es wie bei den meisten Bauvorhaben zu Terminverschiebungen, ist der geänderte Bedarf an Mitarbeitern unmittelbar ablesbar und liefert damit die Grundlage für die erforderlichen Steuerungsmaßnahmen zur Einhaltung von Terminen und damit auch Kosten.

Personalrisiken

Fehlzeiten von Mitarbeitern, wie Urlaub, sind leicht in die Planung zu integrieren, während Kündigungen auch bei entsprechenden Kündigungsfristen diese bereits erschweren, auch im Hinblick auf die Motivation des Kündigenden. Krankmeldungen dagegen treten plötzlich und damit unplanbar auf und stellen somit eine Herausforderung an die Planung des Personaleinsatzes dar. Dies erfordert, nicht nur die eine Baustelle im Blick zu haben, sondern einen Überblick über die Personaleinsätze anderer Baustellen zu besitzen. Ein ständiger Austausch mit den Kolleginnen und Kollegen ist hier sicher hilfreich, um in möglichst kurzer Zeit die eigene Mannschaft entsprechend aufstocken zu können.

Kontrollen

Auch wenn der Begriff „Kontrolle" i. A. negativ besetzt ist, muss der Leistungsstand der Baustellen anhand der durch die Mitarbeiter durchgeführten Arbeiten überprüft werden. Stellen sich hier bei dem einen oder anderen Mitarbeiter Leistungsschwächen heraus, sind entsprechende Gespräche unabdingbar. Hierbei werden von der Bauleitung sowohl Menschenkenntnis als auch Führungsqualitäten verlangt.

Planung und Kontrolle Nachunternehmer

Werden einzelne Leistungsbereiche an Nachunternehmer vergeben, erhält das vergebende Unternehmen eine Doppelrolle: Gegenüber dem Auftraggeber ist es Auftragnehmer, gegenüber dem Nachunternehmer jedoch Auftraggeber und damit verantwortlich für alle (Fehl-)Leistungen des Nachunternehmers. Darüber hinaus müssen die Leistungen der Nachunternehmer mit denen der eigenen Mannschaft abgestimmt und koordiniert werden.

Durch die Auftraggeberrolle obliegen hier dem beauftragenden Unternehmen auch die Abnahmen der erbrachten Nachunternehmer-Leistungen mit allen vertragsrechtlichen Konsequenzen wie Zahlungsanspruch des Nachunternehmers, Beginn der Verjährungsfristen der Gewährleistung, Umkehr der Beweislast bei Mängeln und der Übergang der Gefahrtragung bei Vernichtung und Beschädigung der erbrachten Leistungen.

Koordination weiterer Beteiligter

Auftraggeber

Die wichtigste Institution ist zweifelsfrei der Auftraggeber, demgegenüber gemäß Bauvertrag die geschuldete Leistung erbracht werden muss. Gleichzeitig sind Änderungswünsche des Auftraggebers die häufigsten Gründe für Termin- und Kostenüberschreitungen, sodass eine detaillierte Dokumentation von entsprechenden Anordnungen unabdingbar ist. Andererseits legt die Mitwirkungspflicht gem. § 642 BGB fest, dass der Auftraggeber zum einen Baufreiheit schaffen, zum anderen alle erforderlichen Planungsunterlagen rechtzeitig zur Verfügung stellen muss.

Objekt- und Fachplaner

Das Fehlen vollständiger und fehlerfreier Planungsunterlagen ist einer der häufigsten Anlässe für Verzögerungen im Bauablauf. Als Vertragspartner des Auftraggebers ist Letzterer hier der Verantwortliche, wobei ein einvernehmliches Zusammenarbeiten mit den Planern einen störungsfreien Bauablauf eindeutig erleichtert. Regelmäßige Baubesprechungen mit konkreten Fragestellungen gewährleisten die notwendige intensive Kommunikation.

Kommunikation

Auch wenn die Kommunikationswege immer kürzer werden, erschwert die im Umkehrschluss entstehende Informationsflut häufig reibungslose Abläufe. Wird bereits zu Beginn eines Bauprojekts der Informationsfluss festgelegt, wird verhindert, dass Informationen fehlen bzw. gewährleistet, dass Informationen nur an die Stellen gelangen, die diese benötigen. Gerade im E-Mail-Verkehr werden viele Informationen zur jeweils eigenen Absicherung an alle Projektbeteiligten versandt, was zur Folge hat, dass aufgrund der Informationsmenge häufig die wirklich wichtigen Informationen möglicherweise übersehen werden.

Eine Besonderheit auf Baustellen stellt die Sprachbarriere dar, d. h. fremdsprachige Mitarbeiter im eigenen Team, anderer Gewerke oder von Nachunternehmern können nicht hinreichend ein- und angewiesen werden. Dies wird insbesondere von den Mitarbeitern auf der Baustelle beklagt, mit der Folge, dass bestimmte Arbeiten von überqualifizierten Mitarbeitern wie Polieren ausgeführt werden, da die Erklärung der erforderlichen Arbeiten länger dauert als sie selbst zu tun. Lösungsansätze erfordern eine gewisse Kreativität wie Dolmetscher-Tätigkeiten von Mitarbeitern gleicher Nationalitäten.

Konfliktmanagement

Immer da, wo Menschen zum Einsatz kommen, ergeben sich über die rein fachlichen und terminlichen auch die zwischenmenschlichen Aspekte.

Menschen unterscheiden sich durch ihre Wertvorstellungen und ihre Denkweisen. Arbeiten sie in einem Team zusammen, werden die verschiedenen Wahrnehmungs- und Empfindungsweisen über die Zielvorstellungen hinaus schnell zur Ursache von Konflikten. Treten bereits die ersten Störungen in der Kommunikation auf, z. B. durch das sog. Sender-Empfänger-Problem,[1] werden Informationen nicht mehr rein sachlich übermittelt, sondern sowohl „gesendet" als auch „empfangen" mit den spezifischen Sichtweisen der betreffenden Personen.

Generell können verschiedenste Arten von Konflikten auftreten. Bei den Sachkonflikten besteht alle Einigkeit über das gemeinsame Ziel, es existieren unterschiedliche Meinungen über die Umsetzung von Methoden und Verfahren hierzu. Treten Wertkonflikte auf, sind sich die Beteiligten vollständig uneinig über die Ziele (= Zielkonflikte) wie die Umsetzungsmöglichkeiten. Bewegen sich die Konflikte auf der Beziehungsebene, ist der Umgang miteinander bereits stark gestört und entspricht nicht mehr den „Spielregeln" im beruflichen Kontext. Mit diesen Beziehungskonflikten gehen häufig Verhaltensweisen wie Verletzungen und Beleidigungen einher. Bei tiefgreifenden Entscheidungen können entsprechende Entscheidungskonflikte auftreten, d. h. die zur Verfügung stehenden Alternativen an solchen Meilensteinen sind für einzelne Beteiligte inakzeptabel oder unbefriedigend.

[1] Nach Friedemann Schulz von Thun.

Bei Entstehung von Konflikten ist deren Analyse der erste Schritt zur Lösung, Kommunikation ist das A & O der Risikominimierung.

Je nach persönlicher Struktur bieten sich für jeden Beteiligten verschiedene Möglichkeiten zur Lösung bestehender Konflikte, wobei der Bauleitung eine wesentliche Aufgabe zukommt, für die ihr in der Praxis oft die Kenntnisse und Fähigkeiten fehlen.

Generelles Ziel der Konfliktlösung ist das Erreichen einer Win-win-Situation, d. h. es gibt in der Auseinandersetzung keine Verlierer, nur Gewinner, aus der jeweiligen Sichtweise betrachtet. Je nach dem Grad der Eigen- und Fremdorientierung entziehen sich bestimmte Personen der Konfliktlösung durch Flucht oder Nachgeben, andere versuchen um jeden Preis, ihre Interessen durchzusetzen. Halten sich die Orientierung an den eigenen Intentionen wie an denen der anderen die Waage, ist die Möglichkeit einer gemeinsamen Problemlösung gegeben.

Der Begriff „Kompromiss" hat häufig den negativen Beigeschmack des „faulen Kompromisses", was i. S: d. Konfliktlösung eine Win-loose-Situation bedeutet, bei der einer der Gewinner, der andere der Verlierer ist. Ein Kompromiss ist tatsächlich eine Übereinkunft, bei der ggf. die Beteiligten Art und Umfang ihrer eigenen Absichten in den Hintergrund stellen.

Zur Konfliktlösung stehen verschiedene Methoden und Instrumente zur Verfügung, die jeweils nach Konfliktart und -ursache, den unterschiedlichen Akteuren und Zielen sowie dem Risikograd ausgewählt werden.

Wichtigster Ansatz in allen Fällen ist, die Existenz des Konflikts zu akzeptieren und ernst zu nehmen. Bereits an diesem Punkt treten häufig Fluchttendenzen auf. Sind sich alle Beteiligten einig, dass Problemlösungsbedarf besteht, ist der Grundstein zur tatsächlichen Lösung gelegt. Zur verbesserten Kommunikation verhilft das „Spiegeln", d. h. die Wiederholung von Aussagen der anderen mit eigenen Worten. So werden Missverständnisse ausgeräumt, die u. U. Teil der Konfliktursachen sind. Im Weiteren konkretisieren alle Beteiligten ihr persönliches Anliegen auf der Sachebene. Das schafft Transparenz und berücksichtigt Aussagen über bestimmte Verhaltensweisen, die bei dem einen oder anderen zu negativen Empfindungen geführt haben. So kann von der Beziehungsebene auf die Sachebene gewechselt werden, um letztlich das gemeinsame Ziel zu erreichen. Abhängig vom Umfang des Konflikts und der Anzahl der Beteiligten erzielen Gespräche mit Teilgruppen Erfolg, in denen für den Einzelbereich ein Konsens gefunden wird. Diese Einzelergebnisse werden zusammengefasst, um dann im Plenum aller Beteiligten vorgetragen und zur Diskussion gestellt zu werden. Meist bietet die klare und sachliche Formulierung aller strittigen Punkte bereits Lösungsansätze.

Stichwortverzeichnis